数值算法及其 MATLAB 编程

董　胜　编著

中国海洋大学出版社

·青岛·

图书在版编目（CIP）数据

数值算法及其 MATLAB 编程 / 董胜编著. -- 青岛：
中国海洋大学出版社，2024. 9. -- ISBN 978-7-5670
-3981-0

Ⅰ．TP391.75

中国国家版本馆 CIP 数据核字第 2024RJ7746 号

数值算法及其 MATLAB 编程

出版发行	中国海洋大学出版社	
社　　址	青岛市香港东路 23 号	邮政编码　266071
网　　址	http://pub.ouc.edu.cn	
出 版 人	刘文菁	
责任编辑	矫恒鹏	电　　话　0532－85902349
电子信箱	2586345806@qq.com	
印　　制	青岛国彩印刷股份有限公司	
版　　次	2024 年 9 月第 1 版	
印　　次	2024 年 9 月第 1 次印刷	
成品尺寸	170 mm×240 mm	
印　　张	19.5	
字　　数	329 千	
印　　数	1—1000	
定　　价	45.00 元	
订购电话	0532－82032573（传真）	

如发现印装质量问题，请致电 0532－58700166，由印刷厂负责调换。

前　言

科学计算是科学实践的重要手段之一。适用于计算机的数值计算方法逐渐成为理工科大学硕士研究生与本科生的必修课程。目前,国内各大高校相关专业编写数值计算方法的专著及教学用书很多,有的偏重于理论,有的偏重于应用。中国海洋大学工程学院港口、海岸及近海工程硕士点自1996年招生以来,始终将"数值计算方法"定为必修课程。作者一直从事海洋工程环境条件及其与工程结构相互作用的教学和科研工作。本书在介绍数值分析理论的基础上,注重与计算机应用相结合,通过海洋工程实例,培养读者的工程理念,提高其解决实际问题的能力。

本书介绍了数学问题数值求解方面基本与常用的方法。全书共分12章,主要包括有效数字与误差的相关概念、解线性方程组的直接方法与迭代方法、插值、函数逼近、数值积分和微分、矩阵的特征值与特征向量计算、非线性方程求根、常微分方程初值与边值问题的数值解法、偏微分方程的数值解法等内容。结合数值计算,对土的单元体应力计算、阵风系数插值计算、临时潮位站极端水位估计、水库入流量积分计算、年极值水位的灰色马尔科夫预测、串联多自由度系统结构动力特性求解、锚链线长度计算、基于射线理论的波浪折射计算、平直岸线泥沙淤积等海洋工程典型问题的求解方法进行了简介。本书除了一定的理论分析,更注重编程思路的介绍,对各种数值算法给出了编程框图和MAT-LAB计算程序。各章节均附有例题与习题,以帮助读者巩固和加深对相关内容的理解与掌握。

在本书的出版过程中,作者得到中国海洋大学工程学院同事们的鼓励与支持;博士研究生廖振焜、韩新宇、崔俊男、赵玉良、庞军恒,硕士研究生赵荣铎、李松达、李艳春、胡俊、朱璇、曲晓琳、欧阳新宇完成了部分程序的校对和部分例题的编程绘图工作,在此表示衷心的感谢。在成书过程中,作者参阅了有关学者

1

的论著,已列入书后的参考文献,在此对这些作者一并表示感谢。同时,也要感谢山东省优质研究生课程立项建设项目(SDYKC2022018)、山东省研究生联合培养优秀基地(202220005)、中国海洋大学研究生精品示范课(HDYK22008)及中国海洋大学研究生教育教学改革研究项目(HDJG24002)对本书出版的资助。

本书可作为海洋、海岸、港航、水利、环境、土木等专业硕士研究生及高年级本科生的教材,亦可作为相关专业科研人员及工程技术人员的参考书。

随着计算技术的迅速发展,新的数值计算方法不断产生,由于作者从事该领域研究的时间短,水平有限,书中难免存在不足甚至错误之处,敬请读者批评指正。

董　胜

2024 年 6 月

目　录

第1章 绪 论

本章介绍数值计算方法的研究对象和特点,讨论误差、有效数字的相关概念,并指出数值计算应当注意的几个问题。

1.1 数值计算方法的研究对象和特点

随着海洋资源的开发与海洋工程技术的迅速发展,需要大量的复杂计算作为结构设计的前提条件。因此,适合计算机使用的数值计算方法是我们科研工作的重要保证。

用计算机解决工程问题的流程,可以概括为图 1.1.1。

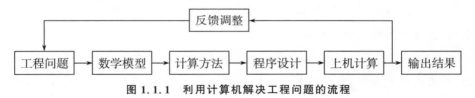

图 1.1.1 利用计算机解决工程问题的流程

为了解决工程问题,通常应用有关科学知识和数学理论建立数学模型,选择合适的计算方法,编制程序,上机算出结果。所谓数值计算方法就是研究用计算机解决数学问题的数值方法及其理论。其内容包括误差理论、线性与非线性方程(组)的数值解、矩阵的特征值与特征向量计算、插值方法、线性拟合与函数逼近、数值积分与数值微分、常微分方程与偏微分方程数值解法等。

数值计算方法是一门与计算机使用密切结合的数学课程。它既有纯数学高度抽象性与严密科学性的特点,又有应用广泛性与高度技术性的特点。以求解线性方程组为例,用 Cramer(克拉默)法则求解一个 n 阶线性方程组,要算 $n+1$ 个 n 阶行列式,总共需要 $(n-1)(n+1)n!$ 次乘法。若 n 等于 20,则求解方程组时大约要做 10^{20} 次乘法。如此大的工作量,即使是运算速度为每秒 100 亿次的电子计算机,也要连续工作数千年才能完成,显然这是没有实际意义的。而采用消去法,求解一个 n 阶线性方程组大约需要 $(n^3/3+n^2)$ 次乘法。对于一个 20 阶的方程组，即使是用一台小型计算器也能很快解出来。由此例可知：合适算法的选取是科学计算成功的关键。此外，为了提高效率，应根据方程的特点，研究满足计算机运算精度要求的、节省机时的有效算法及其相关理论。在算法的实现过程中，还要根据计算机的容量、字长、速度等指标，研究具体的求解步骤和程序设计技巧。有的方法在理论上虽不够严密，但通过运算和实际结果的对比分析，证明是行之有效的，也应该采用。数值计算方法的特点可归纳如下：

（1）数值算法要面向计算机。算法只能包括加、减、乘、除运算和逻辑运算，这些是计算机能直接处理的。

（2）数值算法要有可靠的理论分析。在此基础上，能达到精度要求，保证算法的收敛性，还要对误差进行分析。

（3）数值算法要有好的计算复杂性。时间复杂性好是指节省时间，空间复杂性好是指节省存储量，这关系到算法能否在计算机上实现。

（4）数值算法要有数值试验。任何一个算法除了从理论上要满足上述三点外，还应通过数值试验证明其有效性。

根据上述特点，在实际应用时，要注意方法处理的技巧及其与计算机的结合，要重视误差分析、收敛性及稳定性的基本理论，通过算例，掌握各种解决实际工程问题的数值计算方法。

1.2 误差的基本概念

数值计算往往是近似计算，即实际结果与理论计算结果之间存在着差值，此值称为误差。数值分析的目的之一是将误差控制在容许范围内或者对误差有所估计。

1.2.1 误差的来源

误差有多种类型。用计算机解决科学计算问题首先要建立数学模型，它是对被描述的实际问题进行抽象、简化而得到的，因而是近似的，我们把数学模型与实际问题之间的误差称为模型误差。由于这种误差难以用数量表示，通常都假定数学模型是合理的，这种误差可忽略不计。

在数学模型中往往还有一些根据观测得到的物理量，如波高、周期、结构尺寸等，这些参量受测量工具及手段的影响，测量的结果不可能绝对准确，这种误差称为观测误差。

在数学模型不能得到精确解时,通常要用数值方法求它的近似解,其近似解与精确解之间的误差称为截断误差。例如,函数 $f(x)$ 用 Taylor(泰勒)多项式

$$P_n(x) = f(0) + f'(0)x + \frac{1}{2!}f''(0)x^2 + \cdots + \frac{1}{n!}f^{(n)}(0)x^n \qquad (1.2.1)$$

近似代替时,有误差

$$R_n(x) = f(x) - P_n(x) = \frac{1}{(n+1)!}f^{(n+1)}(\xi)x^{n+1} \qquad (1.2.2)$$

式中,ξ 在 0 与 x 之间。这种误差就是截断误差。

有了求解数学问题的计算公式以后,用计算机做数值计算时,由于计算机的字长有限,原始数据表示产生的误差和计算过程可能产生的新的误差称为舍入误差。例如,用 3.1416 近似代替 π 产生的误差。

观测误差和原始数据的舍入误差,其来源有所不同,就其对计算结果的影响看,完全一样。数学描述和实际问题之间的模型误差,往往是计算工作者不能独立解决的,甚至是尚待研究的课题。基于这些原因,在数值计算方法课程中所涉及的误差,一般指舍入误差和截断误差。下面我们将讨论它们在计算过程中的传播和对计算结果的影响;研究控制它们的影响以保证最终结果有足够的精度;既希望解决数值问题的算法简便而有效,又想使最终结果准确而可靠。

1.2.2 绝对误差和相对误差

设变量的精确值用 x 表示,其近似值为 x^*,记

$$e(x^*) = x^* - x \qquad (1.2.3)$$

称 $e(x^*)$ 为近似值 x^* 的绝对误差,简称误差。当 $e(x^*) > 0$ 时,近似值 x^* 偏大,叫作强近似值;当 $e(x^*) < 0$ 时,近似值 x^* 偏小,叫作弱近似值。

准确值 x 一般是未知的,因而绝对误差 $e(x^*)$ 也是未知的,但通常可以估计出绝对误差的一个上界,即可以找出一个正数 η,使

$$|e(x^*)| \leq \eta \qquad (1.2.4)$$

实践中用 $|e(x^*)|$ 尽可能小的上界 $\varepsilon(x^*)$ 估计 x^* 的误差,称 $\varepsilon(x^*)$ 为 x^* 的绝对误差限(或误差限)。

例 1.2.1 $x = \pi = 3.141\,592\,65\cdots$,若取 $\pi^* = 3.14$,则

$$|e(x^*)| \leqslant 0.002$$

则 $\varepsilon(x^*) = 0.002$ 就可以作为用 π^* 近似表示 π 的绝对误差限。

显然,误差限总是正数,且

$$|e(x^*)| \leqslant \varepsilon(x^*) \tag{1.2.5}$$

式(1.2.5)在应用上可采取如下写法:

$$x = x^* \pm \varepsilon(x^*) \tag{1.2.6}$$

例 1.2.2 某观测尺的读数刻度为厘米,测某一水位 x 时,如果该值接近某一刻度 x^*,则 x^* 作为 x 的近似值时

$$|e(x^*)| = |x^* - x| \leqslant 0.5 \text{ cm} \tag{1.2.7}$$

它的误差限是 $\varepsilon(x^*) = 0.5 \text{ cm}$。如果读出的水位值为 $x^* = 344$,则有 $|344 - x| \leqslant 0.5$,据此我们仍然不知道 x 的准确值,只知道 x 的测量值位于区间 $[343.5, 344.5]$ 内。

绝对误差不能完全说明近似值的精确程度,例如,有 $x_1 = 10 \pm 1, x_2 = 50 \pm 2$ 两个量,虽然 x_1 的绝对误差限比 x_2 的绝对误差限小,但 $\varepsilon(x_2^*)/x_2^* = 2/50 = 4\%$ 要比 $\varepsilon(x_1^*)/x_1^* = 1/10 = 10\%$ 小,说明 $x_2^* = 50$ 作为 x_2 的近似值远比 $x_1^* = 10$ 作为 x_1 的近似值的近似程度好得多。所以,除考虑误差的大小外,还应考虑准确值 x 本身的大小。我们把近似值的误差 $e(x^*)$ 与准确值 x 的比值记作

$$e_r(x^*) = \frac{e(x^*)}{x} = \frac{x^* - x}{x} \tag{1.2.8}$$

称为近似值 x^* 的相对误差。

实际计算时,由于真值 x 总是未知的,且由于

$$\frac{e(x^*)}{x} - \frac{e(x^*)}{x^*} = \frac{e(x^*)(x^* - x)}{xx^*} = \frac{[e(x^*)]^2}{x[x + e(x^*)]} = \frac{[e_r(x^*)]^2}{1 + e_r(x^*)}$$

是 $e_r(x^*)$ 的二次及以上高阶项之和,故当 $e_r(x^*)$ 较小时,常取

$$e_r(x^*) = \frac{e(x^*)}{x^*} = \frac{x^* - x}{x^*} \tag{1.2.9}$$

相对误差可正可负,它的绝对值的上界称为该近似值的相对误差限,记作 $\varepsilon_r(x^*)$,即

$$|e_r(x^*)| \leqslant \frac{\varepsilon(x^*)}{|x^*|} = \varepsilon_r(x^*) \tag{1.2.10}$$

1.2.3 有效数字

如果近似值 x^* 的误差限是某数位的半个单位,该位到 x^* 的第一位非零数字共有 n 位,则称 x^* 有 n 位有效数字。

例 1.2.3　$x = \pi = 3.141\,592\,65\cdots$,取 $x^* = 3.14$ 时

$$|x^* - x| \leqslant 0.002 < 0.005$$

所以,$x^* = 3.14$ 作为 π 的近似值时,就有 3 位有效数字;而取 $x^* = 3.141\,59$ 时

$$|x^* - x| \leqslant 0.000\,003 < 0.000\,005$$

所以,$x^* = 3.141\,59$ 作为 π 的近似值时,就有 6 位有效数字。一般地,在十进制中,设近似值 x^* 可表示为

$$x^* = \pm(a_1 + a_2 \times 10^{-1} + \cdots + a_n \times 10^{-(n-1)}) \times 10^m \quad (1.2.11)$$

式中,a_1 可取 1~9 的一个数字;$a_i(i = 2,3,\cdots,n)$ 取 0~9 的一个数字,m 为整数,且

$$|x^* - x| \leqslant \frac{1}{2} \times 10^{m-n+1} \quad (1.2.12)$$

则由有效数字的定义可知,x^* 有 n 位有效数字。

例 1.2.4　按四舍五入原则,写出下列各数具有 5 位有效数字的近似数。

$$1\,238.679, 0.065\,296\,8, 62.000\,77$$

按定义,上述各数具有 5 位有效数字的近似数分别是

$$1\,238.7, 0.065\,297, 62.001$$

由式(1.2.11)可知,有效位数与小数点的位置无关,在 m 相同的条件下,有效位数越多,则绝对误差限越小。有效数字与相对误差限有下列关系。

定理 1.2.1　用式(1.2.11)表示的近似数 x^*,若有 n 位有效数字,则其相对误差限为

$$|e_r(x^*)| \leqslant \frac{1}{2a_1} \times 10^{-(n-1)} \quad (1.2.13)$$

证明　由式(1.2.11)可知,$a_1 \times 10^m \leqslant |x^*| \leqslant (a_1 + 1) \times 10^m$,当 x^* 有 n 位有效数字时

$$|e_r(x^*)| \leqslant \frac{|x^* - x|}{x^*} \leqslant \frac{0.5 \times 10^{m-n+1}}{a_1 \times 10^m} = \frac{1}{2a_1} \times 10^{-(n-1)}$$

定理 1.2.2　由式(1.2.11)表示的近似数 x^*,若满足

$$|e_r(x^*)| \leqslant \frac{1}{2(a_1+1)} \times 10^{-(n-1)}$$

则 x^* 至少有 n 位有效数字。

证明　因为 $|x^*-x| = |x^*| \cdot |e_r(x^*)|$，且 $|x^*| \leqslant (a_1+1) \times 10^m$，故

$$|x^*-x| = (a_1+1) \times 10^m \times \frac{1}{2(a_1+1)} \times 10^{-(n-1)} = \frac{1}{2} \times 10^{m-n+1}$$

故 x^* 至少有 n 位有效数字。

定理说明，近似数 x^* 的有效位数越多，它的相对误差限越小；反之，x^* 的相对误差限越小，它的有效位数越多。

例 1.2.5　要使 $\sqrt{23}$ 的近似值的相对误差限小于 0.1%，应取几位有效数字？

解　由于 $4 < \sqrt{23} < 5$，所以 $a_1=4$，由式（1.2.13）有

$$\frac{1}{2a_1} \times 10^{-(n-1)} \leqslant 0.1\%$$

即 $10^{n-4} \geqslant \frac{1}{8}$，得 $n \geqslant 4$。故只要对 $\sqrt{23}$ 的近似数取 4 位有效数字，其相对误差就可小于 0.1%，因此，可取 $\sqrt{23} \approx 4.796$。

1.3 误差传播

在数值计算方法中，除了研究数学问题的算法外，还要研究计算结果的误差是否满足精度要求，这就是误差估计问题。

1.3.1 四则运算的误差传播

设 x_1, x_2 的近似值分别为 x_1^*, x_2^*，其误差可分别表示为

$$e(x_1^*) = x_1^* - x_1 \tag{1.3.1a}$$

$$e(x_2^*) = x_2^* - x_2 \tag{1.3.1b}$$

如果以 $x_1^* + x_2^*$，$x_1^* - x_2^*$ 分别作为 x_1+x_2，x_1-x_2 的近似值，则有

$$e(x_1^* \pm x_2^*) = e(x_1^*) \pm e(x_2^*) \tag{1.3.2}$$

即和的误差等于误差的和，差的误差等于误差的差。进一步有

$$|e(x_1^* \pm x_2^*)| \leqslant |e(x_1^*)| + |e(x_2^*)|$$

即

$$\varepsilon(x_1^* \pm x_2^*) = \varepsilon(x_1^*) + \varepsilon(x_2^*) \tag{1.3.3}$$

故和或差的误差限等于误差限的和。以上的结果适用于任意多个近似数的和或差。而相对误差有

$$e_r(x_1{}^* + x_2{}^*) = \frac{x_1}{x_1 + x_2} e_r(x_1{}^*) + \frac{x_2}{x_1 + x_2} e_r(x_2{}^*) \qquad (1.3.4)$$

即和的相对误差等于各项相对误差的加权平均。

如果以 $x_1{}^* \cdot x_2{}^*$ 与 $x_1{}^* / x_2{}^*$ 分别作为 $x_1 \cdot x_2$ 与 x_1 / x_2 的近似值,则有

$$e(x_1{}^* \cdot x_2{}^*) \approx x_2{}^* \cdot e(x_1{}^*) + x_1{}^* \cdot e(x_2{}^*) \qquad (1.3.5)$$

$$e\left(\frac{x_1{}^*}{x_2{}^*}\right) \approx \frac{x_2{}^* \cdot e(x_1{}^*) - x_1{}^* \cdot e(x_2{}^*)}{(x_2{}^*)^2} \qquad (1.3.6)$$

于是

$$\varepsilon(x_1{}^* \cdot x_2{}^*) \approx |x_2{}^*| \cdot \varepsilon(x_1{}^*) + |x_1{}^*| \cdot \varepsilon(x_2{}^*) \qquad (1.3.7)$$

$$\varepsilon\left(\frac{x_1{}^*}{x_2{}^*}\right) \approx \frac{|x_2{}^*| \cdot \varepsilon(x_1{}^*) + |x_1{}^*| \cdot \varepsilon(x_2{}^*)}{|x_2{}^*|^2} \qquad (1.3.8)$$

1.3.2 函数计算的误差传播

设 $f(x)$ 在区间 (a,b) 上连续可微,若 x 与 $f(x)$ 的近似值分别为 x^* 和 $f(x^*)$,利用函数的 Taylor 展开式有

$$f(x^*) - f(x) = f'(x^*)(x^* - x) - \frac{1}{2} f''(\xi)(x - x^*)^2 \qquad (1.3.9)$$

式中,ξ 在 0 与 x^* 之间,若 $f'(x^*)$ 与 $f''(x^*)$ 的比值不大,可忽略 $(x^* - x)$ 的高阶项,则

$$f(x^*) - f(x) \approx f'(x^*)(x^* - x)$$

即

$$e(f(x^*)) \approx f'(x^*) \cdot e(x^*) \qquad (1.3.10)$$

$$\varepsilon(f(x^*)) \approx |f'(x^*)| \cdot \varepsilon(x^*) \qquad (1.3.11)$$

$$\varepsilon_r(f(x^*)) \approx \frac{|f'(x^*)|}{f(x^*)} \cdot \varepsilon(x^*) \qquad (1.3.12)$$

当 $f(x)$ 为多元函数时,设 $y = f(x) = f(x_1, x_2, \cdots, x_n)$,若 $x_1, x_2, \cdots, x_n$ 的近似值依次为 $x_1{}^*, x_2{}^*, \cdots, x_n{}^*$,则 y 的近似值为 $y^* = f(x^*) = f(x_1{}^*, x_2{}^*, \cdots, x_n{}^*)$,于是函数值 y^* 的误差由 Taylor 展开式近似得

$$e(y^*) = y^* - y \approx \sum_{j=1}^{n} \frac{\partial f(x_1{}^*, x_2{}^*, \cdots, x_n{}^*)}{\partial x_j} \cdot (x_j{}^* - x_j)$$

$$= \sum_{j=1}^{n} \frac{\partial f(x^*)}{\partial x_j} \cdot e(x_j^*) \tag{1.3.13}$$

则误差限为

$$\varepsilon(y^*) \approx \sum_{j=1}^{n} \left| \frac{\partial f(x^*)}{\partial x_j} \right| \varepsilon(x_j^*) \tag{1.3.14}$$

相对误差限为

$$\varepsilon_r(y^*) \approx \frac{\varepsilon(y^*)}{|y^*|} \approx \sum_{j=1}^{n} \left| \frac{\partial f(x^*)}{\partial x_j} \right| \cdot \left| \frac{x_j^*}{y^*} \right| \varepsilon_r(x_j^*) \tag{1.3.15}$$

例 1.3.1 设某长方形场地长为 $l^* = 110$ m,宽为 $w^* = 80$ m,已知 $|l - l^*| \leqslant 0.2$ m, $|w - w^*| \leqslant 0.1$ m,试求面积 $S = l \cdot w$ 的绝对误差限与相对误差限。

解 因为 $S = l \cdot w, \frac{\partial S}{\partial l} = w, \frac{\partial S}{\partial w} = l$,所以由式(1.3.14)知

$$\varepsilon(S^*) \approx \left| \frac{\partial S}{\partial l} \right| \varepsilon(l^*) + \left| \frac{\partial S}{\partial w} \right| \varepsilon(w^*)$$

$$= |w^*| \varepsilon(l^*) + |l^*| \varepsilon(w^*)$$

取 $l^* = 110, w^* = 80, \varepsilon(l^*) = 0.2, \varepsilon(w^*) = 0.1$,于是面积的绝对误差限

$$\varepsilon(S^*) \approx 27 \ \text{m}^2$$

而面积的相对误差限

$$\varepsilon_r(S^*) = \frac{\varepsilon(S^*)}{|S^*|} = \frac{27}{110 \times 80} = 0.31\%$$

1.4 数值计算应注意的问题

1.4.1 避免两个相近的数相减

从误差分析的角度来看,若 x_1, x_2 两数同号,则式(1.3.4)右端 $e_r(x_1^*)$ 与 $e_r(x_2^*)$ 的系数满足

$$0 < \frac{x_1}{x_1 + x_2}, \frac{x_2}{x_1 + x_2} < 1 \tag{1.4.1}$$

且

$$\frac{x_1}{x_1 + x_2} + \frac{x_2}{x_1 + x_2} = 1 \tag{1.4.2}$$

此时,由式(1.3.4)可得

$$|e_r(x_1^* + x_2^*)| \leqslant \max\{|e_r(x_1^*)|, |e_r(x_2^*)|\} \tag{1.4.3}$$

即

$$\varepsilon_r(x_1^* + x_2^*) \leqslant \max\{\varepsilon_r(x_1^*), \varepsilon_r(x_2^*)\} \tag{1.4.4}$$

故和的相对误差限不超过各项相对误差限中的最大者。

若 x_1 与 x_2 异号,则式(1.3.4)中两个系数的绝对值至少有一个大于 1,如果此时 x_1 与 $-x_2$ 相当接近,则式(1.3.4)中的两个系数的绝对值都可能很大,从而使 $e_r(x_1^* + x_2^*)$ 很大。在这种情况下,原始数据的误差会对计算结果产生相当大的影响。这说明:两个相近的数相减,有效数字会大大损失。

例 1.4.1　求 $\sqrt{290} - 17$ 的值。

解　(1) 用 4 位有效数字计算,$\sqrt{290} - 17 = 17.03 - 17 = 0.03$;

(2) 改用算法:$\sqrt{290} - 17 = \dfrac{1}{\sqrt{290} + 17} = \dfrac{1}{17.03 + 17} = 0.029\,39$。

可见,运用算法避免了两个相近数相减时有效数字的损失,计算精度更高。

1.4.2 避免大数"吃掉"小数

例 1.4.2　$a = 10^{10}$,$b = 10$,$c = a$,用 8 位微机计算 $a + b - c$。

解法 Ⅰ　$a + b - c = (a + b) - c = (10^{10} + 10) - 10^{10} = 0$,计算过程中 b 被 a "吃掉"了。

解法 Ⅱ　$a + b - c = (a - c) + b = (10^{10} - 10^{10}) + 10 = 10$,计算过程中 b 被保留下来。

1.4.3 避免绝对值太小的数作除数

由式(1.3.8)可知,当 $|x_2^*| = |x_1^*|$ 且太小时,误差限 $\varepsilon\left(\dfrac{x_1^*}{x_2^*}\right)$ 可能会增大。

1.4.4 简化计算过程提高效率

例 1.4.3　计算 $\ln 2$。

解法 Ⅰ　用级数展开式

$$\ln(1+x) = x - \frac{1}{2}x^2 + \frac{1}{3}x^3 - \frac{1}{4}x^4 + \cdots + (-1)^{n-1}\frac{1}{n}x^n + \cdots \quad (-1 < x < 1)$$

来计算。当 $x = 1$ 时,以前 n 项之和来近似计算 $\ln 2$,则截断误差为 $\dfrac{1}{n+1}$。

解法 Ⅱ 用级数展开式

$$\ln\frac{1+x}{1-x} = 2\left(x + \frac{1}{3}x^3 + \frac{1}{5}x^5 + \frac{1}{7}x^7 + \cdots + \frac{1}{2n+1}x^{2n+1} + \cdots\right) \quad (-1 < x < 1)$$

来计算。当 $x = \frac{1}{3}$ 时,由上式可得

$$\ln 2 = 2\left(\frac{1}{3} + \frac{1}{3\times 3^3} + \frac{1}{5\times 3^5} + \frac{1}{7\times 3^7} + \cdots\right)$$

取前 5 项之和作为近似值,截断误差为

$$e = 2\left(\frac{1}{11\times 3^{11}} + \frac{1}{13\times 3^{13}} + \cdots\right) < \frac{1}{10^5}$$

显然,解法 Ⅱ 比解法 Ⅰ 效率高。

1.4.5 选用数值稳定的算法

所谓算法,就是给定一些数据,按照某种规定的次序进行计算的一个运算序列,它是一个近似的计算过程。选择一个算法,要求它的计算结果能够达到给定的精确度。由于在计算过程中,原始数据表示产生的误差和计算中可能产生的误差即舍入误差总是存在的,而数值计算是逐步进行的,前一步的数值解的误差必然影响后一步的数值解。在此,我们把运算过程中舍入误差不增长的计算公式称为数值稳定,否则,称为数值不稳定。下面举例说明算法选取的重要性。

例 1.4.4 计算 $S_n = \int_0^1 \frac{x^n}{x+10}\mathrm{d}x$,并估计误差。

解法 Ⅰ 由于

$$S_n + 10S_{n-1} = \int_0^1 \frac{x^n + 10x^{n-1}}{x+10}\mathrm{d}x = \int_0^1 x^{n-1}\mathrm{d}x = \frac{1}{n}$$

可得递推关系

$$S_n = \frac{1}{n} - 10S_{n-1} \quad (n = 1, 2, \cdots)$$

其中

$$S_0 = \int_0^1 \frac{1}{x+10}\mathrm{d}x = \ln 1.1$$

若以 $\widetilde{S}_0 = 0.095\,310$ 近似 S_0,则产生的误差为 $|e(\widetilde{S}_0)| = |\widetilde{S}_0 - S_0| \leqslant 0.000\,000\,2$,并由递推公式可算出 $\widetilde{S}_i(i = 1, 2, \cdots, 7)$。结果列入表 1.4.1。

表 1.4.1 例 1.4.4 解法 I 的计算结果

i	0	1	2	3	4	5	6	7
$\widetilde{S}_i$	0.095 310	0.046 900	0.031 000	0.023 333	0.016 667	0.033 333	$-0.166\ 667$	1.809 524

从表 1.4.1 可以看出，$\widetilde{S}_5 > \widetilde{S}_4$，且 $\widetilde{S}_6 < 0$，这与 $\widetilde{S}_{n-1} > \widetilde{S}_n > 0$ 矛盾。因此，当 n 较大时，用 $\widetilde{S}_n$ 近似 S_n 是不正确的。出现上述错误结果的原因在于：

若迭代计算的初值 $\widetilde{S}_0$ 存在误差 $e(\widetilde{S}_0)$，此后各步计算的误差为 $e(\widetilde{S}_n)$，各误差满足关系

$$e(\widetilde{S}_n) = -10e(\widetilde{S}_{n-1}) \quad (n = 1, 2, \cdots)$$

则

$$e(\widetilde{S}_n) = (-10)^n e(\widetilde{S}_0)$$

上式说明：若 $\widetilde{S}_0$ 存在误差 $e(\widetilde{S}_0)$，则 $\widetilde{S}_n$ 的误差为 $e(\widetilde{S}_0)$ 的 $(-10)^n$ 倍。

解法 II 由于 $0 < x < 1$ 时

$$\frac{x^n}{11} \leqslant \frac{x^n}{10 + x} \leqslant \frac{x^n}{10}$$

故

$$\frac{1}{11(n+1)} \leqslant S_n \leqslant \frac{1}{10(n+1)}$$

此处近似地取

$$\widetilde{S}_7 \approx \frac{1}{2}\left(\frac{1}{11 \times 8} + \frac{1}{10 \times 8}\right) = 0.011\ 932$$

然后将递推公式倒过来使用，即由公式

$$S_{n-1} = \frac{1}{10}\left(\frac{1}{n} - S_n\right) \quad (n = 7, 6, \cdots, 1, 0)$$

计算结果列入表 1.4.2。尽管 $\widetilde{S}_7$ 是近似计算获得的，存在误差 $e(\widetilde{S}_7)$，但因误差随传播逐步缩小，$e(\widetilde{S}_0)$ 缩小为 $e(\widetilde{S}_n)$ 的 $1/10^n$，因此，计算结果稳定可靠，可用 $\widetilde{S}_n$ 近似 S_n。

表 1.4.2　例 1.4.4 解法 Ⅱ 的计算结果

i	0	1	2	3	4	5	6	7
$\widetilde{S}_i$	0.095 310	0.046 898	0.031 018	0.023 514	0.018 454	0.015 357	0.013 093	0.011 932

　　以上算例说明:对于同一数学问题,使用的方法不同,结果可能存在较大的差异。只有选用数值稳定性好的算法,才能求得比较准确的结果。

第 2 章　解线性方程组的直接方法

科学研究与工程技术中经常会遇到线性方程组的求解问题,如三次样条函数的拟合、差分方程的数值求解过程等,它在数值计算中占有非常重要的地位。

求解线性方程组的方法可分为两类:直接法和迭代法。直接法是指假定计算过程中不产生舍入误差,经过有限次运算可以求出方程组的精确解的方法。迭代法是从解的某个近似值出发,通过构造一个无穷序列去逼近精确解的方法。本章介绍求解线性方程组的直接法,包括 Gauss 消去法、Gauss-Jordan 消去法、Gauss 主元素消去法、直接三角分解法以及解三对角方程组的追赶法。

2.1 Gauss(高斯)消去法

设有 n 个未知数的线性方程组

$$\begin{cases} a_{11}x_1 + a_{12}x_2 + \cdots + a_{1n}x_n = b_1 \\ a_{21}x_1 + a_{22}x_2 + \cdots + a_{2n}x_n = b_2 \\ \qquad\qquad\vdots \\ a_{n1}x_1 + a_{n2}x_2 + \cdots + a_{nn}x_n = b_n \end{cases} \qquad (2.1.1)$$

记 $\boldsymbol{A} = \begin{bmatrix} a_{11} & a_{12} & \cdots & a_{1n} \\ a_{21} & a_{22} & \cdots & a_{2n} \\ \vdots & \vdots & & \vdots \\ a_{n1} & a_{n2} & \cdots & a_{nn} \end{bmatrix}, \boldsymbol{x} = \begin{bmatrix} x_1 \\ x_2 \\ \vdots \\ x_n \end{bmatrix}, \boldsymbol{b} = \begin{bmatrix} b_1 \\ b_2 \\ \vdots \\ b_n \end{bmatrix},$ 则

$$\boldsymbol{Ax} = \boldsymbol{b} \qquad (2.1.2)$$

2.1.1 Gauss 消去法计算原理

本算法为用带行交换的 Gauss 消去法解 $Ax=b$，其中 $A=(a_{ij})_{n \times n}$，约化中间结果 $A^{(k)}$，冲掉 A，乘数 m_{ik} 冲掉 a_{ik}，若方程组有唯一解，则计算解存在数组 x 内（或存放在常数项 b 内）。该方法的计算步骤如下：

对 $k=1,2,\cdots,n-1$ 做到第（4）步。

（1）设 i_k 是使 $a_{ik}(k \neq 0)$ 绝对值最小的整数（$k \leqslant i_k \leqslant n$），若不存在 i_k，则无解。

（2）若 $i_k \neq k$，则交换 $[A,b]$ 的第 k 行与第 i_k 行元素。

（3）计算乘数：$a_{ik} \Leftarrow m_{ik} = \dfrac{a_{ik}}{a_{kk}}(i=k+1,\cdots,n)$。

（4）消元计算：$a_{ij} \Leftarrow a_{ij} - m_{ik}a_{kj}(i,j=k+1,\cdots,n)$
$$b_i \Leftarrow b_i - m_{ik}b_k(i=k+1,\cdots,n)。$$

（5）若 $a_{nn}=0$，则输出元素 $x_n = \dfrac{b_n}{a_{nn}}$。

（6）回代求解：$x_k \Leftarrow \dfrac{b_k - \sum\limits_{j=k+1}^{n} a_{kj}x_j}{a_{kk}}(k=n-1,\cdots,2,1)$。

（7）输出解 $x=(x_1,x_2,\cdots,x_n)^{\mathrm{T}}$。

2.1.2 Gauss 消去法的计算量

（1）消元过程计算量：第 k 步（$k=1,2,\cdots,n-1$）计算乘数 $m_{ik}(i=k+1,\cdots,n)$ 需作 $(n-k)$ 次除法运算，消元计算 $a_{ij}^{(k+1)}(i,j=k+1,\cdots,n)$ 需要作 $(n-k)^2$ 次乘法运算，计算 $b_i^{(k+1)}(i=k+1,\cdots,n)$ 需要作 $(n-1)$ 次乘法运算，整个消元过程需要作乘除运算的次数为 $M_{d_1} = [1+2+\cdots+(n-1)] + [1^2+2^2+\cdots+(n-1)^2] + [1+2+\cdots+(n-1)] = \dfrac{n^3}{3} + \dfrac{n^2}{2} - \dfrac{5n}{6}$。

（2）回代过程的计算量：$M_{d_2} = \dfrac{n(n+1)}{2}$。

（3）总计算量：$M_d = M_{d_1} + M_{d_2} = \dfrac{n^3}{3} + n^2 - \dfrac{n}{3}$。

例 **2.1.1**　试用 Gauss 消去法计算线性方程组

$$\begin{cases} 2x_1+3x_2-x_3=5 \\ 4x_1-x_2+5x_3=10 \\ x_1+2x_2-2x_3=3 \end{cases}$$

解　选取方程组各行中 x_1 绝对值最小者，即 $\min(|2|,|4|,|1|)=1, i_1=3$，则

$$\xrightarrow{r_1\leftrightarrow r_3} \begin{cases} x_1+2x_2-2x_3=3 \\ 4x_1-x_2+5x_3=10 \\ 2x_1+3x_2-x_3=5 \end{cases}$$

$$\xrightarrow[4r_1-r_2]{2r_1-r_3} \begin{cases} x_1+2x_2-2x_3=3 \\ 9x_2-13x_3=2 \\ x_2-3x_3=1 \end{cases}, \min(|9|,|1|)=1, i_2=3，则$$

$$\xrightarrow{r_2\leftrightarrow r_3} \begin{cases} x_1+2x_2-2x_3=3 \\ x_2-3x_3=1 \\ 9x_2-13x_3=2 \end{cases}$$

$$\xrightarrow{9r_2-r_3} \begin{cases} x_1+2x_2-2x_3=3 \\ x_2-3x_3=1 \\ -14x_3=7 \end{cases}$$

回代得 $\begin{cases} x_3=-0.5 \\ x_2=-0.5 \\ x_1=3 \end{cases}$

2.1.3 Gauss 消去法编程

Gauss 消去法计算流程如图 2.1.1 所示。

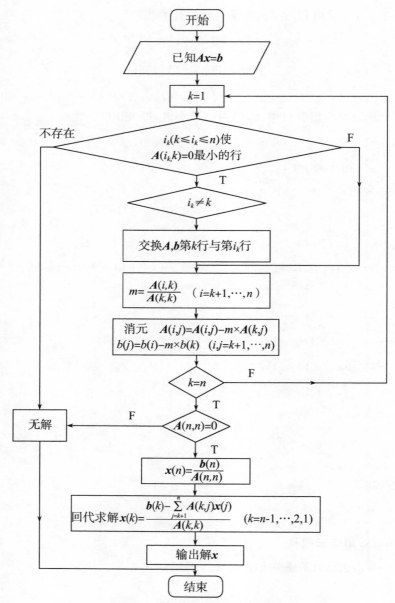

图 2.1.1 Gauss 消去法计算流程

```
%A 为方程组系数矩阵；X 为方程组解向量
function output=LESO_ELIM_Gauss(A,b)
   n=length(A);
   X=zeros(1,length(b));
   for k=1:n
      [C,ik]=min(A(find(A(k:n,k)),k));        %%%求最小行数 ik 使 A(ik,k)~=0    (k<=ik<=n)
      ik=ik+k-1;
      if length(ik)                           %%%不存在 ik 则 ik 为空,长度为 0,否则为 1
      %%%交换 k 与 ik 行
         if ik~=k
            temp=A(k,:);
            A(k,:)=A(ik,:);
            A(ik,:)=temp;
            temp=b(k);
            b(k)=b(ik);
            b(ik)=temp;
         end
      %%%%
      else
            disp('无解');
            quit;
      end
      %%%消元
         for i=k+1:n
            m=A(i,k)/A(k,k);
            A(i,:)=A(i,:)-m*A(k,:);
            b(i)=b(i)-m*b(k);
         end
      %%%%
   end
   %%%回代求解
   if A(n,n)==0;
         disp('无解');
   else
         X(n)=b(n)/A(n,n);
         for k=n-1:-1:1
            j=k+1:n;
            Xn_sum=sum(A(k,j).*X(j));
            X(k)=(b(k)-Xn_sum)/A(k,k);
         end
         output=X';
   end
end
```

2.2 Gauss-Jordan(高斯-若当)消去法

2.2.1 Gauss-Jordan 消去法计算原理

Gauss 消去法始终对第 k 行下面的元素进行消元计算,Gauss-Jordan 法则对第 k 行上面的元素也进行消元计算。

设第 $k-1$ 步的约化已完成,得到等价方程组 $\mathbf{A}^{(k)}\mathbf{x}=\mathbf{b}^{(k)}$,其中

$$\mathbf{A}^{(k)}=\begin{bmatrix} 1 & & & a_{1k}^{(k)} & \cdots & a_{1n}^{(k)} \\ & \ddots & & \vdots & & \vdots \\ & & 1 & a_{k-1,k}^{(k)} & \cdots & a_{k-1,n}^{(k)} \\ & & & a_{k,k}^{(k)} & \cdots & a_{k,n}^{(k)} \\ & & & \vdots & & \vdots \\ & & & a_{n,k}^{(k)} & \cdots & a_{n,n}^{(k)} \end{bmatrix}$$

$$\mathbf{b}^{(k)}=(b_1^{(k)},\cdots,b_k^{(k)},\cdots,b_n^{(k)})^{\mathrm{T}}$$

第 k 步计算不妨设 $a_{k,k}^{(k)}\neq 0$(否则作行交换),

(1)消元计算。

计算乘数 $m_k=(m_{1k} \quad m_{2k} \quad \cdots \quad m_{kk} \quad \cdots \quad m_{nk})^{\mathrm{T}}$,其中

$$\begin{cases} m_{kk}=\dfrac{1}{a_{k,k}^{(k)}} \\[3mm] m_{ik}=-\dfrac{a_{i,k}^{(k)}}{a_{k,k}^{(k)}} \end{cases} \quad (i=1,2,\cdots,n;i\neq k) \tag{2.2.1}$$

对方程 $\mathbf{A}^{(k)}\mathbf{x}=\mathbf{b}^{(k)}$ 作行的初等变换,相应计算公式为

$$\begin{cases} a_{ij}^{(k+1)}=a_{ij}^{(k)}+m_{ik}a_{kj}^{(k)} \\[2mm] b_i^{(k+1)}=b_i^{(k)}+m_{ik}a_k^{(k)} \end{cases} \quad (i=1,2,\cdots,n;i\neq k;j=k+1,\cdots,n) \tag{2.2.2}$$

即对主行上、下都进行消元计算,且令 $a_{ik}^{(k)}=0(i=1,2,\cdots,n;i\neq k)$。

(2)计算主行。

$$\begin{cases} a_{kj}^{(k+1)}=a_{kj}^{(k)}m_{kk} \\[2mm] b_k^{(k+1)}=b_k^{(k)}m_{kk} \end{cases} \quad (j=k,k+1,\cdots,n) \tag{2.2.3}$$

因此,得等价方程组

$$\boldsymbol{A}^{(k+1)}\boldsymbol{x}=\boldsymbol{b}^{(k+1)} \tag{2.2.4}$$

式中,

$$\boldsymbol{A}^{(k+1)}=\begin{bmatrix} 1 & & & a_{1,k+1}^{(k+1)} & \cdots & a_{1,n}^{(k+1)} \\ & \ddots & & \vdots & & \vdots \\ & & 1 & a_{k,k+1}^{(k+1)} & \cdots & a_{k,n}^{(k+1)} \\ & & & a_{k+1,k+1}^{(k+1)} & \cdots & a_{k+1,n}^{(k+1)} \\ & & & \vdots & & \vdots \\ & & & a_{n,k+1}^{(k+1)} & \cdots & a_{n,n}^{(k+1)} \end{bmatrix} \tag{2.2.5}$$

总之,在 $a_{kk}^{(k)}\neq0(k=1,2,\cdots,n)$ 条件下(当 $\boldsymbol{A}$ 为非奇异阵时需要作行交换),经过上述 n 步消元计算,将原方程组约化为等价的对角形方程组

$$[\boldsymbol{A}^{(n+1)},\boldsymbol{b}^{(n+1)}]=\begin{bmatrix} 1 & 0 & \cdots & 0 & b_1^{(n+1)} \\ 0 & 1 & \cdots & 0 & b_2^{(n+1)} \\ \vdots & \vdots & & \vdots & \vdots \\ 0 & 0 & \cdots & 1 & b_n^{(n+1)} \end{bmatrix} \tag{2.2.6}$$

式中,$\boldsymbol{A}$ 约化为对角矩阵,解为 $\boldsymbol{x}=\boldsymbol{b}^{(n+1)}$,此法无须回代。求解公式如下:

$$\begin{cases} \boldsymbol{L}_k\boldsymbol{A}^{(k)}=\boldsymbol{A}^{(k+1)} \\ \boldsymbol{L}_k\boldsymbol{b}^{(k)}=\boldsymbol{b}^{(k+1)} \end{cases} \tag{2.2.7}$$

式中,$\boldsymbol{L}_k=\begin{bmatrix} 1 & & & m_{1,k} & & \\ & 1 & & m_{2,k} & & \\ & & \ddots & \vdots & & \\ & & & m_{k,k} & & \\ & & & m_{k+1,k} & 1 & \\ & & & \vdots & & \ddots \\ & & & m_{n,k} & & 1 \end{bmatrix}$。

Gauss-Jordan 消去法的完成要进行约 $\dfrac{n^3}{2}$ 次乘除运算。

例 2.2.1 试用 Gauss-Jordan 消去法求解线性方程组

$$\begin{cases} -3x_1+2x_2+6x_3=4 \\ 10x_1-7x_2=7 \\ 5x_1-x_2+5x_3=6 \end{cases}$$

解 由方程组的系数与常数项组成的增广矩阵为

$$[A,b]=\begin{bmatrix} -3 & 2 & 6 & 4 \\ 10 & -7 & 0 & 7 \\ 5 & -1 & 5 & 6 \end{bmatrix}$$

采用 Gauss-Jordan 消去法的计算过程如下：

$$\xrightarrow{-1/3r_1} \begin{bmatrix} 1 & -2/3 & -2 & -4/3 \\ 10 & -7 & 0 & 7 \\ 5 & -1 & 5 & 6 \end{bmatrix} \xrightarrow[\;-5r_1+r_3\;]{-10r_1+r_2} \begin{bmatrix} 1 & -2/3 & -2 & -4/3 \\ 0 & -1/3 & 20 & 61/3 \\ 0 & 7/3 & 15 & 38/3 \end{bmatrix}$$

$$\xrightarrow{-3r_2} \begin{bmatrix} 1 & -2/3 & -2 & -4/3 \\ 0 & 1 & -60 & -61 \\ 0 & 7/3 & 15 & 38/3 \end{bmatrix} \xrightarrow[\;-7/3r_2+r_3\;]{2/3r_2+r_1} \begin{bmatrix} 1 & 0 & -42 & -42 \\ 0 & 1 & -60 & -61 \\ 0 & 0 & 155 & 155 \end{bmatrix}$$

$$\xrightarrow{1/155r_3} \begin{bmatrix} 1 & 0 & -42 & -42 \\ 0 & 1 & -60 & -61 \\ 0 & 0 & 1 & 1 \end{bmatrix} \xrightarrow[\;60r_3+r_2\;]{42r_3+r_1} \begin{bmatrix} 1 & 0 & 0 & 0 \\ 0 & 1 & 0 & -1 \\ 0 & 0 & 1 & 1 \end{bmatrix} \longrightarrow \begin{cases} x_1=0 \\ x_2=-1 \\ x_3=1 \end{cases}$$

2.2.2 Gauss-Jordan 消去法编程

Gauss-Jordan 消去法计算流程如图 2.2.1 所示。

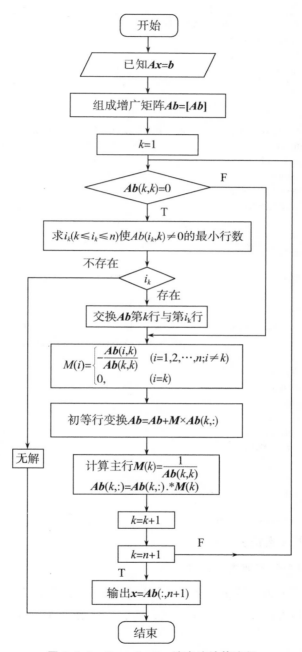

图 2.2.1　Gauss-Jordan 消去法计算流程

```
%A 为方程组系数矩阵；X 为方程组解向量
function output=LESO_ELIM_Jordan(A,b)
  n=length(A);
  b=reshape(b,length(b),1);
  Ab=[A b];                              %%A,b 组成增广矩阵 Ab(:,n+1)即为 b
  for k=1:n
    if Ab(k,k)==0
        ik=min(find(Ab(k:n,k)~=0))-1+k;  %%求最小行数 ik 使 A(ik,k)~=0    (k<=ik<=n)
        if length(ik)                     %%不存在 ik 则 ik 为空,长度为 0,否则为 1
        %%交换 k 与 ik 行
                temp=Ab(k,:);
                Ab(k,:)=Ab(ik,:);
                Ab(ik,:)=temp;
        %%%%
        else
            disp('无解');
            return;
        end
    end
    %%计算乘数
      M=(-1).*Ab(:,k)./Ab(k,k);          %%计算 M(i,k)   (i=1,2,...,n;i~=k)
      M(k)=0;                             % M(i,k)=0 (i=k)是为了方便下一步初等行变换
    %%%%
    %%初等行变换
      Ab=Ab+M*Ab(k,:);
    %%%%
    %%计算主行
      M(k)=1./Ab(k,k);
      Ab(k,:)=Ab(k,:).*M(k);
    %%%%
  end
  output=Ab(:,n+1);
end
```

2.3 Gauss 列主元素消去法

2.3.1 Gauss 列主元素消去法计算原理

完全主元素消去法选主元素过于费时,常用列主元素消去法。该法依次按列选取绝对值最大的元素作为主元素,然后换行,使之换到主元素位置上,再消元。

设列主元素消去法已经完成 $k-1$ 步,得 $\boldsymbol{A}^{(k)} \boldsymbol{x} = \boldsymbol{b}^{(k)}$,则增广矩阵为

$$
[\boldsymbol{A}^{(k)}, \boldsymbol{b}^{(k)}] =
\begin{bmatrix}
a_{11}^{(1)} & a_{12}^{(1)} & \cdots & 0 & 0 & a_{1n}^{(k)} & b_1^{(1)} \\
0 & a_{22}^{(1)} & \cdots & 0 & 0 & a_{2n}^{(k)} & b_2^{(2)} \\
\vdots & \vdots & & \vdots & \vdots & \vdots & \vdots \\
0 & 0 & 0 & a_{kk}^{(k)} & \cdots & a_{kn}^{(k)} & b_k^{(k)} \\
\vdots & \vdots & \vdots & \vdots & & \vdots & \vdots \\
0 & 0 & 0 & a_{nk}^{(k)} & \cdots & a_{nn}^{(k)} & b_n^{(k)}
\end{bmatrix}
\tag{2.3.1}
$$

设 $\boldsymbol{Ax} = \boldsymbol{b}$，消元结果冲掉 $\boldsymbol{A}$，乘数 m_{ik} 冲掉 a_{ik}，方程组解 $\boldsymbol{x}$ 存放于 $\boldsymbol{b}$ 内，行列式存放于单元 det 内。

（1）det $\Leftarrow 1$；

（2）对于 $k = 1, 2, \cdots, n-1$ 做到第（7）步；

（3）按列选主元素确定 i_k，使 $|a_{i_k, k}| = \max\limits_{k \leqslant i \leqslant n} |a_{ik}|$；

（4）若 $a_{i_k, k} = 0$，则无解；

（5）若 $i_k = k$，则转（6），否则换行，

$a_{kj} \Leftrightarrow a_{i_k, j} \ (j = k, k+1, \cdots, n)$

$b_k \Leftrightarrow b_{i_k}$

det $\Leftarrow -$det；

（6）消元计算

$a_{ik} \Leftarrow m_{ik} = \dfrac{a_{ik}}{a_{kk}} \ (i = k+1, \cdots, n;$ 这时有 $|m_{ik}| < 1)$

$a_{ij} \Leftarrow a_{ij} - m_{ik} a_{kj} \ (i, j = k+1, \cdots, n)$

$b_i \Leftarrow b_i - m_{ik} b_k \ (i = k+1, \cdots, n)$

（7）det $\Leftarrow a_{kk}$ det；

（8）若 $a_{nn} = 0$，无解；

（9）回代求解：$b_n \Leftarrow \dfrac{b_n}{a_{nn}}$

$$
b_i \Leftarrow \frac{b_i - \sum\limits_{j=i+1}^{n} a_{ij} b_j}{a_{ii}} \ (i = n-1, \cdots, 2, 1)
$$

（10）det $\Leftarrow a_{nn}$ det；

（11）输出 $(b_1, \cdots, b_n)^{\mathrm{T}}$ 及 det。

例 2.3.1 试用 Gauss 列主元素消去法求解线性方程组

$$\begin{cases} x_1 - 2x_2 + x_3 = 7 \\ 3x_1 + 4x_2 - 2x_3 = -4 \\ 2x_1 - x_2 + 3x_3 = 14 \end{cases}$$

解 $\max(|1|, |3|, |2|) = 3$，因此 $i_1 = 2$。由方程组的系数与常数项组成的增广矩阵为

$$[\boldsymbol{A}, \boldsymbol{b}] = \begin{bmatrix} 1 & -2 & 1 & 7 \\ 3 & 4 & -2 & -4 \\ 2 & -1 & 3 & 14 \end{bmatrix}$$

$$\xrightarrow[r_1 \leftrightarrow r_2]{r_1 \leftrightarrow r_3} \begin{bmatrix} 3 & 4 & -2 & -4 \\ 2 & -1 & 3 & 14 \\ 1 & -2 & 1 & 7 \end{bmatrix}, m_{21} = \frac{2}{3}, m_{31} = \frac{1}{3}$$

$$\xrightarrow{\text{消元计算}} \begin{bmatrix} 3 & 4 & -2 & -4 \\ 0 & -11 & 13 & 50 \\ 0 & -2 & 1 & 5 \end{bmatrix}, \max(|-11|, |-2|) = 11, 因此, i_2 = 2,$$

$$m_{32} = -\frac{2}{11}$$

$$\xrightarrow{\text{消元计算}} \begin{bmatrix} 3 & 4 & -2 & -4 \\ 0 & -11 & 13 & 50 \\ 0 & 0 & 1 & 3 \end{bmatrix},$$

回代得 $\begin{cases} x_3 = 3 \\ x_2 = -1。 \\ x_1 = 2 \end{cases}$

2.3.2 Gauss 列主元素消去法编程

Gauss 列主元素消去法计算流程如图 2.3.1 所示。

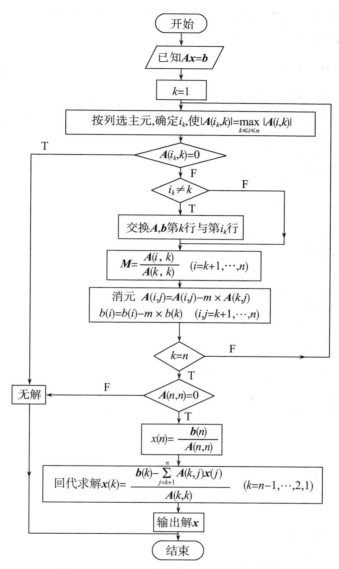

图 2.3.1　Gauss 列主元素消去法计算流程

```matlab
%A 为方程组系数矩阵；X 为方程组解向量
function output=LESO_ELIM_ColPivot(A,b)
    n=length(A);
    X=zeros(1,length(b));
    for k=1:n
        [Amax,ik]=max(abs(A(k:n,k)));
        %%寻找列主元素 Amax 为找到的最大值;ik 为第 k 列中向量[k:n]对应位置
        ik=ik+k-1;                    %%ik 换算为第 k 列实际对应行数
        if A(ik,k)==0
            disp('无解');
            return;
        end
        %%第 k 行与第 ik 行互换
        if ik~=k
            V=A(k,:);
            A(k,:)=A(ik,:);
            A(ik,:)=V;
            V=b(k);
            b(k)=b(ik);
            b(ik)=V;
        end
        %%%%
        %%消元计算
        for i=k+1:n
            m=A(i,k)/A(k,k);
            A(i,:)=A(i,:)-m*A(k,:);
            b(i)=b(i)-m*b(k);
        end
        %%%%
    end
    if A(n,n)==0;
        disp('无解');
    else
        %%回代求解
        X(n)=b(n)/A(n,n);
        for i=n-1:-1:1
            j=i+1:n;
            Xn_sum=sum(A(i,j).*X(j));
            X(i)=(b(i)-Xn_sum)/A(i,i);
        end
        %%%%
        output=X';
    end
end
```

2.4 直接三角分解法

2.4.1 直接三角分解法计算原理

设线性方程组 $Ax = b, A \in R^{n \times n}$，解此方程组用 Gauss 消去法能够完成（不进行初等变换），由于对 A 作行的初等变换相当于用初等矩阵左乘于 A，于是 Gauss 消去法第 1 步消元：$A^{(1)} \rightarrow A^{(2)}, b^{(1)} \rightarrow b^{(2)}$，用矩阵理论来叙述，即有

$$\begin{cases} L_1 A^{(1)} \rightarrow A^{(2)} \\ L_1 b^{(1)} \rightarrow b^{(2)} \end{cases} \tag{2.4.1}$$

式中，$L_1 = \begin{bmatrix} 1 & & & & \\ -m_{21} & 1 & & & \\ -m_{31} & & 1 & & \\ \vdots & & & \ddots & \\ -m_{n1} & & & & 1 \end{bmatrix}$。

一般第 k 步消元：$A^{(k)} \rightarrow A^{(k+1)}, b^{(k)} \rightarrow b^{(k+1)}$，相当于

$$\begin{cases} L_k A^{(k)} \rightarrow A^{(k+1)} \\ L_k b^{(k)} \rightarrow b^{(k+1)} \end{cases} \tag{2.4.2}$$

式中，$L_k = \begin{bmatrix} 1 & & & & & & \\ & 1 & & & & & \\ & & \ddots & & & & \\ & & & 1 & & & \\ & & & -m_{k+1,k} & 1 & & \\ & & & \vdots & & \ddots & \\ & & & -m_{nk} & & & 1 \end{bmatrix}$，且

$$L_k^{-1} = \begin{bmatrix} 1 & & & & & & \\ & 1 & & & & & \\ & & \ddots & & & & \\ & & & 1 & & & \\ & & & m_{k+1,k} & 1 & & \\ & & & \vdots & & \ddots & \\ & & & m_{nk} & & & 1 \end{bmatrix}。$$

利用递推公式有

$$\begin{cases} \boldsymbol{L}_{n-1}\cdots\boldsymbol{L}_2\boldsymbol{L}_1\boldsymbol{A}^{(1)}=\boldsymbol{A}^{(n)} \\ \boldsymbol{L}_{n-1}\cdots\boldsymbol{L}_2\boldsymbol{L}_1\boldsymbol{b}^{(1)}=\boldsymbol{b}^{(n)} \end{cases} \tag{2.4.3}$$

将上三角阵 $\boldsymbol{A}^{(n)}$ 记为 $\boldsymbol{U}$，由上式得

$$\boldsymbol{A}=\boldsymbol{L}_1^{-1}\boldsymbol{L}_2^{-1}\cdots\boldsymbol{L}_{n-1}^{-1}\boldsymbol{U}\equiv\boldsymbol{L}\boldsymbol{U} \tag{2.4.4}$$

式中，$\boldsymbol{L}$ 为单位下三角阵，$\boldsymbol{U}$ 为上三角阵。$\boldsymbol{L}$ 按下式计算：

$$\boldsymbol{L}=\boldsymbol{L}_1^{-1}\boldsymbol{L}_2^{-1}\cdots\boldsymbol{L}_{n-1}^{-1}=\begin{bmatrix} 1 & & & & \\ m_{21} & 1 & & & \\ m_{31} & m_{32} & 1 & & \\ \vdots & \vdots & \vdots & \ddots & \\ m_{n1} & m_{n2} & m_{n3} & \cdots & 1 \end{bmatrix} \tag{2.4.5}$$

定理 2.4.1(矩阵三角分解)　设 $\boldsymbol{A}\in\boldsymbol{R}^{n\times n}$，如果解 $\boldsymbol{A}\boldsymbol{x}=\boldsymbol{b}$ 用 Gauss 消去法能够完成[限制不作行的交换，即 $a_{kk}^{(k)}\neq 0(k=1,2,\cdots,n)$]，则矩阵 $\boldsymbol{A}$ 可分解为单位下三角阵 $\boldsymbol{L}$ 与上三角阵 $\boldsymbol{U}$ 的乘积，即 $\boldsymbol{A}=\boldsymbol{L}\boldsymbol{U}$，且这种分解是唯一的。

定理 2.4.2　约化的主元素 $a_{ii}^{(i)}\neq 0(i=1,2,\cdots,k)$ 的充要条件是矩阵 $\boldsymbol{A}$ 的顺序主子式

$$D_1=a_{11}\neq 0, D_2=\begin{vmatrix} a_{11} & a_{12} \\ a_{21} & a_{22} \end{vmatrix}\neq 0,\cdots,D_k=\begin{vmatrix} a_{11} & a_{12} & \cdots & a_{1k} \\ a_{21} & a_{22} & \cdots & a_{2k} \\ \vdots & \vdots & & \vdots \\ a_{k1} & a_{k2} & \cdots & a_{kk} \end{vmatrix}\neq 0$$

推论　如果 $\boldsymbol{A}$ 的各顺序主子式 $D_k\neq 0(k=1,2,\cdots,n)$，则

$$\begin{cases} a_{11}^{(1)}=D_1 \\ a_{kk}^{(k)}=\dfrac{D_k}{D_{k-1}} \quad (k=2,\cdots,n) \end{cases} \tag{2.4.6}$$

由上述讨论可知，求解 $\boldsymbol{A}\boldsymbol{x}=\boldsymbol{b}$ 的问题等价于求解 2 个三角阵方程组，即

$$\begin{cases} \boldsymbol{L}\boldsymbol{y}=\boldsymbol{b}，求\ \boldsymbol{y} \\ \boldsymbol{U}\boldsymbol{x}=\boldsymbol{y}，求\ \boldsymbol{x} \end{cases} \tag{2.4.7}$$

若 $\boldsymbol{A}$ 的各顺序主子式 $D_k\neq 0(k=1,2,\cdots,n)$，则

$$A = \begin{bmatrix} 1 & & & \\ l_{21} & 1 & & \\ \vdots & \vdots & \ddots & \\ l_{n1} & l_{n2} & \cdots & 1 \end{bmatrix} \begin{bmatrix} u_{11} & u_{12} & \cdots & u_{1n} \\ & u_{22} & \cdots & u_{2n} \\ & & \ddots & \vdots \\ & & & u_{nn} \end{bmatrix} \qquad (2.4.8)$$

由 $a_{1i} = u_{1i}(i=1,2,\cdots,n)$ 得到 U 的第 1 行元素;

由 $a_{i1} = l_{i1}u_{11}, l_{i1} = \dfrac{a_{i1}}{u_{11}}(i=2,\cdots,n)$ 得到 L 的第 1 列元素;

设已经给出 U 的第 $1 \sim (r-1)$ 行元素,L 的第 $1 \sim (r-1)$ 列元素,由矩阵乘法得

$$a_{ri} = \sum_{k=1}^{n} l_{rk} u_{ki} = \sum_{k=1}^{r-1} l_{rk} u_{ki} + u_{ri}(l_{rk} = 0, \text{当 } r < k) \qquad (2.4.9)$$

$$a_{ir} = \sum_{k=1}^{n} l_{ik} u_{kr} = \sum_{k=1}^{r-1} l_{ik} u_{kr} + l_{ir} u_{rr} \qquad (2.4.10)$$

即可计算出 U 的第 r 行元素,L 的第 r 列元素。

直接三角分解法 $Ax = b$ 的步骤如下:

(1) $u_{1i} = a_{1i}(i=1,2,\cdots,n), l_{i1} = \dfrac{a_{i1}}{u_{11}}(i=2,\cdots,n)$,对 $r=2,3,\cdots,n$ 计算第(2)~(3)步;

(2) 计算 U 的第 r 行元素,$u_{ri} = a_{ri} - \sum_{k=1}^{r-1} l_{rk} u_{ki}(i=r,r+1,\cdots,n)$;

(3) 计算 L 的第 r 列元素$(r \neq n)$,$l_{ir} = \dfrac{a_{ir} - \sum_{k=1}^{r-1} l_{ik} u_{kr}}{u_{rr}}(i=r+1,\cdots,n)$;

(4) 由 $\begin{cases} y_1 = b_1 \\ y_i = b_i - \sum_{k=1}^{i-1} l_{ik} y_k (i=2,3,\cdots,n) \end{cases}$　求解 $Ly = b$;

(5) 由 $\begin{cases} x_n = \dfrac{y_n}{u_{nn}} \\ x_i = \dfrac{y_i - \sum_{k=i+1}^{n} u_{ik} x_k}{u_{ii}}(i=n-1,\cdots,2,1) \end{cases}$　求解 $Ux = y$。

上述(1)(2)(3)中的式子是矩阵 A 的 LU 分解公式,称为 Doolittle(杜利特

尔)分解;同理,若 $A=LU$,其中 L 为下三角阵,U 为单位上三角阵,则称为 Crout(克劳特)分解。

当 $u_{kk}\neq 0(k=1,2,\cdots,n)$,直接三角分解法需要 $\dfrac{n^3}{3}$ 次乘除运算。

例 2.4.1 试用直接三角分解法求解线性方程组

$$\begin{cases} x_1+3x_2+2x_3=-3 \\ 4x_1+x_2+2x_3=4 \\ 3x_1+4x_2+x_3=-4 \end{cases}$$

解 (1) 对 $r=1,u_{11}=1,u_{12}=3,u_{13}=2;l_{21}=4,l_{31}=3$;

(2) 对 $r=2,u_{22}=a_{22}-l_{21}u_{12}=-11,u_{23}=a_{23}-l_{21}u_{13}=-6,l_{32}=\dfrac{a_{32}-l_{31}u_{12}}{u_{22}}=5/11$;

(3) 对 $r=3,u_{33}=a_{33}-(l_{31}u_{13}+l_{32}u_{23})=-25/11,A=$

$$\begin{bmatrix} 1 & & \\ 4 & 1 & \\ 3 & \dfrac{-5}{11} & 1 \end{bmatrix}\begin{bmatrix} 1 & 3 & 2 \\ & -11 & -6 \\ & & \dfrac{-25}{11} \end{bmatrix}=LU;$$

(4) 求解 $Ly=b$,得 $y=\left(-3,16,\dfrac{25}{11}\right)^{\mathrm{T}}$;由 $Ux=y$,得 $x=(1,-2,1)^{\mathrm{T}}$。

2.4.2 直接三角分解法编程

直接三角分解法计算流程如图 2.4.1 所示。

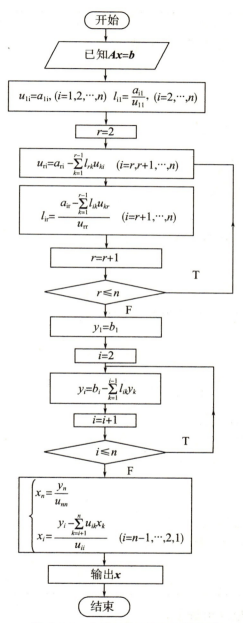

图 2.4.1　直接三角分解法计算流程

```
%A 为方程组系数矩阵；X 为方程组解向量；L 为下三角阵；U 为上三角阵
function [output,L,U]=LESO_ELIM_TriangFactor(A,b)
    n=length(A);
    X=zeros(1,length(b));
    Y=zeros(1,length(b));
    U=zeros(size(A));
    L=diag(ones(1,n));
    %求上、下三角阵
    U(1,:)=A(1,:);
    L(2:n,1)=A(2:n,1)/U(1,1);
    for r=2:n
        %求上三角阵对应行元素
        for i=r:n
            k=1:r-1;
            U(r,i)=A(r,i)-sum(L(r,k) *U(k,i));
        end
        %求下三角阵对应列元素
        for i=r+1:n
            k=1:r-1;
            L(i,r)=(A(i,r)-sum(L(i,k)*U(k,r)))./U(r,r);
        end
    end
    %求 LY=b 中的 Y 值
    Y(1)=b(1);
    for i=2:n
        j=1:i-1;
        Yn_sum=sum(L(i,j).*Y(j));
        Y(i)=b(i)-Yn_sum;
    end
    %求 UX=Y 中的 X 值
    X(n)=Y(n)/U(n,n);
    for i=n-1:-1:1
        j=i+1:n;
        Xn_sum=sum(U(i,j).*X(j));
        X(i)=(Y(i)-Xn_sum)/U(i,i);
    end
    output=X';
end
```

2.5 解三对角方程组的追赶法

2.5.1 追赶法原理

三对角矩阵是半带宽为 1 的带状矩阵,设 $Ax=f$,即

$$\begin{bmatrix} b_1 & c_1 & & & & & & \\ a_2 & b_2 & c_2 & & & & & \\ & \ddots & \ddots & \ddots & & & & \\ & & a_i & b_i & c_i & & & \\ & & & \ddots & \ddots & \ddots & & \\ & & & & a_{n-1} & b_{n-1} & c_{n-1} \\ & & & & & a_n & b_n \end{bmatrix} \begin{bmatrix} x_1 \\ x_2 \\ \vdots \\ x_i \\ \vdots \\ x_{n-1} \\ x_n \end{bmatrix} = \begin{bmatrix} f_1 \\ f_2 \\ \vdots \\ f_i \\ \vdots \\ f_{n-1} \\ f_n \end{bmatrix} \qquad (2.5.1)$$

其中,当 $|i-j|>1$ 时, $a_{ij}=0$,而且满足① $|b_1|>|c_1|>0$, $|b_n|>|a_n|>0$;
② $|b_i|\geqslant|a_i|+|c_i|(a_i,c_i\neq0,i=2,\cdots,n-1)$,则 $\boldsymbol{A}$ 可分解为 $\boldsymbol{L}\cdot\boldsymbol{U}$,即

$$\boldsymbol{A}=\begin{bmatrix} \alpha_1 & & & & & & \\ \gamma_2 & \alpha_2 & & & & & \\ & \ddots & \ddots & & & & \\ & & \gamma_{i-1} & \alpha_{i-1} & & & \\ & & & \gamma_i & \alpha_i & & \\ & & & & \ddots & \ddots & \\ & & & & & \gamma_{n-1} & \alpha_{n-1} \\ & & & & & & \gamma_n & \alpha_n \end{bmatrix} \begin{bmatrix} 1 & \beta_1 & & & & & \\ & 1 & \beta_2 & & & & \\ & & \ddots & \ddots & & & \\ & & & 1 & \beta_{i-1} & & \\ & & & & 1 & \beta_i & \\ & & & & & \ddots & \ddots \\ & & & & & & 1 & \beta_{n-1} \\ & & & & & & & 1 \end{bmatrix}$$

$$(2.5.2)$$

式中, $\alpha_i,\beta_i,\gamma_i$ 均为待定系数,按下式计算:

$$\begin{cases} b_1=\alpha_1,c_1=\alpha_1\beta_1 \\ a_i=\gamma_i \\ b_i=\gamma_i\beta_{i-1}+\alpha_i \quad (i=2,\cdots,n) \\ c_i=\alpha_i\beta_i \quad (i=2,3,\cdots,n-1) \end{cases} \qquad (2.5.3)$$

因此,采用追赶法求解 $\boldsymbol{Ax}=\boldsymbol{f}$,相当于 $\begin{cases} \boldsymbol{Ly}=\boldsymbol{f},求\ \boldsymbol{y} \\ \boldsymbol{Ux}=\boldsymbol{y},求\ \boldsymbol{x} \end{cases}$,其具体的计算步骤如下:

（1）分解计算,计算 $\{\beta_i\}$ 的递推公式为

$$\begin{cases} \beta_1=\dfrac{c_1}{b_1} \\ \beta_i=\dfrac{c_i}{b_i-a_i\beta_{i-1}} \quad (i=2,3,\cdots,n-1) \end{cases} \qquad (2.5.4)$$

（2）求解 $\boldsymbol{Ly}=\boldsymbol{f}$ 的递推公式为

$$\begin{cases} y_1=\dfrac{f_1}{b_1} \\[3mm] y_i=\dfrac{f_i-a_iy_{i-1}}{b_i-a_i\beta_{i-1}} \quad (i=2,3,\cdots,n-1) \end{cases} \tag{2.5.5}$$

（3）求解 $\boldsymbol{Ux}=\boldsymbol{y}$ 的递推公式为

$$\begin{cases} x_n=y_n \\[2mm] x_i=y_i-\beta_ix_{i+1} \quad (i=n-1,\cdots,2,1) \end{cases} \tag{2.5.6}$$

我们将计算 $\beta_1 \rightarrow \beta_2 \rightarrow \cdots \rightarrow \beta_{n-1}$ 及 $y_1 \rightarrow y_2 \rightarrow \cdots \rightarrow y_n$ 的过程称为追的过程；将计算 $x_n \rightarrow x_{n-1} \rightarrow \cdots \rightarrow x_1$ 的过程称为赶的过程。需要说明的是：追赶法的完成要进行 $(5n-4)$ 次乘除运算。

例 2.5.1 试用追赶法求解线性方程组

$$\begin{bmatrix} 9 & -1 & 0 \\ -1 & 9 & -2 \\ 0 & -2 & 9 \end{bmatrix} \begin{bmatrix} x_1 \\ x_2 \\ x_3 \end{bmatrix} = \begin{bmatrix} 7 \\ 11 \\ 23 \end{bmatrix}$$

解 设有分解：

$$\boldsymbol{A}= \begin{bmatrix} 9 & -1 & 0 \\ -1 & 9 & -2 \\ 0 & -2 & 9 \end{bmatrix} = \begin{bmatrix} \alpha_1 & & \\ -1 & \alpha_2 & \\ & -2 & \alpha_3 \end{bmatrix} \begin{bmatrix} 1 & \beta_1 & \\ & 1 & \beta_2 \\ & & 1 \end{bmatrix}$$

若 b_i,a_i,c_i 为 $\boldsymbol{A}$ 中的主对角元素及其下、上次对角元素，令 $n=3$，由式(2.5.3)得

$$\begin{cases} b_1=\alpha_1 , c_1=\alpha_1\beta_1 \\ a_i=\gamma_i \\ b_i=\gamma_i\beta_{i-1}+\alpha_i \quad (i=2,3) \\ c_i=\alpha_i\beta_i \quad (i=2) \end{cases}$$

计算得 $\alpha_1=9, \alpha_2=\dfrac{80}{9}, \alpha_3=\dfrac{171}{20}, \beta_1=-\dfrac{1}{9}, \beta_2=-\dfrac{9}{40}$。

由 $\begin{bmatrix} 9 & & \\ -1 & 80/9 & \\ & -2 & 171/20 \end{bmatrix} \begin{bmatrix} y_1 \\ y_2 \\ y_3 \end{bmatrix} = \begin{bmatrix} 7 \\ 11 \\ 23 \end{bmatrix}$,解得 $\begin{cases} y_1 = 7/9 \\ y_2 = 53/40; \\ y_3 = 3 \end{cases}$

再由 $\begin{bmatrix} 1 & -1/9 & \\ & 1 & -9/40 \\ & & 1 \end{bmatrix} \begin{bmatrix} x_1 \\ x_2 \\ x_3 \end{bmatrix} = \begin{bmatrix} 7/9 \\ 53/40 \\ 3 \end{bmatrix}$,解得 $\begin{cases} x_1 = 1 \\ x_2 = 2. \\ x_3 = 3 \end{cases}$

2.5.2 追赶法编程

追赶法计算流程如图 2.5.1 所示。

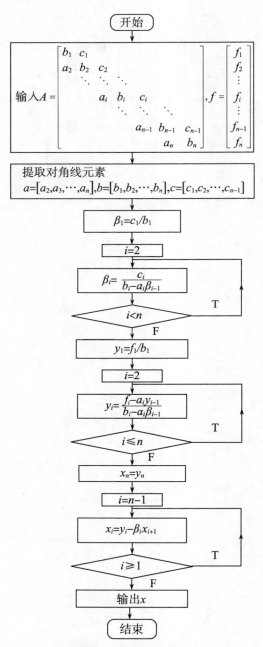

图 2.5.1 追赶法计算流程

```
%A 为方程组系数矩阵(为三对角半带宽为1的带状矩阵) ；X 为方程组解向量
function [output,L,U]=LESO_ELIM_ForeBack(A,f)
  n=length(A);
  X=zeros(length(f),1);
  % 取对角元素
  a=[1;diag(A,-1)];              % a 从 a2 开始,加 a1=1 是为了便于下面循环中与其他变量同步
  b=diag(A);
  c=diag(A,1);
  % %%%%%%%%%%
  % 求 beta
  beta(1)=c(1)/b(1);
  for i=2:n-1
      beta(i)=c(i)/(b(i)-a(i)*beta(i-1));
  end
  %%%%%%%%%%
  % 求解 Ly=f
  y(1)=f(1)/b(1);
  for i=2:n
      y(i)=(f(i)-a(i)*y(i-1))/(b(i)-a(i)*beta(i-1));
  end
  %%%%%%%%%%%%
  % 求解 Ux=y
  X(n)=y(n);
  for i=n-1:-1:1
      X(i)=y(i)-beta(i)*X(i+1);
  end
  output=X;
end
```

2.6 工程案例——合金重新配置问题

由铜、锌、镍及锰四种元素构成的 A、B、C 及 D 四种不同的合金,其含量如表 2.6.1 所列。

表 2.6.1　四种合金铜、锌、镍及锰四种元素含量

合金	铜/%	锌/%	镍/%	锰/%
A	40	40	10	10
B	50	30	20	0
C	25	65	0	10
D	45	30	20	5

若用这四种合金配制一种新合金 10 kg,其铜、锌、镍及锰的含量分别为

42.5％、39.0％、14.0％及 4.5％，则应取 A、B、C 及 D 质量各多少千克？

解　设 A、B、C 及 D 四种合金分别取 x_1、x_2、x_3 及 x_4，根据题意建立如下方程组：

$$\begin{cases} x_1 \cdot 40\％ + x_2 \cdot 50\％ + x_3 \cdot 25\％ + x_4 \cdot 45\％ = 10 \times 42.5\％ \\ x_1 \cdot 40\％ + x_2 \cdot 30\％ + x_3 \cdot 65\％ + x_4 \cdot 30\％ = 10 \times 39.0\％ \\ x_1 \cdot 10\％ + x_2 \cdot 20\％ + x_4 \cdot 20\％ = 10 \times 14.0\％ \\ x_1 \cdot 10\％ + x_3 \cdot 10\％ + x_4 \cdot 5\％ = 10 \times 4.5\％ \end{cases}$$

简化后可得

$$\begin{cases} 8x_1 + 10x_2 + 5x_3 + 9x_4 = 85 \\ 8x_1 + 6x_2 + 13x_3 + 6x_4 = 78 \\ 2x_1 + 4x_2 + 4x_4 = 28 \\ 2x_1 + 2x_2 + x_4 = 9 \end{cases}$$

利用 Gauss 消去法解方程组，选取方程组各行中 x_1 绝对值最小者，则

$$\xrightarrow{r_1 \leftrightarrow r_3} \begin{cases} 2x_1 + 4x_2 + 4x_4 = 28 \\ 8x_1 + 10x_2 + 5x_3 + 9x_4 = 85 \\ 8x_1 + 6x_2 + 13x_3 + 6x_4 = 78 \\ 2x_1 + 2x_2 + x_4 = 9 \end{cases}$$

消元后三行得
$$\begin{cases} 2x_1 + 4x_2 + 4x_4 = 28 \\ -10x_2 + 13x_3 - 10x_4 = -34 \\ -6x_2 + 5x_3 - 7x_4 = -27 \\ -4x_2 + 2x_3 - 3x_4 = -19 \end{cases}$$

$$\xrightarrow{r_2 \leftrightarrow r_4} \begin{cases} 2x_1 + 4x_2 + 4x_4 = 28 \\ -4x_2 + 2x_3 - 3x_4 = -19 \\ -6x_2 + 5x_3 - 7x_4 = -27 \\ -10x_2 + 13x_3 - 10x_4 = -34 \end{cases}$$

消元得
$$\begin{cases} 2x_1 + 4x_2 + 4x_4 = 28 \\ -4x_2 + 2x_3 - 3x_4 = -19 \\ 2x_3 - 2.5x_4 = 1.5 \\ 7.5x_4 = 7.5 \end{cases}$$

回代得
$$\begin{cases} x_1 = 2 \\ x_2 = 5 \\ x_3 = 2 \\ x_4 = 1 \end{cases}$$

第 3 章　解线性方程组的迭代法

对于中低阶的线性方程组，第 2 章介绍的直接法是有效的。随着阶数的增加，人们往往采用迭代方法。迭代法能够保持矩阵的稀疏性，计算简单，易于编程，是求解一些高阶方程组的有效方法。本章介绍求解线性方程组的迭代法，包括 Jacobi 迭代法、Gauss-Seidel 迭代法，以及超松弛迭代法。

3.1 Jacobi(雅可比)迭代法

3.1.1 Jacobi 迭代法

设有方程组 $\sum\limits_{j=1}^{n} a_{ij} x_j = b_i (i=1,2,\cdots,n)$，简记为 $\boldsymbol{Ax} = \boldsymbol{b}$，其中 $\boldsymbol{A}$ 为非奇异阵，且 $a_{ii} \neq 0 (i=1,2,\cdots,n)$，考虑由 $\boldsymbol{Ax} = \boldsymbol{b}$ 的第 i 个方程解出 x_i，得

$$x_i = \frac{1}{a_{ii}} \left(b_i - \sum_{\substack{j=1 \\ j \neq i}}^{n} a_{ij} x_j \right) \quad (i=1,2,\cdots,n) \tag{3.1.1}$$

对上式应用迭代法，即得解方程组 $\boldsymbol{Ax} = \boldsymbol{b}$ 的 Jacobi 迭代公式。

$$x_i^{(k+1)} = \frac{1}{a_{ii}} \left(b_i - \sum_{\substack{j=1 \\ j \neq i}}^{n} a_{ij} x_j^{(k)} \right) \quad (k=0,1,2,\cdots,n; i=1,2,\cdots,n) \tag{3.1.2}$$

其中，$\boldsymbol{x}^{(0)} = (x_1^{(0)}, x_2^{(0)}, \cdots, x_n^{(0)})^{\mathrm{T}}$ 为初始迭代向量。

上式可写成

$$\boldsymbol{x}^{(k+1)} = \boldsymbol{B}_0 \boldsymbol{x}^{(k)} + \boldsymbol{f} \tag{3.1.3}$$

现将 $\boldsymbol{A}$ 分解为

$$\boldsymbol{A} = \begin{bmatrix} a_{11} & & & \\ & a_{22} & & \\ & & \ddots & \\ & & & a_{nn} \end{bmatrix} - \begin{bmatrix} 0 & & & \\ -a_{21} & \ddots & & \\ \vdots & & \ddots & \\ -a_{n1} & \cdots & -a_{n,n-1} & 0 \end{bmatrix} - \begin{bmatrix} 0 & -a_{12} & \cdots & -a_{1n} \\ & \ddots & & \vdots \\ & & \ddots & -a_{n-1,n} \\ & & & 0 \end{bmatrix}$$

$$\equiv \boldsymbol{D} - \boldsymbol{L} - \boldsymbol{U} \tag{3.1.4}$$

则迭代公式可写成矩阵形式,即

$$Dx^{(k+1)}=b+Lx^{(k)}+Ux^{(k)}=(L+U)x^{(k)}+b \tag{3.1.5}$$

于是,得到矩阵形式的求解 $Ax=b$ 的 Jacobi 迭代公式

$$\begin{cases} x^{(0)} \text{为初始向量} \\ x^{(k+1)}=B_0x^{(k)}+f \\ B_0=D^{-1}(L+U), f=D^{-1}b \end{cases} \tag{3.1.6}$$

式中,B_0 称为 Jacobi 迭代法的迭代矩阵。

例 3.1.1 试用 Jacobi 迭代法计算线性方程组

$$\begin{cases} 5x_1+2x_2+x_3=-12 \\ -x_1+4x_2+2x_3=20 \\ 2x_1-2x_2+10x_3=6 \end{cases}$$

解 方程组简记为

$$Ax=b \tag{e3.1.1}$$

式中,$A=\begin{bmatrix} 5 & 2 & 1 \\ -1 & 4 & 2 \\ 2 & -2 & 10 \end{bmatrix}, x=\begin{pmatrix} x_1 \\ x_2 \\ x_3 \end{pmatrix}, b=\begin{pmatrix} -12 \\ 20 \\ 6 \end{pmatrix}$。

由式(e3.1.1)可得

$$\begin{cases} x_1=\dfrac{1}{5}(-2x_2-x_3-12) \\ x_2=\dfrac{1}{4}(x_1-2x_3+20) \\ x_3=\dfrac{1}{10}(-2x_1+2x_2+6) \end{cases}$$

即

$$x^{(k)}=B_0x^{(k-1)}+f \quad (k=1,2,\cdots) \tag{e3.1.2}$$

式中,$B_0=\begin{bmatrix} 0 & -\dfrac{2}{5} & -\dfrac{1}{5} \\ \dfrac{1}{4} & 0 & -\dfrac{1}{2} \\ -\dfrac{1}{5} & \dfrac{1}{5} & 0 \end{bmatrix}, f=\begin{pmatrix} -\dfrac{12}{5} \\ 5 \\ \dfrac{3}{5} \end{pmatrix}$。

任 取 初 始 向 量，如 $\boldsymbol{x}^{(0)} = (1,1,1)^{\mathrm{T}}$，代 入 式（e3.1.2），得 $\boldsymbol{x}^{(1)} =$ $(-3.000\,0,4.750\,0,0.600\,0)^{\mathrm{T}}$。再代入式(e3.1.2)得 $\boldsymbol{x}^{(2)}$，反复迭代，得

$$\begin{cases} x_1^{(k+1)} = \dfrac{1}{5}(-2x_2^{(k)} - x_3^{(k)} - 12) \\[2mm] x_2^{(k+1)} = \dfrac{1}{4}(x_1^{(k)} - 2x_3^{(k)} + 20) \quad (k=0,1,2,\cdots) \quad\quad \text{(e3.1.3)} \\[2mm] x_3^{(k+1)} = \dfrac{1}{10}(-2x_1^{(k)} + 2x_2^{(k)} + 6) \end{cases}$$

或简写为

$$\boldsymbol{x}^{(k+1)} = \boldsymbol{B}_0 \boldsymbol{x}^{(k)} + \boldsymbol{f}$$

式中，k 为迭代次数。计算结果见表 3.1.1。

表 3.1.1　例 3.1.1 计算结果

k	0	1	2	3	4	⋯	9	10	11	12
$x_1^{(k)}$	1	−3.000 0	−4.420 0	−4.410 0	−3.982 8	⋯	−4.000 4	−4.000 1	−3.999 9	−4.000 0
$x_2^{(k)}$	1	4.750 0	3.950 0	2.820 0	2.760 5	⋯	3.000 2	2.999 8	2.999 9	3.000 0
$x_3^{(k)}$	1	0.600 0	2.150 0	2.274 0	2.046 0	⋯	2.000 2	2.000 1	2.000 0	2.000 0

3.1.2 Jacobi 迭代法编程

Jakobi 迭代法计算流程如图 3.1.1 所示。

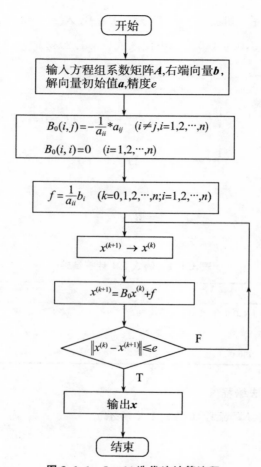

图 3.1.1 Jacobi 迭代法计算流程

```
%A 为方程组系数矩阵；X 为方程组解向量；a 为解向量初始迭代值；e 为迭代精度
function [output,Results]=LESO_ITERA_Jacobi(A,b,a,e)
    n=length(A);
    B0=zeros(size(A));
    f=zeros(length(b),1);
    X=reshape(a,length(a),1);
    V=X+1;
    %求迭代矩阵 B0
    for i=1:n
        for j=1:n
            if i==j
                B0(i,j)=0;
            else
                B0(i,j)=(-1)*A(i,j)/A(i,i);
```

```
            end
        end
        f(i)=b(i)/A(i,i);
    end
    %雅可比迭代
    Results=X';
    while max(abs(X-V))>e
        V=X;
        X=B0*X+f;
        Results=[Results;X'];
    end
    output=X;
end
```

3.2 Gauss-Seidel(高斯-赛德尔)迭代法

3.2.1 Gauss-Seidel 迭代法

Gauss-Seidel 迭代法是 Jacobi 迭代法的修正。在 Jacobi 迭代过程中,用$x^{(k)}$的全部分量计算$x^{(k+1)}$的所有分量,在计算$x^{(k+1)}$的第 i 个分量 $x_i^{(k+1)}$($i>1$)时,对已经计算出的最新分量 $x_1^{(k+1)}, x_2^{(k+1)}, \cdots, x_{i-1}^{(k+1)}$ 没有利用,而这些分量可能比上一步$x^{(k)}$的分量更接近于精确解。对这些最新分量 $x_j^{(k+1)}$($j=1,2,\cdots, i-1$)加以利用是合理的,如此构成 Gauss-Seidel 迭代法(G-S 迭代法)。

$$
\begin{cases}
x^{(0)} = (x_1^{(0)}, x_2^{(0)}, \cdots, x_n^{(0)})^{\mathrm{T}} \text{ 为初始迭代矢量} \\
x_i^{(k+1)} = \dfrac{1}{a_{ii}}\left(b_i - \sum_{j=1}^{i-1} a_{ij} x_j^{(k+1)} - \sum_{j=i+1}^{n} a_{ij} x_j^{(k)}\right) \quad (k=0,1,2,\cdots; i=1,2,\cdots,n)
\end{cases}
$$

$$(3.2.1)$$

或改写成

$$
\begin{cases}
x_i^{(k+1)} = x_i^{(k)} + \Delta x_i \\
\Delta x_i = \dfrac{1}{a_{ii}}\left(b_i - \sum_{j=1}^{i-1} a_{ij} x_j^{(k+1)} - \sum_{j=i}^{n} a_{ij} x_j^{(k)}\right) \quad (k=0,1,2,\cdots; i=1,2,\cdots,n)
\end{cases}
$$

$$(3.2.2)$$

写成矩阵形式为

$$Dx^{(k+1)} = b + Lx^{(k+1)} + Ux^{(k)} \tag{3.2.3}$$

或者

$$(D-L)x^{(k+1)} = b + Ux^{(k)} \tag{3.2.4}$$

设($D-L$)为非奇异阵,则

$$x^{(k+1)} = (D-L)^{-1}Ux^{(k)} + (D-L)^{-1}b \tag{3.2.5}$$

故 G-S 迭代法公式为

$$\begin{cases} x^{(k+1)} = Gx^{(k)} + f \\ G = (D-L)^{-1}U, f = (D-L)^{-1}b \end{cases} \tag{3.2.6}$$

定义 3.2.1(矩阵的谱半径) 设 $A \in R^{n \times n}$ 的特征值为 $\lambda_i(i=1,2,\cdots,n)$,称

$$\rho(A) = \max_{1 \leqslant i \leqslant n}|\lambda_i| \tag{3.2.7}$$

为 A 的谱半径。

例 3.2.1 若 $A = \begin{bmatrix} 2 & -1 & 0 \\ -1 & 2 & -1 \\ 0 & -1 & 2 \end{bmatrix}$,求其谱半径。

解 求解 $\det(A-\lambda I)=0$,得 A 的特征值为

$$\lambda_1 = -0.707\ 1, \lambda_2 = 1.000\ 0, \lambda_3 = -0.707\ 1$$

故 A 的谱半径 $\rho(A) = \max\{-0.707\ 1, 1.000\ 0, -0.707\ 1\} = 1$。

定理 3.2.1(迭代法基本原理) 设有 $x^{(k+1)} = Bx^{(k)} + f$,对于任意初始向量 $x^{(0)}$,迭代法解此方程收敛的充要条件是 $\rho(B) < 1$,且当 $\rho(B) < 1$ 时,迭代矩阵 B 的谱半径越小收敛越快。

例 3.2.2 试用 Gauss-Seidel 迭代法计算线性方程组

$$\begin{cases} -3x_1 + 2x_2 + 6x_3 = 4 \\ 10x_1 - 7x_2 = 7 \\ 5x_1 - x_2 + 5x_3 = 6 \end{cases}$$

解 对方程组进行变换,得

$$\begin{cases} x_1^{(k+1)} = -\dfrac{1}{3}(4 - 2x_2^{(k)} - 6x_3^{(k)}) \\[2mm] x_2^{(k+1)} = -\dfrac{1}{7}(7 - 10x_1^{(k+1)}) \\[2mm] x_3^{(k+1)} = \dfrac{1}{5}(6 - 5x_1^{(k+1)} + x_2^{(k+1)}) \end{cases}$$

任取初始向量,如 $x^{(0)} = (0,1,0)^T$,迭代计算结果如表 3.2.1 所列。

表 3.2.1　例 3.2.2 计算结果

k	0	1	2	3	4	5
$x_1^{(k)}$	0	$-0.666\,7$	$0.317\,5$	$-0.151\,2$	$0.072\,0$	$-0.034\,2$
$x_2^{(k)}$	1	$-1.952\,4$	$-0.546\,4$	$-1.216\,0$	$-0.897\,1$	$-1.048\,9$
$x_3^{(k)}$	0	$1.476\,2$	$0.773\,2$	$1.108\,0$	$0.948\,6$	$1.024\,4$

k	6	7	8	9	10	11
$x_1^{(k)}$	$0.016\,2$	$-0.007\,8$	$0.003\,8$	$-0.001\,8$	$0.000\,8$	$-0.000\,5$
$x_2^{(k)}$	$-0.976\,9$	$-1.011\,1$	$-0.994\,6$	$-1.002\,6$	$-0.998\,9$	$-1.000\,7$
$x_3^{(k)}$	$0.988\,4$	$1.005\,6$	$0.997\,3$	$1.001\,3$	$0.999\,4$	$1.000\,4$

显然有 $\dfrac{\parallel \boldsymbol{x}^{(11)} - \boldsymbol{x}^{(10)} \parallel_\infty}{\parallel \boldsymbol{x}^{(11)} \parallel_\infty} = 0.000\,1$。

G-S 迭代法虽较 Jacobi 迭代法收敛快,但有时计算过程是发散的。

3.2.2 Gauss-Seidel 迭代法编程

Gauss-Seidel 迭代法计算流程如图 3.2.1 所示。

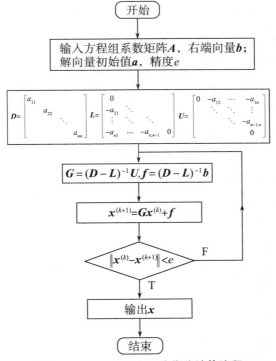

图 3.2.1　Gauss-Seidel 迭代法计算流程

```
%A 为方程组系数矩阵；X 为方程组解向量；a 为解向量初始迭代值；e 为迭代精度
function [output,Results]=LESO_ITERA_GaussSeidel (A,b,a,e)
    G=zeros(size(A));
    b=reshape(b,length(b),1);
    X=reshape(a,length(a),1);
    V=X+1;
    %
    D=diag(diag(A));              % 以 A 的对角线为对角线,其它为零的方阵
    L=-tril(A,-1);               %A 的下三角阵取负
    U=-triu(A,1);                %U 的上三角阵取负
    %
    G=inv(D-L)*U;                %求迭代矩阵 G
    f=inv(D-L)*b;
    %高斯-赛德尔迭代
    Results=X';
    while max(abs(X-V))>e
        V=X;
        X=G*X+f;
        Results=[Results;X'];
    end
    output=X;
end
```

3.3 超松弛迭代法

3.3.1 超松弛迭代法

设有方程组 $\boldsymbol{Ax}=\boldsymbol{b}$，$\boldsymbol{A}\in\boldsymbol{R}^{n\times n}$，且设 $a_{ii}\neq 0(i=1,2,\cdots,n)$。若 $\boldsymbol{A}$ 可分解为

$$\boldsymbol{A}=\boldsymbol{D}-\boldsymbol{L}-\boldsymbol{U} \tag{3.3.1}$$

假设已知第 k 次近似 $\boldsymbol{x}^{(k)}$ 及第 $k+1$ 次近似 $\boldsymbol{x}^{(k+1)}$ 的分量 $x_j^{(k+1)}(j=1,2,\cdots,i-1)$，要求计算分量 $x_i^{(k+1)}$。

首先用 G-S 迭代法定义辅助量 $\tilde{x}_i^{(k+1)}$ 为

$$\tilde{x}_i^{(k+1)}=\frac{1}{a_{ii}}\left(b_i-\sum_{j=1}^{i-1}a_{ij}x_j^{(k+1)}-\sum_{j=i+1}^{n}a_{ij}x_j^{(k)}\right)\quad(i=1,2,\cdots,n;k=0,1,2,\cdots)$$

$$\tag{3.3.2}$$

再由 $x^{(k)}$ 的第 i 个分量 $x_i^{(k)}$ 与 $\tilde{x}_i^{(k+1)}$ 某个加权平均值,定义新的分量 $x_i^{(k+1)}$ 为

$$x_i^{(k+1)}=(1-\omega)x_i^{(k)}+\omega\tilde{x}_i^{(k+1)}=x_i^{(k)}+\omega(\tilde{x}_i^{(k+1)}-x_i^{(k)}) \tag{3.3.3}$$

式中，ω 为加速参数,又称为松弛因子,将式(3.3.2)代入上式,得超松弛(Successive Over Relaxation,SOR)迭代公式:

$$
\begin{cases}
x_i^{(k+1)} = x_i^{(k)} + \dfrac{\omega}{a_{ii}}\Big(b_i - \displaystyle\sum_{j=1}^{i-1} a_{ij} x_j^{(k+1)} - \sum_{j=i}^{n} a_{ij} x_j^{(k)}\Big) \quad (i=1,2,\cdots,n; k=0,1,2,\cdots) \\
x^{(k)} = (x_1^{(k)}, x_2^{(k)}, \cdots, x_n^{(k)})^{\mathrm{T}}
\end{cases}
$$

$$(3.3.4)$$

或者写成

$$
\begin{cases}
x_i^{(k+1)} = x_i^{(k)} + \Delta x_i \\
\Delta x_i = \dfrac{\omega}{a_{ii}}\Big(b_i - \displaystyle\sum_{j=1}^{i-1} a_{ij} x_j^{(k+1)} - \sum_{j=i}^{n} a_{ij} x_j^{(k)}\Big)
\end{cases}
\quad (i=1,2,\cdots,n; k=0,1,2,\cdots)
$$

$$(3.3.5)$$

显然，当 $\omega=1$ 时，即 G-S 迭代法；当 $0<\omega<1$ 时，上述迭代过程为低松弛迭代法；当 $\omega>1$ 时，称为超松弛迭代法。

通过变换，可得到 SOR 迭代公式的矩阵形式：

$$
a_{ii} x_i^{(k+1)} = (1-\omega) a_{ii} x_i^{(k)} + \omega\Big(b_i - \sum_{j=1}^{i-1} a_{ij} x_j^{(k+1)} - \sum_{j=i+1}^{n} a_{ij} x_j^{(k)}\Big) \quad (i=1,2,\cdots,n)
$$

$$(3.3.6)$$

由式(3.3.1)和(3.3.6)得

$$
\boldsymbol{D} x^{(k+1)} = (1-\omega)\boldsymbol{D} x^{(k)} + \omega(\boldsymbol{b} + \boldsymbol{L} x^{(k+1)} + \boldsymbol{U} x^{(k)}) \tag{3.3.7}
$$

即

$$
(\boldsymbol{D} - \omega \boldsymbol{L}) x^{(k+1)} = [(1-\omega)\boldsymbol{D} + \omega \boldsymbol{U}] x^{(k)} + \omega \boldsymbol{b} \tag{3.3.8}
$$

由假设 $a_{ii} \neq 0 (i=1,2,\cdots,n)$ 知 $(\boldsymbol{D}-\omega \boldsymbol{L})$ 为非奇异阵，于是由

$$
x^{(k+1)} = (\boldsymbol{D}-\omega \boldsymbol{L})^{-1}[(1-\omega)\boldsymbol{D} + \omega \boldsymbol{U}] x^{(k)} + \omega (\boldsymbol{D}-\omega \boldsymbol{L})^{-1} \boldsymbol{b} \tag{3.3.9}
$$

得到解 $\boldsymbol{A}x = \boldsymbol{b}$ 的 SOR 迭代公式为

$$
\begin{cases}
x^{(k+1)} = \boldsymbol{L}_\omega x^{(k)} + \boldsymbol{f} \\
\boldsymbol{f} = \omega (\boldsymbol{D}-\omega \boldsymbol{L})^{-1} \boldsymbol{b} \\
\boldsymbol{L}_\omega = (\boldsymbol{D}-\omega \boldsymbol{L})^{-1}[(1-\omega)\boldsymbol{D} + \omega \boldsymbol{U}]
\end{cases}
\tag{3.3.10}
$$

式中，矩阵 $\boldsymbol{L}_\omega$ 称为 SOR 迭代法的迭代矩阵。下面不加证明地给出 SOR 迭代法收敛的必要条件。

定理 3.3.1　设 $\boldsymbol{A}x = \boldsymbol{b}$ 的对角元素 $a_{ii} \neq 0 (i=1,2,\cdots,n)$，则解方程组的 SOR 迭代法收敛的充要条件是 $\rho(\boldsymbol{L}_\omega) < 1$。

例 3.3.1 已知方程组 $\begin{cases} 2x_1 + 4x_2 + x_3 = 11 \\ 4x_1 + x_2 + x_3 = 7 \\ 2x_1 + 3x_2 + x_3 = 9 \end{cases}$ ，若采用 SOR 方法求解，试验

证取 $\omega = 1.5$ 时的收敛性。

解 由于 $A = \begin{bmatrix} 2 & 4 & 1 \\ 4 & 1 & 1 \\ 2 & 3 & 1 \end{bmatrix}$ ，分解得

$$D = \begin{bmatrix} 2 & 0 & 0 \\ 0 & 1 & 0 \\ 0 & 0 & 1 \end{bmatrix}; L = \begin{bmatrix} 0 & 0 & 0 \\ -4 & 0 & 0 \\ -2 & -3 & 0 \end{bmatrix}; U = \begin{bmatrix} 0 & -4 & -1 \\ 0 & 0 & -1 \\ 0 & 0 & 0 \end{bmatrix}$$

则

$$L_\omega = (D - \omega L)^{-1}[(1 - \omega)D + \omega U] = \begin{bmatrix} -2 & -12 & -3 \\ -6 & -36.5 & -10.5 \\ -3 & -20.25 & -11.75 \end{bmatrix}$$

由

$$\det(L_\omega - \lambda I) = (\lambda + 0.002\,15)(\lambda + 5.134\,6)(\lambda + 45.113) = 0$$

可得

$$\rho(L_\omega) = 45.113 > 1$$

故取 $\omega = 1.5$ 时，SOR 迭代法不收敛。

定理 3.3.2（SOR 迭代法收敛的必要条件） 设解线性方程组 $Ax = b$ ，$a_{ii} \neq 0 (i = 1, 2, \cdots, n)$ 的 SOR 迭代法收敛，则松弛因子 ω 应满足条件：$0 < \omega < 2$。

例 3.3.2 试用 SOR 迭代法计算线性方程组

$$\begin{cases} 8x_1 - 3x_2 + 2x_3 = 20 \\ 4x_1 + 11x_2 - x_3 = 33 \\ 6x_1 + 3x_2 + 12x_3 = 36 \end{cases}$$

解 $\begin{cases} x_1^{(k+1)} = x_1^{(k)} + \dfrac{\omega}{8}(20 - 8x_1^{(k)} + 3x_2^{(k)} - 2x_3^{(k)}) \\ x_2^{(k+1)} = x_2^{(k)} + \dfrac{\omega}{11}(33 - 4x_1^{(k+1)} - 11x_2^{(k)} + x_3^{(k)}) \quad (k = 0, 1, 2, \cdots) \\ x_3^{(k+1)} = x_3^{(k)} + \dfrac{\omega}{12}(36 - 6x_1^{(k+1)} - 3x_2^{(k+1)} - 12x_3^{(k)}) \end{cases}$

取 $x^{(0)} = (0,0,0)^{\mathrm{T}}$, $\omega = 1$, $\omega = 1.25$, 计算结果如表 3.3.1 和表 3.3.2 所列。

表 3.3.1 例 3.3.2 中 $\omega = 1$ 时的计算结果

k	0	1	2	3	4	5	6
$x_1^{(k)}$	0	2.500 0	2.977 3	3.009 8	2.999 8	2.999 8	3.000 0
$x_2^{(k)}$	0	2.090 9	2.028 9	1.996 8	1.999 7	2.000 1	2.000 0
$x_3^{(k)}$	0	1.227 3	1.004 1	0.995 9	1.000 2	1.000 1	1.000 0

表 3.3.2 例 3.3.2 中 $\omega = 1.25$ 时的计算结果

k	0	1	2	3	4	5	6	7	8	9	10	11
$x_1^{(k)}$	0	3.125 0	3.101 7	2.931 4	3.032 4	2.987 0	3.004 5	2.998 7	3.000 2	3.000 0	2.999 9	3.000 0
$x_2^{(k)}$	0	2.329 5	1.879 2	2.056 5	1.975 2	2.009 6	1.997 6	2.000 9	1.999 9	2.000 0	2.000 0	2.000 0
$x_3^{(k)}$	0	1.068 9	0.957 0	1.036 0	0.978 5	1.010 5	0.995 6	1.001 6	0.999 5	1.000 1	1.000 0	1.000 0

定理 3.3.3 如果 A 是对称正定矩阵,且是三对角矩阵,采用 G 表示 G-S 迭代矩阵,则 $\rho(G) = [\rho(B_1)]^2$,且 SOR 迭代法的最优松弛因子 ω_{opt} 为

$$\omega_{\mathrm{opt}} = \frac{2}{1 + \sqrt{1 - [\rho(B_0)]^2}}, \rho(L_\omega) = \omega_{\mathrm{opt}} - 1$$

式中,B_0 为 Jacobi 迭代矩阵;L_ω 为 SOR 迭代法的迭代矩阵。

例 3.3.3 用 SOR 迭代法解下列方程组并讨论其收敛快慢[精确解为 x^* $= (1,2,1)^{\mathrm{T}}$]:

$$\begin{cases} 4x_1 - x_2 = 2 \\ -x_1 + 3x_2 - 2x_3 = 3 \\ -2x_2 + 4x_3 = 0 \end{cases}$$

解 SOR 迭代式为

$$\begin{cases} x_1^{(k+1)} = x_1^{(k)} + \dfrac{\omega}{4}(2 - 4x_1^{(k)} + x_2^{(k)}) \\ x_2^{(k+1)} = x_2^{(k)} + \dfrac{\omega}{3}(3 + x_1^{(k+1)} - 3x_2^{(k)} + 2x_3^{(k)}) \quad (k = 0,1,2,\cdots) \\ x_3^{(k+1)} = x_3^{(k)} + \dfrac{\omega}{4}(2x_2^{(k+1)} - 4x_3^{(k)}) \end{cases}$$

由于 $A = \begin{bmatrix} 4 & -1 & 0 \\ -1 & 3 & -2 \\ 0 & -2 & 4 \end{bmatrix}$，其 Jacobi 迭代矩阵为

$$B_0 = D^{-1}(L+U) = \begin{bmatrix} 1/4 & & \\ & 1/3 & \\ & & 1/4 \end{bmatrix} \begin{bmatrix} 0 & 1 & 0 \\ 1 & 0 & 2 \\ 0 & 2 & 0 \end{bmatrix} = \begin{bmatrix} 0 & 1/4 & 0 \\ 1/3 & 0 & 2/3 \\ 0 & 1/2 & 0 \end{bmatrix}$$

于是 $0 = \det(B_0 - \lambda I) = \lambda(\lambda - 0.645\,5)(\lambda + 0.645\,5)$，可得 $\rho(B_0) = 0.645\,5$。故

$$\omega_{\text{opt}} = \frac{2}{1 + \sqrt{1 - [\rho(B_0)]^2}} = \frac{2}{1 + \sqrt{1 - 0.645\,5^2}} \approx 1.133\,9$$

取 $x^{(0)} = (1,1,1)^T$，$\omega = 1$ 及 $\omega = 1.1$，计算结果如表 3.3.3 和表 3.3.4 所列。

表 3.3.3　例 3.3.3 中 $\omega = 1$ 时的计算结果

k	0	1	2	3	4	5	6	7	8	9	10
$x_1^{(k)}$	1	0.750 00	0.979 17	0.991 32	0.996 38	0.998 49	0.999 37	0.999 74	0.999 89	0.999 95	0.999 98
$x_2^{(k)}$	1	1.916 67	1.965 28	1.985 53	1.993 97	1.997 49	1.998 95	1.999 56	1.999 82	1.999 92	1.999 97
$x_3^{(k)}$	1	0.958 33	0.982 64	0.992 77	0.996 98	0.998 74	0.999 47	0.999 78	0.999 91	0.999 96	0.999 98

表 3.3.4　例 3.3.3 中 $\omega = 1.1$ 时的计算结果

k	0	1	2	3	4	5	6	7
$x_1^{(k)}$	1	0.725 00	1.027 27	0.999 95	1.000 82	1.000 14	1.000 04	1.000 01
$x_2^{(k)}$	1	1.999 17	2.009 74	2.002 97	2.000 81	2.000 22	2.000 05	2.000 02
$x_3^{(k)}$	1	0.999 54	1.005 41	1.001 09	1.000 33	1.000 08	1.000 02	1.000 01

取 $\omega = 1$ 时，结果的精度满足 $\|x^{(k)} - x^*\|_\infty < 10^{-4}$，迭代计算 10 次；而取 $\omega = 1.1$ 时，结果的精度满足 $\|x^{(k)} - x^*\|_\infty < 10^{-4}$，迭代计算 7 次。显然 $\omega = 1.1$ 更接近最优松弛因子 1.133 9，所以收敛速度更快。

3.3.2 超松弛迭代法编程

超松弛迭代法计算流程如图 3.3.1 所示。

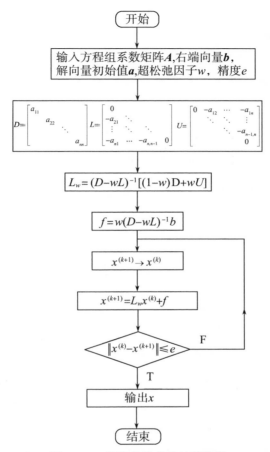

图 3.3.1　超松弛迭代法计算流程

```
%A 为方程组系数矩阵；X 为方程组解向量；a 为解向量初始迭代值；w 为超松弛因子；e
为迭代精度
function [output,Results]=LESO_ITERA_SOR(A,b,a,w,e)
   b=reshape(b,length(b),1);
   X=reshape(a,length(a),1);
   V=X+1;
   %
   D=diag(diag(A));          % 以 A 的对角线为对角线,其它为零的方阵
   L=-tril(A,-1);            %A 的下三角阵取负
   U=-triu(A,1);            %A 的上三角阵取负
   %
   Lw=inv(D-w*L)*((1-w)*D+w*U);          %求 SOR 迭代矩阵 Lw
   f=w*inv(D-w*L)*b;
   %超松弛迭代
```

```
    Results=X';
    while max(abs(X-V))>e
        V=X;
        X=Lw*X+f;
        Results=[Results;X'];
    end
    output=X;
end
```

3.4 工程案例——土的单元体应力计算

通过土体中任意一点(x,y,z)取一无限小立方单元,如图 3.4.1 所示。

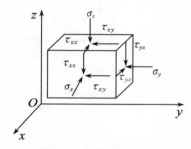

图 3.4.1 土体单元应力分布

单元体的每个面上分别作用有正应力和剪应力,若转变坐标轴的方向,应力张量将随之变化。对于图 3.4.1 所示的单元体,可以转变坐标轴的方向,使每个面上只有正应力,没有剪应力,这样的三个面称为主平面,主平面上的正应力称为主应力。设主平面的方向余弦分别为 l、m、n,根据向量运算可以求出主应力和主应力方向,即

$$\begin{cases} \sigma_x l + \tau_{xy} m + \tau_{xz} n = \sigma_l \\ \tau_{yx} l + \sigma_y m + \tau_{yz} n = \sigma_m \\ \tau_{zx} l + \tau_{zy} m + \sigma_z n = \sigma_n \end{cases} \tag{3.4.1}$$

考虑一个三维应力状态的土体结构,假设已知其分应力和主应力,其在某点的应力状态如下:

法向应力 $\sigma_x = 100$ MPa,$\sigma_y = 50$ MPa,$\sigma_z = 30$ MPa,

剪应力 $\tau_{xy} = 30$ MPa,$\tau_{xz} = 20$ MPa,$\tau_{yz} = 10$ MPa,

主应力 $\sigma_l = 100$ MPa,$\sigma_m = 50$ MPa,$\sigma_n = 30$ MPa,

求应力的方向余弦 l、m、n。

解　该方程组写为

$$\begin{cases} 100l + 30m + 20n = 100 \\ 30l + 50m + 10n = 50 \\ 20l + 10m + 30n = 30 \end{cases}$$

对方程组进行变换，得

$$\begin{cases} l = \dfrac{1}{100}(100 - 30m - 20n) \\ m = \dfrac{1}{50}(50 - 30l - 10n) \\ n = \dfrac{1}{30}(30 - 20l - 10m) \end{cases}$$

取初始迭代向量 $\boldsymbol{x}^{[0]} = [0, 0, 0]^{\mathrm{T}}$，采用 G-S 迭代法反复迭代，结果如表 3.4.1 所列。

表 3.4.1　G-S 迭代法迭代结果

k	0	1	2	3	4	5	6	7	8
l	0	1.000 0	0.840 0	0.805 6	0.800 3	0.799 8	0.799 9	0.799 9	0.800 0
m	0	0.400 0	0.456 0	0.459 0	0.457 8	−0.110 7	0.457 3	0.457 1	0.457 1
n	0	0.200 0	0.288 0	0.309 9	0.313 8	0.314 3	0.314 3	0.314 2	0.314 2

最终迭代的结果为 $\boldsymbol{x}^{[9]} = [0.800\ 0, 0.457\ 1, 0.314\ 3]^{\mathrm{T}}$。

第 4 章　插值

在海洋工程中,对物理量的观测往往是离散的,设计规范给出的计算用表格也具有一定的间隔,为了求得任一数据点的函数值,需要采用插值法。

设函数 $y=f(x)$ 在 $[a,b]$ 上有定义,且在点 $a \leqslant x_0 \leqslant x_1 \leqslant \cdots \leqslant x_n \leqslant b$ 上的值为 $y_0,y_1,y_2,\cdots,y_n$,若存在一简单函数 $P(x)$,使

$$P(x_i)=y_i \quad (i=0,1,2,\cdots,n) \tag{4.0.1}$$

成立,则称 $P(x)$ 为 $f(x)$ 的插值函数。其中,点 $x_0,x_1,\cdots,x_n$ 称为插值节点;包含插值节点的区间 $[a,b]$ 称为插值区间;求插值函数 $P(x)$ 的方法称为插值法。

若 $P(x)$ 是次数不超过 n 的代数多项式,即 $P(x)=a_0+a_1x+a_2x^2+\cdots+a_nx^n$,其中 a_i 为实数,则称 $P(x)$ 为插值多项式。若 $P(x)$ 为分段多项式,则称为分段插值。

根据上述定义,在区间 $[a,b]$ 上用 $P(x)$ 近似 $f(x)$,除了在插值点 x_i 上 $f(x_i)=P(x_i)$ 外,在其他点上的插值都存在误差,令

$$R(x)=f(x)-P(x) \tag{4.0.2}$$

则 $R(x)$ 称为插值多项式的余项,又称截断误差。

4.1 Lagrange(拉格朗日)插值

4.1.1 一次插值

若采用两点式直线方程,则可以获得更为一般形式的线性插值。

假设区间 $[x_k,x_{k+1}]$ 端点处的函数值 $y_k=f(x_k)$,$y_{k+1}=f(x_{k+1})$,要求一次插值多项式 $L_1(x)$,使之满足 $\begin{cases} L_1(x_k)=y_k \\ L_1(x_{k+1})=y_{k+1} \end{cases}$,则由两点式直线方程可得

$$L_1(x)=y_k \frac{x_{k+1}-x}{x_{k+1}-x_k}+y_{k+1} \frac{x-x_k}{x_{k+1}-x_k} \tag{4.1.1}$$

令 $\begin{cases} l_k(x) = \dfrac{x_{k+1} - x}{x_{k+1} - x_k} \\[3mm] l_{k+1}(x) = \dfrac{x - x_k}{x_{k+1} - x_k} \end{cases}$,则

$$L_1(x) = y_k l_k(x) + y_{k+1} l_{k+1}(x) \tag{4.1.2}$$

式中，$L_1(x)$ 表示 x 的一次函数，称为一次插值多项式。函数 $l_k(x)$ 和 $l_{k+1}(x)$ 称为一次插值基函数，其几何意义如图 4.1.1 所示。

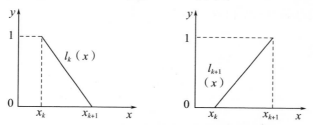

图 4.1.1　Lagrange 一次插值基函数的几何意义

4.1.2 二次插值

假设插值节点为 (x_{k-1}, x_k, x_{k+1})，求二次插值多项式 $L_2(x)$，使之满足

$$L_2(x_i) = y_i \quad (i = k-1, k, k+1) \tag{4.1.3}$$

类似地，采用一次插值中的基函数方法进行求解。基函数应满足以下条件：

$$\begin{cases} l_{k-1}(x_{k-1}) = 1 \\ l_k(x_{k-1}) = 0 \\ l_{k+1}(x_{k-1}) = 0 \end{cases}, \begin{cases} l_{k-1}(x_k) = 0 \\ l_k(x_k) = 1 \\ l_{k+1}(x_k) = 0 \end{cases}, \begin{cases} l_{k-1}(x_{k+1}) = 0 \\ l_k(x_{k+1}) = 0 \\ l_{k+1}(x_{k+1}) = 1 \end{cases} \tag{4.1.4}$$

令 $l_{k-1}(x) = w(x - x_k)(x - x_{k+1})$，可满足 $l_{k-1}(x_k) = l_{k-1}(x_{k+1}) = 0$。因为 $l_{k-1}(x_{k-1}) = 1$，所以

$$w(x_{k-1} - x_k)(x_{k-1} - x_{k+1}) = 1 \tag{4.1.5}$$

变换上式可得

$$w = \frac{1}{(x_{k-1} - x_k)(x_{k-1} - x_{k+1})} \tag{4.1.6}$$

即

$$l_{k-1}(x) = \frac{(x - x_k)(x - x_{k+1})}{(x_{k-1} - x_k)(x_{k-1} - x_{k+1})} \tag{4.1.7}$$

同理可得

$$l_k(x) = \frac{(x - x_{k-1})(x - x_{k+1})}{(x_k - x_{k-1})(x_k - x_{k+1})} \qquad (4.1.8)$$

$$l_{k+1}(x) = \frac{(x - x_{k-1})(x - x_k)}{(x_{k+1} - x_{k-1})(x_{k+1} - x_k)} \qquad (4.1.9)$$

则二次插值多项式为

$$L_2(x) = y_{k-1} l_{k-1}(x) + y_k l_k(x) + y_{k+1} l_{k+1}(x) \qquad (4.1.10)$$

二次插值基函数的几何意义如图 4.1.2 所示。

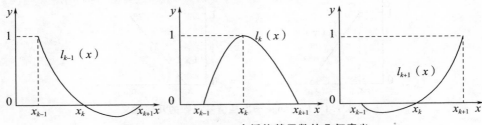

图 4.1.2 Lagrange 二次插值基函数的几何意义

4.1.3 Lagrange 插值多项式

若 $n+1$ 个节点 $x_0 < x_1 < \cdots < x_n$ 上存在 n 次多项式 $l_i(x)$，满足

$$l_i(x_j) = \begin{cases} 1, i = j \\ 0, i \neq j \end{cases} \qquad (i, j = 0, 1, \cdots, n) \qquad (4.1.11)$$

则称这 $n+1$ 个 n 次多项式 $l_0(x), l_1(x), \cdots, l_n(x)$ 为节点 $x_0, x_1, \cdots, x_n$ 上的 n 次插值多项式。与一次、二次插值类似，可以求得 n 次插值基函数为

$$l_k(x) = \frac{(x - x_0)(x - x_1) \cdots (x - x_{k-1})(x - x_{k+1}) \cdots (x - x_n)}{(x_k - x_0)(x_k - x_1) \cdots (x_k - x_{k-1})(x_k - x_{k+1}) \cdots (x_k - x_n)} \quad (k = 0, 1, \cdots, n)$$

$$(4.1.12)$$

若通过 $n+1$ 个节点 $x_0 < x_1 < \cdots < x_n$ 的 n 次插值多项式 $L_n(x)$ 满足下列条件

$$L_n(x_i) = y_i \qquad (i = 0, 1, \cdots, n) \qquad (4.1.13)$$

则 $L_n(x)$ 可表示为

$$L_n(x) = \sum_{i=0}^{n} y_i l_i(x) \qquad (4.1.14)$$

此式称为 Lagrange 插值多项式。为了书写方便，记

$$w_{n+1}(x) = (x - x_0)(x - x_1) \cdots (x - x_n) \qquad (4.1.15)$$

进而可得

$$w'_{n+1}(x_k) = (x_k - x_0)(x_k - x_1) \cdots (x_k - x_{k-1})(x_k - x_{k+1}) \cdots (x_k - x_n)$$

$$(4.1.16)$$

则 Lagrange 插值多项式可写成

$$L_n(x) = \sum_{k=0}^{n} y_k \frac{w_{n+1}(x)}{(x - x_k)w'_{n+1}(x_k)} \qquad (4.1.17)$$

4.1.4 Lagrange 插值余项

设 $f^{(n)}(x)$ 在 $[a,b]$ 上连续，$f^{(n+1)}(x)$ 在 (a,b) 上存在，节点 $a \leqslant x_0 < x_1 < \cdots x_n \leqslant b$，$L_n(x)$ 表示 Lagrange 插值多项式，则对任何 $x \in [a,b]$，插值余项为

$$R_n(x) = f(x) - L_n(x) = \frac{f^{(n+1)}(\xi)}{(n+1)!} w_{n+1}(x) \qquad (4.1.18)$$

式中，$\xi \in (a,b)$ 且依赖于 x_0。

例 4.1.1 给定函数 $f(x) = \sin x$ 的节点及其函数值如表 4.1.1 所列，试用 Lagrange 二次插值方法计算 $\sin 7°$ 的近似值。

表 4.1.1 $f(x) = \sin x$ 的节点及其函数值

$x/°$	5	10	15	20
$\sin x$	0.087 2	0.173 6	0.258 8	0.342 0

解 取题设条件 $(5, 0.087\ 2)$、$(10, 0.173\ 6)$、$(15, 0.258\ 8)$ 作为插值节点，由式 $(4.1.7) \sim (4.1.10)$ 可得基函数为

$$l_0(x) = \frac{(x - x_1)(x - x_2)}{(x_0 - x_1)(x_0 - x_2)} = \frac{(x - 10)(x - 15)}{(5 - 10)(5 - 15)} = \frac{1}{50}(x - 10)(x - 15)$$

$$l_1(x) = \frac{(x - x_0)(x - x_2)}{(x_1 - x_0)(x_1 - x_2)} = \frac{(x - 5)(x - 15)}{(10 - 5)(10 - 15)} = -\frac{1}{25}(x - 5)(x - 15)$$

$$l_2(x) = \frac{(x - x_0)(x - x_1)}{(x_2 - x_0)(x_2 - x_1)} = \frac{(x - 5)(x - 10)}{(15 - 5)(15 - 10)} = \frac{1}{50}(x - 5)(x - 10)$$

所求 Lagrange 二次插值多项式为

$$f(x) = f(x_0)l_0(x) + f(x_1)l_1(x) + f(x_2)l_2(x)$$

当 $x = 7°$ 时，$\sin 7°$ 的近似值为 0.121 9。

4.1.5 Lagrange 插值编程

Lagrange 插值计算流程如图 4.1.3 所示。

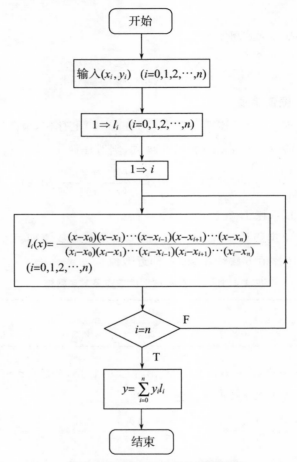

图 4.1.3　Lagrange 插值计算流程

```
%%插值-Lagrange 插值法
%x 为插值节点;y 为对应插值节点的函数值;a 为要求的插值点
function output=ITPOLA_Lagrange(x,y,a)
    n=length(x);
    l=ones(size(y));%l 为基函数
    m=length(a);
    for k=1:m
        for i=1:n
            for j=1:n
                if i~=j
                    l(i)=l(i)*(a(k)-x(j))/(x(i)-x(j));
                end
            end
        end
        z(k)=sum(l.*y);
        l=ones(size(y));
    end
    output=z;
end
```

4.2 Newton(牛顿)插值

4.2.1 均差及其性质

已知函数 $y=f(x)$ 在节点 x_0，x_1 上的值分别为 f_0，f_1，除了两点式直线方程，还可用点斜式直线方程给出插值多项式 $P_1(x)$，即

$$P_1(x)=f_0+\frac{f_1-f_0}{x_1-x_0}(x-x_0) \tag{4.2.1}$$

类似地，可以推广到 $n+1$ 个插值点 (x_0,f_0)，(x_1,f_1)，$\cdots$，(x_n,f_n) 确定插值多项式 $P_n(x)$，即

$$P_n(x)=a_0+a_1(x-x_0)+a_2(x-x_0)(x-x_1)+\cdots+a_n(x-x_0)\cdots(x-x_{n-1})$$
$$\tag{4.2.2}$$

式中，$a_i(i=1,2,\cdots,n)$ 为待定系数。

由于在节点处，$P_n(x_i)=f_i(i=0,1,\cdots,n)$，则

(1) $x=x_0$ 时，$P_n(x_0)=a_0=f_0$；

(2) $x=x_1$ 时，$P_n(x_1)=a_0+a_1(x-x_0)=f_1\Rightarrow a_1=\dfrac{f_1-f_0}{x_1-x_0}$；

(3) $x=x_2$ 时，$P_n(x_2)=a_0+a_1(x_2-x_0)+a_2(x_2-x_0)(x_2-x_1)=f_2$

$$\Rightarrow a_2 = \frac{\dfrac{f_2 - f_0}{x_2 - x_0} - \dfrac{f_1 - f_0}{x_1 - x_0}}{x_2 - x_1} 。$$

为了推求系数 a_i 的一般形式，定义

（1） $f[x_0, x_k] = \dfrac{f(x_k) - f(x_0)}{x_k - x_0}$ 为函数 $f(x)$ 关于节点 x_0, x_k 的一阶均差；

（2） $f[x_0, x_1, x_k] = \dfrac{f[x_k, x_0] - f[x_0, x_1]}{x_k - x_1}$ 为函数 $f(x)$ 的二阶均差；依

此类推得

（3） $f[x_0, x_1, \cdots, x_k] = \dfrac{f[x_k, x_0, \cdots, x_{k-2}] - f[x_0, x_1, \cdots, x_{k-1}]}{x_k - x_{k-1}}$ 为

$f(x)$ 的 k 阶均差。

由上述定义不难得到均差的几个特性：

（1） k 阶均差可表示为函数值 $f(x_0), \cdots, f(x_k)$ 的线性组合，即

$$f[x_0, \cdots, x_k] = \sum_{i=0}^{k} \frac{f(x_i)}{(x_i - x_0) \cdots (x_i - x_{i-1})(x_i - x_{i+1}) \cdots (x_i - x_k)} = \sum_{i=0}^{k} \frac{f(x_i)}{w'(x_i)}$$

$$(4.2.3)$$

（2） $f[x_0, \cdots, x_k] = \dfrac{f[x_1, \cdots, x_{k-1}, x_k] - f[x_0, \cdots, x_{k-2}, x_{k-1}]}{x_k - x_0}$

（3） 若 $f(x)$ 在 $[a, b]$ 上存在 n 阶导数，且节点 $x_0, \cdots, x_n \in [a, b]$，则 n 阶

均差与导数的关系为

$$f[x_0, \cdots, x_n] = \frac{f^{(n)}(\xi)}{n!}, \xi \in [a, b] \qquad (4.2.4)$$

根据均差的定义，可得

$$f(x) = f(x_0) + f[x, x_0](x - x_0)$$

$$f[x, x_0] = f[x_0, x_1] + f[x, x_0, x_1](x - x_1)$$

$$\vdots$$

$$f[x, x_0, \cdots x_{n-1}] = f[x_0, x_1, \cdots, x_n] + f[x, x_0, \cdots, x_n](x - x_n)$$

将后式代入前式，得

$$f(x) = f(x_0) + f[x_0, x_1](x - x_0) + f[x_0, x_1, x_2](x - x_0)(x - x_1) + \cdots$$

$$+ f[x_0, x_1, \cdots, x_n](x - x_0) \cdots (x - x_{n-1})$$

$$+f[x,x_0,\cdots,x_n]w_{n+1}(x)=N_n(x)+R_n(x) \tag{4.2.5}$$

式中，$w_{n+1}(x)=(x-x_0)(x-x_1)\cdots(x-x_n)$；$N_n(x)$ 称为 Newton 均差插值多项式。

比较式(4.2.2)与式(4.2.5)，可见

$$a_k=f[x_0,\cdots,x_k] \quad (k=0,1,\cdots,n) \tag{4.2.6}$$

式中，a_k 为各项均差，可按表 4.2.1 构造。

表 4.2.1　均差表

x_i	$f(x_i)$	一阶均差 $f[x_{i-1},x_i]$	二阶均差 $f[x_{i-1},x_i,x_{i+1}]$	三阶均差 $f[x_{i-1},x_i,x_{i+1},x_{i+2}]$	四阶均差 $f[x_{i-1},x_i,x_{i+1},x_{i+2},x_{i+3}]$
x_0	$f(x_0)$				
x_1	$f(x_1)$	$f[x_0,x_1]$			
x_2	$f(x_2)$	$f[x_1,x_2]$	$f[x_0,x_1,x_2]$	$f[x_0,x_1,x_2,x_3]$	
x_3	$f(x_3)$	$f[x_2,x_3]$	$f[x_1,x_2,x_3]$	$f[x_1,x_2,x_3,x_4]$	$f[x_0,x_1,x_2,x_3,x_4]$
x_4	$f(x_4)$	$f[x_3,x_4]$	$f[x_2,x_3,x_4]$	$\vdots$	$\vdots$
$\vdots$	$\vdots$	$\vdots$	$\vdots$		

4.2.2 差分及其运算性质

设函数 $y=f(x)$ 在等距节点 $x_k=x_0+kh(k=0,1,\cdots,n)$ 上的值 $f_k=f(x_k)$ 已知，此处 h 称为步长，是常数。为了书写方便，定义

$$\Delta f_k=f_{k+1}-f_k \tag{4.2.7}$$

$$\nabla f_k=f_k-f_{k-1} \tag{4.2.8}$$

$$\delta f_k=f(x_k+1/2)-f(x_k-1/2)=f_{k+1/2}-f_{k-1/2} \tag{4.2.9}$$

分别称为 $f(x_k)$ 在 x_k 处以 h 为步长向前差分、向后差分及中心差分；符号 Δ，∇，δ 分别称为向前差分算子、向后差分算子和中心差分算子。

同理，定义二阶差分为

$$\Delta^2 f_k=\Delta f_{k+1}-\Delta f_k=f_{k+2}-2f_{k+1}+f_k \tag{4.2.10}$$

$$\delta^2 f_k=\delta f_{k+1/2}-\delta f_{k-1/2} \tag{4.2.11}$$

m 阶差分为

$$\Delta^m f_k=\Delta^{m-1} f_{k+1}-\Delta^{m-1} f_k \tag{4.2.12}$$

$$\nabla^m f_k = \nabla^{m-1} f_k - \nabla^{m-1} f_{k-1} \qquad (4.2.13)$$

中心差分为

$$\begin{cases} \delta f_{k+1/2} = f_{k+1} - f_k \\ \delta f_{k-1/2} = f_k - f_{k-1} \end{cases} \qquad (4.2.14)$$

再定义不变算子和位移算子分别为

$$\begin{cases} I f_k = f_k \\ E f_k = f_{k+1} \end{cases} \qquad (4.2.15)$$

则

$$\Delta f_k = f_{k+1} - f_k = E f_k - I f_k = (E - I) f_k \qquad (4.2.16)$$

即

$$\Delta = E - I \qquad (4.2.17)$$

同理

$$\nabla = I - E^{-1} \qquad (4.2.18)$$

$$\delta = E^{1/2} - E^{-1/2} \qquad (4.2.19)$$

根据定义,可得差分的以下运算性质:

(1) 各项差分均可用函数值表示:

$$\Delta^n f_k = (E - I)^n f_k = \sum_{j=0}^{n} (-1)^j \binom{n}{j} E^{n-j} f_k = \sum_{j=0}^{n} (-1)^j \binom{n}{j} f_{n+k-j} \qquad (4.2.20)$$

$$\nabla^n f_k = (I - E^{-1})^n f_k = \sum_{j=0}^{n} (-1)^{n-j} \binom{n}{j} E^{j-n} f_k = \sum_{j=0}^{n} (-1)^{n-j} \binom{n}{j} f_{k+j-n} \qquad (4.2.21)$$

式中,$\binom{n}{j} = \dfrac{n(n-1)\cdots(n-j+1)}{j!}$ 为二项式展开系数。

(2) 可用各阶差分表示函数值:

$$f_{n+k} = E^n f_k = (I + \Delta)^n f_k = \left[\sum_{j=0}^{n} \binom{n}{j} \Delta^j \right] f_k \qquad (4.2.22)$$

$$f_{n+k} = \sum_{j=0}^{n} \binom{n}{j} \Delta^j f_k \qquad (4.2.23)$$

（3）均差与差分关系：

对向前差分

$$f[x_k,x_{k+1}]=\frac{f_{k+1}-f_k}{x_{k+1}-x_k}=\frac{\Delta f_k}{h} \qquad (4.2.24)$$

$$f[x_k,x_{k+1},x_{k+2}]=\frac{f[x_{k+1},x_{k+2}]-f[x_k,x_{k+1}]}{x_{k+2}-x_k}=\frac{\Delta^2 f_k}{2h^2} \qquad (4.2.25)$$

$$\vdots$$

$$f[x_k,x_{k+1},x_{k+m}]=\frac{1}{m!}\frac{1}{h^m}\Delta^m f_k \qquad (m=1,2,\cdots,n) \qquad (4.2.26)$$

对向后差分

$$f[x_k,x_{k-1},\cdots,x_{k-m}]=\frac{1}{m!}\frac{1}{h^m}\nabla^m f_k \qquad (4.2.27)$$

差分和系数的关系为

$$\begin{cases} f[x_0,\cdots,x_n]=\dfrac{f^{(n)}(\xi)}{n!} & (\xi\in[a,b]) \\[2mm] f[x_k,\cdots,x_{k+m}]=\dfrac{1}{m!}\dfrac{1}{h^m}\Delta^m f_k & (m=1,2,\cdots,n) \end{cases} \qquad (4.2.28)$$

即

$$\Delta^n f_k=h^n f^{(n)}(\xi) \qquad (\xi\in(x_k,x_{k+n})) \qquad (4.2.29)$$

则各阶差分构造如表 4.2.2 所列。

表 4.2.2　差分构造表

x	Δ	Δ^2	Δ^3	Δ^4
f_0				
	Δf_0			
f_1		$\Delta^2 f_0$		
	Δf_1		$\Delta^3 f_0$	
f_2		$\Delta^2 f_1$		$\Delta^4 f_0$
	Δf_2		$\Delta^3 f_1$	$\vdots$
f_3		$\Delta^2 f_2$	$\vdots$	
	Δf_3	$\vdots$		
f_4				
$\vdots$				

4.2.3　等距节点的 Newton 插值公式

若节点 $x_k=x_0+kh(k=0,1,\cdots,n)$，要计算 x_0 附近点 x 的函数 $f(x)$ 的

值,可令 $x = x_0 + th (0 \leqslant t \leqslant 1)$, $w_{k+1}(x) = \sum_{j=0}^{k} (x - x_j) = t(t-1) \cdots (t-k) h^{k+1}$,则

$$N_n(x_0 + th) = f_0 + t \cdot \Delta f_0 + \frac{t(t-1)}{2!} \Delta^2 f_0 + \cdots + \frac{t(t-1) \cdots (t-n+1)}{n!} \Delta^n f_0$$

$$(4.2.30)$$

此式称为 Newton 前插公式,插值余项为

$$R_n(x) = \frac{t(t-1) \cdots (t-n)}{(n+1)!} h^{n+1} f^{(n+1)}(\xi) \quad (\xi \in (x_0, x_n)) \quad (4.2.31)$$

而 Newton 后插公式及插值余项分别为

$$N_n(x_n + th) = f_n + t \nabla f_n + \frac{t(t+1)}{2!} \nabla^2 f_n + \cdots + \frac{t(t+1) \cdots (t+n-1)}{n!} \nabla^n f_n$$

$$(4.2.32)$$

$$R_n(x) = f(x) - N_n(x_n + th) = \frac{t(t+1) \cdots (t+n) h^{n+1} f^{(n+1)}(\xi)}{(n+1)!} \quad (\xi \in (x_0, x_n))$$

$$(4.2.33)$$

例 4.2.1 已知海岸地区风速 V 随距离平均水面高度 h 的变化按表 4.2.3 规律变化。试求:当 h 为 18 m 时的风速。

表 4.2.3 风速随距离平面高度的变化值

h/m	5	10	15	20	25
$V/m \cdot s^{-1}$	3.2	5.0	6.8	8.5	10.4

解 取 $x_0 = 10, x_1 = 15, x_2 = 20, x_3 = 25$,按表 4.2.1 计算,结果如表 4.2.4 所列。

表 4.2.4 例 4.2.1 的计算结果

x_i	$f(x_i)$	一阶差分	二阶差分	三阶差分
10	5.0			
		0.36		
15	6.8		−0.002	
		0.34		0.000 4
20	8.5		0.004	
		0.38		
25	10.4			

$$f(18) \approx 5.0 + 0.36 \times (18-10) - 0.002 \times (18-10)(18-15)$$

$$+ 0.0004 \times (18-10)(18-15)(18-20)$$

$$\approx 7.812\ 8(\text{m} \cdot \text{s}^{-1})$$

4.2.4 Newton 插值编程

Newton 插值计算流程如图 4.2.1 所示。

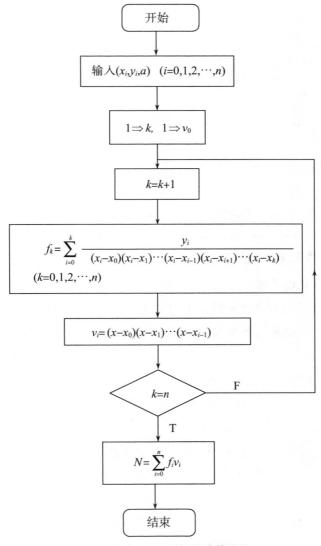

图 4.2.1　Newton 插值计算流程

```
%%插值-Newton 插值法
% x 为插值节点;y 为对应插值节点的函数值;a 为要求的插值点
function output=ITPOLA_Newton(x,y,a)
  n=length(x);
  fk=zeros(size(y));              % fk 为均差
  t=1;
  %求各阶均差
  for k=1:n
      for i=1:k
          w=1;
          for j=1:k
              if i~=j
                  w=w*(x(i)-x(j));
              end
          end
          fk(k)=fk(k)+y(i)/w;
      end
      V(k)=t;
      t=t*(a-x(k));
  end
  output=sum(fk.*V);
  %求 y=fk(0)+fk(1)*(x-x0)+fk(2)*(x-x0)(x-x1)+...
end
```

4.3 Hermite(埃尔米特)插值

4.3.1 Hermite 插值原理

在海洋工程中,有些实际问题不但要求在节点上函数相等,而且要求此处的导数值也相等,满足这种要求的插值多项式称为 Hermite 插值多项式。

设在节点 $a \leqslant x_0 < x_1 < \cdots < x_n \leqslant b$ 上,$y_i = f(x_i)$,$m_i = f'(x_i)(i=0,1,\cdots,n)$,要求插值多项式 $H(x)$ 满足

$$\begin{cases} H(x_i) = y_i \\ H'(x_i) = m_i \end{cases} (i=0,1,\cdots,n) \tag{4.3.1}$$

此处给出了 $(2n+2)$ 个条件,可唯一确定一个次数不超过 $(2n+1)$ 的多项式,即

$$H_{2n+1}(x) = H(x) \tag{4.3.2}$$

具体形式为

$$H_{2n+1}(x) = a_0 + a_1 x + a_2 x^2 + \cdots + a_{2n+1} x^{2n+1} \tag{4.3.3}$$

下面采用 Lagrange 法求解其中 $(2n+2)$ 个系数。

设插值基函数 $\alpha_i(x)$ 及 $\beta_i(x)(i=0,1,2,\cdots,n)$,共计 $(2n+2)$ 个,其中每

个基函数都是 $(2n+1)$ 次多项式,且满足条件

$$\begin{cases} \alpha_i(x_k)=\delta_{ik}=\begin{cases} 0, i\neq k \\ 1, i=k \end{cases} (i,k=0,1,2,\cdots,n) \\ \alpha_i'(x_k)=0 \\ \beta_i(x_k)=0 \\ \beta_i'(x_k)=\delta_{ik} \end{cases} \tag{4.3.4}$$

则式 (4.3.3) 的 $H_{2n+1}(x)$ 可表达为

$$H_{2n+1}(x)=\sum_{i=0}^{n}\left[y_i\alpha_i(x)+m_i\beta_i(x)\right] \tag{4.3.5}$$

利用 Largrange 插值基函数 $l_i(x)$,令

$$\alpha_i(x)=(ax+b)l_i^2(x) \tag{4.3.6}$$

式中, $l_i(x)=\dfrac{(x-x_0)(x-x_1)\cdots(x-x_{i-1})(x-x_{i+1})\cdots(x-x_n)}{(x_i-x_0)(x_i-x_1)\cdots(x_i-x_{i-1})(x_i-x_{i+1})\cdots(x_i-x_n)}$。

由式 (4.3.4) 得

$$\alpha_i(x_i)=(ax_i+b)l_i^2(x_i)=1 \tag{4.3.7}$$

$$\alpha_i'(x_i)=l_i(x_i)\left[al_i(x_i)+2(ax_i+b)l_i'(x_i)\right]=0 \tag{4.3.8}$$

整理得

$$\begin{cases} ax_i+b=1 \\ a+2l_i'(x_i)=0 \end{cases} \tag{4.3.9}$$

解之得

$$\begin{cases} a=-2l_i'(x_i) \\ b=1+2x_il_i'(x_i) \end{cases} \tag{4.3.10}$$

对 $l_i(x)$ 算式两边取对数,得

$$\ln l_i(x)=\ln(x-x_0)+\ln(x-x_1)+\cdots$$
$$+\ln(x-x_{i-1})+\ln(x-x_{i+1})+\cdots+\ln(x-x_n)-\ln c \tag{4.3.11}$$

式中, $c=(x_i-x_0)(x_i-x_1)\cdots(x_i-x_{i-1})(x_i-x_{i+1})\cdots(x_i-x_n)$。

对式 (4.3.11) 两边求导得

$$\frac{l_i'(x)}{l_i(x)}=\frac{1}{x-x_0}+\frac{1}{x-x_1}+\cdots+\frac{1}{x-x_{i-1}}+\frac{1}{x-x_{i+1}}+\cdots+\frac{1}{x-x_n}$$

$$\tag{4.3.12}$$

因为 $x=x_i$ 时 $l_i(x_i)=1$,则

$$l'_i(x_i) = \sum_{\substack{k=0 \\ k\neq i}}^{n} \frac{1}{x_i - x_k} \tag{4.3.13}$$

于是

$$\alpha_i(x) = \left(1 - 2(x - x_i)\sum_{\substack{k=0 \\ k\neq i}}^{n} \frac{1}{x_i - x_k}\right) l_i^2(x) \tag{4.3.14}$$

同理

$$\beta_i(x) = (x - x_i)l_i^2(x) \tag{4.3.15}$$

若 $f(x)$ 在 (a,b) 内的 $(2n+1)$ 阶导数存在,则其插值余项

$$R(x) = f(x) - H_{2n+1}(x) = \frac{f^{(2n+2)}(\xi)}{(2n+2)!} w_{n+1}^2(x) \tag{4.3.16}$$

式中,$\xi\in(a,b)$ 且与 x 有关。

特例 当 $n=1$ 时,取节点为 x_k 和 x_{k+1},则插值多项式 $H_3(x)$ 满足以下条件:

$$\begin{cases} H_3(x_k) = y_k \\ H_3(x_{k+1}) = y_{k+1} \\ H'_3(x_k) = m_k \\ H'_3(x_{k+1}) = m_{k+1} \end{cases} \tag{4.3.17}$$

相应的插值基函数 $\alpha_k(x),\alpha_{k+1}(x),\beta_k(x),\beta_{k+1}(x)$ 满足以下条件:

$$\begin{cases} \begin{cases} \alpha_k(x_k) = 1, \alpha_k(x_{k+1}) = 0 \\ \alpha'_k(x_k) = 0, \alpha'_k(x_{k+1}) = 0 \end{cases} \\ \begin{cases} \alpha_{k+1}(x_k) = 0, \alpha_{k+1}(x_{k+1}) = 1 \\ \alpha'_{k+1}(x_k) = 0, \alpha'_{k+1}(x_{k+1}) = 0 \end{cases} \\ \begin{cases} \beta_k(x_k) = 0, \beta_k(x_{k+1}) = 0 \\ \beta'_k(x_k) = 1, \beta'_k(x_{k+1}) = 0 \end{cases} \\ \begin{cases} \beta_{k+1}(x_k) = 0, \beta_{k+1}(x_{k+1}) = 0 \\ \beta'_{k+1}(x_k) = 0, \beta'_{k+1}(x_{k+1}) = 1 \end{cases} \end{cases} \tag{4.3.18}$$

据式(4.3.14)和式(4.3.15)得基函数表达式:

$$\begin{cases} \alpha_k(x) = \left(1 + 2\dfrac{x-x_k}{x_{k+1}-x_k}\right)\left(\dfrac{x-x_{k+1}}{x_k-x_{k+1}}\right)^2 \\[3mm] \alpha_{k+1}(x) = \left(1 + 2\dfrac{x-x_{k+1}}{x_k-x_{k+1}}\right)\left(\dfrac{x-x_k}{x_{k+1}-x_k}\right)^2 \\[3mm] \beta_k(x) = (x-x_k)\left(\dfrac{x-x_{k+1}}{x_k-x_{k+1}}\right)^2 \\[3mm] \beta_{k+1}(x) = (x-x_{k+1})\left(\dfrac{x-x_k}{x_{k+1}-x_k}\right)^2 \end{cases} \qquad (4.3.19)$$

则

$$H_3(x) = y_k\alpha_k(x) + y_{k+1}\alpha_{k+1}(x) + m_k\beta_k(x) + m_{k+1}\beta_{k+1}(x)$$

$$(4.3.20)$$

插值余项为

$$R(x) = \frac{1}{4!}f^{(4)}(\xi)(x-x_k)^2(x-x_{k+1})^2 \qquad (4.3.21)$$

例 4.3.1　设 $f(x) = \sqrt{\sin(2x)}$，节点 $x_0 = 20°$，$x_1 = 27°$，求 $f(x)$ 的 Hermite 插值多项式及 $f(24°)$ 的近似值。

解　已知节点及节点处的函数值与一阶导数值如表 4.3.1 所列。

表 4.3.1　已知节点及其函数值和一阶导数值

$x_i/°$	20	27
y_i	0.801 7	0.899 5
y'_i	0.955 5	0.653 5

则 Hermite 插值多项式为

$$H(x) = \left(1 + 2\frac{x-20°}{27°-20°}\right)\left(\frac{x-27°}{20°-27°}\right)^2 \times 0.801\ 7 + \left(1 + 2\frac{x-27°}{20°-27°}\right)\left(\frac{x-20°}{27°-20°}\right)^2$$

$$\times 0.899\ 5 + (x-20°)\left(\frac{x-27°}{27°-20°}\right)^2 \times 0.955\ 5 + (x-27°)\left(\frac{x-20°}{27°-20°}\right)^2$$

$$\times 0.653\ 5$$

故

$$f(24°) \approx H(24°) = 0.922\ 8$$

4.3.2 Hermite 插值编程

Hermite 插值的计算流程如图 4.3.1 所示。

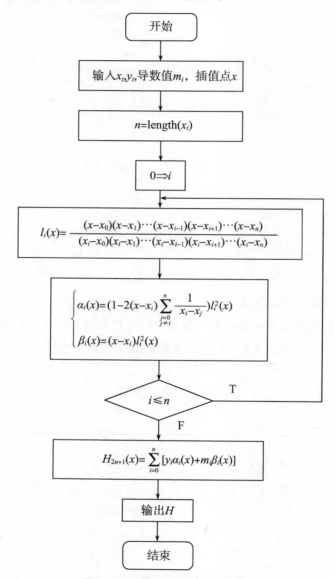

图 4.3.1　Hermite 插值计算流程

```
%%插值-Herimte 插值法
%Xi 为插值节点;Yi 为对应插值节点的函数值;mi 为对应插值节点的一阶导数值;x 为要求的
插值点
function output=ITPOLA_Hermite(Xi,Yi,mi,x)
    n=length(Xi);
    m=length(x);
    [Xi,index]=sort(Xi); %将插值节点从小到大排序,index 为排序前 Xi 各数据位置
    Yi=Yi(index);
    mi=mi(index);
    Alpha=zeros(size(Yi));
    Beta=zeros(size(mi));
    for k=1:m
        %判断插值点的位置
        kl=find(Xi<=x(k));
        kr=find(x(k)<=Xi);
        if (isempty(kl)|| isempty(kr))
                error('插值点不在节点范围内')
        end
        if(kl(end)==kr(1)) %插值点在节点上
            H=Yi(kl);%即 x(k)是插值节点之一，其输出值为对应的 Yi 值
        else
            %计算插值基函数
            for i=1:n
                dl=0;
                l=1;
                for j=1:n
                    if j~=i
                        dl=dl+1/(Xi(i)-Xi(j));
                        l=l*(x(k)-Xi(j))/(Xi(i)-Xi(j));
                    end
                end
                Alpha(i)=(1-2*(x(k)-Xi(i))*dl)*l^2;
                Beta(i)=(x(k)-Xi(i))*l^2;
            end
            H(k)=sum(Alpha.*Yi)+sum(Beta.*mi);
        end
    end
    output=H;
end
```

4.4 三次样条插值

4.4.1 三次样条函数

若函数 $s(x) \in c^2[a,b]$，且在每个小区间 $[x_i, x_{i+1}]$ 上是三次多项式，其中节点位于 $[a, b]$ 区间内，即 $a = x_0 < x_1 < x_2 < \cdots < x_n = b$，则称 $s(x)$ 是节点 $x_0, x_1, x_2, \cdots, x_n$ 上的三次样条函数；若在节点 x_i 上给定函数值 $y_i = f(x_i)(i = 0,1,2,\cdots,n)$，且下式成立：

$$s(x_i) = y_i \quad (i = 0,1,2,\cdots,n) \tag{4.4.1}$$

则称 $s(x)$ 为三次样条插值函数。

从以上定义可知，要确定 $s(x)$，需在每个区间 $[x_k, x_{k+1}]$ 上求出 4 个未知系数，区间共有 n 个，故应确定 $4n$ 个系数。由于 $s(x)$ 在 $[a, b]$ 上二阶导数连续，在节点 $x_i(i = 1,2,\cdots,n-1)$ 处应满足连续条件：

$$\begin{cases} s(x_i - 0) = s(x_i + 0) \\ s'(x_i - 0) = s'(x_i + 0) \\ s''(x_i - 0) = s''(x_i + 0) \end{cases} \tag{4.4.2}$$

式(4.4.2)共有 $(3n-3)$ 个条件，由式(4.4.1)知，另有插值条件 $n+1$ 个，共有 $(4n-2)$ 个已知条件，因此尚需要 2 个条件才能确定 $s(x)$。通常在区间 $[a,b]$ 端点 $a = x_0, b = x_n$ 上各加一个条件(称为边界条件)，常用以下 3 种。

(1) 边界条件 I。已知两端的一阶导数，即

$$\begin{cases} s'(x_0) = f'_0 \\ s'(x_n) = f'_n \end{cases} \tag{4.4.3}$$

(2) 边界条件 II、II'。已知两端的二阶导数，即

$$\begin{cases} s''(x_0) = f''_0 \\ s''(x_n) = f''_n \end{cases} \tag{4.4.4}$$

特例为

$$\begin{cases} s''(x_0) = 0 \\ s''(x_n) = 0 \end{cases} \tag{4.4.4'}$$

式(4.4.4)'称为自然边界条件。

（3）边界条件Ⅲ。当 $f(x)$ 以 (x_n-x_0) 为周期时，要求 $s(x)$ 也是周期函数，即

$$\begin{cases} s(x_0+0)=s(x_n-0) \\ s'(x_0+0)=s'(x_n-0) \\ s''(x_0+0)=s''(x_n-0) \end{cases} \qquad (4.4.5)$$

由此可得周期样条函数。

4.4.2 三转角方程

为了构造三次样条函数的表达式，若 $s'(x)$ 在节点 x_i 处的值为 $s'(x_i)=m_i(i=0,1,2,\cdots,n)$，据三次样条函数定义，按分段三次 Hermite 插值法得

$$s(x)=\sum_{i=0}^{n}\left[y_i\alpha_i(x)+m_i\beta_i(x)\right] \qquad (4.4.6)$$

而

$$\alpha_i(x)=\begin{cases} \left(\dfrac{x-x_{i-1}}{x_i-x_{i-1}}\right)^2\left(1+2\,\dfrac{x-x_i}{x_{i-1}-x_i}\right),x_{i-1}\leqslant x\leqslant x_i(i=0\ \text{略去}) \\[3mm] \left(\dfrac{x-x_{i+1}}{x_i-x_{i+1}}\right)^2\left(1+2\,\dfrac{x-x_i}{x_{i+1}-x_i}\right),x_i\leqslant x\leqslant x_{i+1}(i=n\ \text{略去}) \\[3mm] 0, \qquad\qquad\qquad\qquad\quad\ \text{其他} \end{cases}$$

$$(4.4.7)$$

$$\beta_i(x)=\begin{cases} \left(\dfrac{x-x_{i-1}}{x_i-x_{i-1}}\right)^2(x-x_i),x_{i-1}\leqslant x\leqslant x_i(i=0\ \text{略去}) \\[3mm] \left(\dfrac{x-x_{i+1}}{x_i-x_{i+1}}\right)^2(x-x_i),x_i\leqslant x\leqslant x_{i+1}(i=n\ \text{略去}) \\[3mm] 0, \qquad\qquad\qquad\qquad\quad\ \text{其他} \end{cases} \qquad (4.4.8)$$

显然 $s(x)$ 及 $s'(x)$ 在整个区间 $[a,b]$ 上连续，且满足式（4.4.1），然而式（4.4.6）中 $m_i(i=0,1,2,\cdots,n)$ 未知，可由式（4.4.2）中 $s''(x_i-0)=s''(x_i+0)$ $(i=0,1,2,\cdots,n-1)$ 及边界条件求得。

为求 m_i，考虑 $s(x)$ 在 $[x_i,x_{i+1}]$ 上表达式：

$$s(x)=\frac{(x-x_{i+1})^2[h_i+2(x-x_i)]}{h_i^3}y_i+\frac{(x-x_i)^2[h_i+2(x_{i+1}-x)]}{h_i^3}y_{i+1}$$

$$+\frac{(x-x_{i+1})^2(x-x_i)}{h_i{}^2}m_i+\frac{(x-x_i)^2(x-x_{i+1})}{h_i{}^2}m_{i+1} \quad (4.4.9)$$

式中，$h_i=x_{i+1}-x_i$。对 $s(x)$ 求二阶导数得

$$s''(x)=\frac{6x-2x_i-4x_{i+1}}{h_i{}^2}m_i+\frac{6x-4x_i-2x_{i+1}}{h_i{}^2}m_{i+1}+\frac{6(x_i+x_{i+1}-2x)}{h_i{}^3}(x_{i+1}-x_i)$$

$$(4.4.10)$$

则

$$s''(x_i+0)=-\frac{4}{h_i}m_i-\frac{2}{h_i}m_{i+1}+\frac{6}{h_i{}^2}(y_{i+1}-y_i) \quad (4.4.11)$$

同理可得 $s''(x)$ 在区间 $[x_{i-1},x_i]$ 上表达式：

$$s''(x_i)=\frac{6x-2x_{i-1}-4x_i}{h_{i-1}{}^2}m_{i-1}+\frac{6x-4x_{i-1}-2x_i}{h_{i-1}{}^2}m_i+\frac{6(x_{i-1}-x_i-2x)}{h_{i-1}{}^3}(y_i-y_{i-1})$$

$$(4.4.12)$$

$$s''(x_i-0)=\frac{2}{h_{i-1}}m_{i-1}+\frac{4}{h_{i-1}}m_i+\frac{6}{h_{i-1}{}^2}(y_i-y_{i-1}) \quad (4.4.13)$$

由条件 $s''(x_i+0)=s''(x_i-0)(i=1,2,\cdots,n-1)$ 可得

$$\frac{1}{h_{i-1}}m_{i-1}+2\left(\frac{1}{h_{i-1}}+\frac{1}{h_i}\right)m_i+\frac{1}{h_i}m_{i+1}=3\left(\frac{y_{i+1}-y_i}{h_i{}^2}+\frac{y_i-y_{i-1}}{h_{i-1}{}^2}\right) \quad (i=0,1,2,\cdots,n-1)$$

$$(4.4.14)$$

用 $\left(\dfrac{1}{h_{i-1}}+\dfrac{1}{h_i}\right)$ 除上式两边，并注意 $y_i=f_i$，$\dfrac{y_{i+1}-y_i}{h_i}=f[x_i,x_{i+1}]$，式

(4.4.14)简化为

$$\lambda_i m_{i-1}+2m_i+\mu_i m_{i+1}=g_i \quad (i=1,2,\cdots,n-1) \quad (4.4.15)$$

式中，

$$\begin{cases}\lambda_i=\dfrac{h_i}{h_{i-1}+h_i} \\[2mm] \mu_i=\dfrac{h_{i-1}}{h_{i-1}+h_i} \qquad\qquad (i=1,2,\cdots,n-1)(4.4.16) \\[2mm] g_i=3(\lambda_i f[x_{i-1},x_i]+\mu_i f[x_i,x_{i+1}])\end{cases}$$

方程(4.4.15)为关于未知数 $(m_0,m_1,\cdots,m_n)$ 的 $(n-1)$ 个方程，为了求解，

需要附加其他条件,下面给出 3 种条件。

(1) 若加上边界条件 I

$$\begin{cases} m_0 = f'_0 \\ m_n = f'_n \end{cases} \tag{4.4.17}$$

则方程(4.4.15)为只含$(m_1, m_2, \cdots, m_{n-1})$的$(n-1)$个方程,写成矩阵形式便是

$$\begin{bmatrix} 2 & \mu_1 & 0 & \cdots & 0 & 0 & 0 \\ \lambda_2 & 2 & \mu_2 & \cdots & 0 & 0 & 0 \\ 0 & \lambda_3 & 2 & \cdots & 0 & 0 & 0 \\ \vdots & \vdots & \vdots & & \vdots & \vdots & \vdots \\ 0 & 0 & 0 & \cdots & \lambda_{n-2} & 2 & \mu_{n-2} \\ 0 & 0 & 0 & \cdots & 0 & \lambda_{n-1} & 2 \end{bmatrix} \begin{bmatrix} m_1 \\ m_2 \\ m_3 \\ \vdots \\ m_{n-2} \\ m_{n-1} \end{bmatrix} = \begin{bmatrix} g_1 - \lambda_1 f'_0 \\ g_2 \\ g_3 \\ \vdots \\ g_{n-2} \\ g_{n-1} - \mu_{n-1} f'_n \end{bmatrix} \tag{4.4.18}$$

(2) 若选取边界条件 II,则得 2 个方程

$$\begin{cases} 2m_0 + m_1 = 3f[x_0, x_1] - \dfrac{h_0}{2} f''_0 = g_0 \\ m_{n-1} + 2m_n = 3f[x_{n-1}, x_n] + \dfrac{h_{n-1}}{2} f''_n = g_n \end{cases} \tag{4.4.19}$$

对边界条件 II′,则得方程

$$\begin{cases} 2m_0 + m_1 = 3f[x_0, x_1] = g_0 \\ m_{n-1} + 2m_n = 3f[x_{n-1}, x_n] = g_n \end{cases} \tag{4.4.20}$$

于是得

$$\begin{bmatrix} 2 & 1 & 0 & \cdots & 0 & 0 & 0 \\ \lambda_1 & 2 & \mu_1 & \cdots & 0 & 0 & 0 \\ 0 & \lambda_2 & 2 & \cdots & 0 & 0 & 0 \\ \vdots & \vdots & \vdots & & \vdots & \vdots & \vdots \\ 0 & 0 & 0 & \cdots & \lambda_{n-1} & 2 & \mu_{n-1} \\ 0 & 0 & 0 & \cdots & 0 & 1 & 2 \end{bmatrix} \begin{bmatrix} m_0 \\ m_1 \\ m_2 \\ \vdots \\ m_{n-1} \\ m_n \end{bmatrix} = \begin{bmatrix} g_0 \\ g_1 \\ g_2 \\ \vdots \\ g_{n-1} \\ g_n \end{bmatrix} \tag{4.4.21}$$

（3）若边界条件Ⅲ，得

$$\begin{cases} m_0 = m_n \\ \dfrac{1}{h_0}m_1 + \dfrac{1}{h_{n-1}}m_{n-1} + 2\left(\dfrac{1}{h_0} + \dfrac{1}{h_{n-1}}\right)m_n = \dfrac{3}{h_0}f[x_0,x_1] + \dfrac{3}{h_{n-1}}f[x_{n-1},x_n] \end{cases}$$

$$(4.4.22)$$

化简为

$$\mu_n m_1 + \lambda_n m_{n-1} + 2m_n = g_n \qquad (4.4.23)$$

式中，

$$\begin{cases} \mu_n = \dfrac{h_{n-1}}{h_0 + h_{n-1}} \\ \lambda_n = \dfrac{h_0}{h_0 + h_{n-1}} \end{cases} \qquad (4.4.24)$$

$$g_n = 3(\mu_n f[x_0,x_1] + \lambda_n f[x_{n-1},x_n]) \qquad (4.4.25)$$

与式（4.4.15）合并，表示为矩阵形式

$$\begin{bmatrix} 2 & \mu_1 & 0 & \cdots & 0 & 0 & \lambda_1 \\ \lambda_2 & 2 & \mu_2 & \cdots & 0 & 0 & 0 \\ \vdots & \vdots & \vdots & & \vdots & \vdots & \vdots \\ 0 & 0 & 0 & \cdots & \lambda_{n-1} & 2 & \mu_{n-1} \\ \mu_n & 0 & 0 & \cdots & 0 & \lambda_n & 2 \end{bmatrix} \begin{bmatrix} m_1 \\ m_2 \\ \vdots \\ m_{n-1} \\ m_n \end{bmatrix} = \begin{bmatrix} g_1 \\ g_2 \\ \vdots \\ g_{n-1} \\ g_n \end{bmatrix} \qquad (4.4.26)$$

式（4.4.18），（4.4.21），（4.4.26）中，每个方程都联系 3 个 m_i，因 m_i 在力学上解释为细梁在 x_i 截面处的转角，故称方程为三转角方程。

4.4.3 三弯矩方程

三次样条插值函数 $s(x)$ 可以有多种表达方式，有时用二阶导数值 $s''(x_i)$ $=M_i(i=0,1,2,\cdots,n)$ 表示更方便。M_i 在力学上解释为细梁在 x_i 截面处的弯矩，并且得到的弯矩与相邻两个弯矩有关，故称方程为三弯矩方程。

由于 $s(x)$ 在区间 $[x_i,x_{i+1}]$ 上是三次多项式，故 $s''(x)$ 在 $[x_i,x_{i+1}]$ 上是线性函数，可表示为

$$s''(x) = M_i \frac{x_{i+1}-x}{h_i} + M_{i+1} \frac{x-x_i}{h_i} \qquad (4.4.27)$$

对 $s''(x)$ 积分 2 次并利用 $\begin{cases} s(x_i)=y_i \\ s(x_{i+1})=y_{i+1} \end{cases}$，可定出积分常数

$$s(x)=M_i\,\frac{(x_{i+1}-x)^3}{6h_i}+M_{i+1}\,\frac{(x-x_i)^3}{6h_i}+\left(y_i-\frac{M_ih_i{}^2}{6}\right)\frac{x_{i+1}-x}{h_i}$$

$$+\left(y_{i+1}-\frac{M_{i+1}h_i{}^2}{6}\right)\frac{x-x_i}{h_i}\qquad(i=0,1,\cdots,n-1)\qquad(4.4.28)$$

对 $s(x)$ 求导得

$$s'(x)=-M_i\,\frac{(x_{i+1}-x)^2}{2h_i}+M_{i+1}\,\frac{(x-x_i)^2}{2h_i}+\frac{y_{i+1}-y_i}{h_i}-\frac{M_{i+1}-M_i}{6}h_i$$

$$(4.4.29)$$

由此可得

$$s'(x_i+0)=-\frac{h_i}{3}M_i-\frac{h_i}{6}M_{i+1}+\frac{y_{i+1}-y_i}{h_i}\qquad(4.4.30)$$

类似可得 $s(x)$ 在区间 $[x_{i-1},x_i]$ 上的表达式，从而可得

$$s'(x_i-0)=\frac{h_{i-1}}{6}M_{i-1}+\frac{h_{i-1}}{3}M_i+\frac{y_i-y_{i-1}}{h_{i-1}}\qquad(4.4.31)$$

$$s'(x_i+0)=s'(x_i-0)\qquad(4.4.32)$$

$$\mu_iM_{i-1}+2M_i+\lambda_iM_{i+1}=d_i\qquad(i=1,2,\cdots,n-1)\qquad(4.4.33)$$

式中，

$$\begin{cases} \mu_i=\dfrac{h_{i-1}}{h_{i-1}+h_i} \\[2mm] \lambda_i=\dfrac{h_i}{h_{i-1}+h_i} \\[2mm] d_i=6\,\dfrac{f[x_i,x_{i+1}]-f[x_{i-1},x_i]}{h_{i-1}+h_i}=6f[x_{i-1},x_i,x_{i+1}] \end{cases}\qquad(i=1,2,\cdots,n-1)$$

$$(4.4.34)$$

方程 $(4.4.33)$ 与 $(4.4.15)$ 形式类似。

（1）若已知边界条件Ⅰ，则端点方程为

$$\begin{cases} 2M_0+M_1=\dfrac{6}{h_0}(f[x_0,x_1]-f_0') \\[3mm] M_{n-1}+2M_n=\dfrac{6}{h_{n-1}}(f_n'-f[x_{n-1},x_n]) \end{cases}\qquad(4.4.35)$$

（2）若已知边界条件 Ⅱ，则端点方程为

$$\begin{cases} M_0 = f_0'' \\ M_n = f_n'' \end{cases} \tag{4.4.36}$$

用追赶法可求 $M_i (i=0,1,2,\cdots,n)$，代入式（4.4.28）得 $s(x)$。

4.4.4 三次样条插值计算步骤

三次样条插值的计算步骤如下：

（1）输入已知的 $x_i, y_i (i=0,1,2,\cdots,n)$ 及 f_0', f_n' 和 n；

（2）i 从 0 到 $n-1$ 计算 $h_i = x_{i+1} - x_i$ 及 $f[x_i, x_{i+1}]$；

（3）i 从 1 到 $n-1$ 计算 λ_i, μ_i, g_i；

（4）用追赶法解方程，求 $m_i (i=1,2,\cdots,n-1)$；

（5）计算 $s(x)$ 的系数，或计算 $s(x)$ 在若干点上的值，输出计算结果。

例 4.4.1 已知函数 y 的节点及其函数值如表 4.4.1 所列。

表 4.4.1 已知节点及其函数值

x	0	0.2	0.4	0.6	0.8
y	1	0.978 00	0.917 43	0.831 60	0.735 29

求在区间 $[0,0.8]$ 上的三次样条函数 $s(x)$，使其满足边界条件：① $s'(0)=0$，$s'(0.8)=-0.648\ 79$；② $s''(0)=s''(0.8)=0$。

解 根据题设条件可得 $h_0 = h_1 = h_2 = h_3 = 0.2$。因为 $\mu_i = \dfrac{h_{i-1}}{h_{i-1}+h_i}$，$\lambda_i = \dfrac{h_i}{h_{i-1}+h_i}$，故

$$\begin{cases} \mu_1 = 1/2 \\ \lambda_1 = 1/2 \end{cases}, \begin{cases} \mu_2 = 1/2 \\ \lambda_2 = 1/2 \end{cases}, \begin{cases} \mu_3 = 1/2 \\ \lambda_3 = 1/2 \end{cases}$$

为了计算二阶差商，构造表 4.4.2。

表 4.4.2　例 4.4.1 对应的二阶差商表

x_i	$f(x_i)$	一阶差商	二阶差商
0	1		
		0	
0	1		$-0.550\,00$
		$-0.110\,00$	
0.2	0.978 00		$-0.482\,13$
		$-0.302\,85$	
0.4	0.917 43		$-0.315\,75$
		$-0.429\,15$	
0.6	0.831 60		$-0.131\,00$
		$-0.481\,55$	
0.8	0.735 29		$-0.836\,20$
		$-0.648\,79$	
0.8	0.735 29		

即

$$\begin{cases} f[x_0,x_0,x_1]=-0.550\,00 \\ f[x_0,x_1,x_2]=-0.482\,13 \\ f[x_1,x_2,x_3]=-0.315\,75 \\ f[x_2,x_3,x_4]=-0.131\,00 \\ f[x_3,x_4,x_4]=-0.836\,20 \end{cases}$$

(1) $s'(0)=0, s'(0.8)=-0.648\,79$ 为第一种边界条件,故弯矩方程组为

$$\begin{bmatrix} 2 & 1 & & & \\ 1/2 & 2 & 1/2 & & \\ & 1/2 & 2 & 1/2 & \\ & & 1/2 & 2 & 1/2 \\ & & & 1 & 2 \end{bmatrix} \begin{bmatrix} m_0 \\ m_1 \\ m_2 \\ m_3 \\ m_4 \end{bmatrix} = 6 \begin{bmatrix} -0.550\,00 \\ -0.482\,13 \\ -0.315\,75 \\ -0.131\,00 \\ -0.836\,20 \end{bmatrix}$$

解此方程组得

$$\begin{cases} m_0=-1.179\,0 \\ m_1=-0.942\,0 \\ m_2=-0.838\,5 \\ m_3=0.507\,2 \\ m_4=-2.762\,2 \end{cases}$$

故所求三次样条插值函数为

$$s(x)=\begin{cases}0.197\ 5x^3-0.589\ 5x^2+0.338\ 9x+1, & x\in[0,0.2]\\0.086\ 3x^3-0.522\ 8x^2+0.403\ 7x+0.917\ 5, & x\in[0.2,0.4]\\1.121\ 4x^3-1.764\ 9x^2+2.016\ 0x+0.321\ 5, & x\in[0.4,0.6]\\-2.724\ 5x^3+5.157\ 7x^2-5.820\ 9x+3.055\ 9, & x\in[0.6,0.8]\end{cases}$$

（2）$s''(0)=s''(0.8)=0$ 为第二种边界条件,且 $m_0=m_4=0$,则弯矩方程组为

$$\begin{bmatrix}2 & 1/2 & 0\\1/2 & 2 & 1/2\\0 & 1/2 & 2\end{bmatrix}\begin{bmatrix}m_1\\m_2\\m_3\end{bmatrix}=6\begin{bmatrix}-0.482\ 13\\-0.315\ 75\\-0.131\ 00\end{bmatrix}$$

解此方程组得

$$\begin{cases}m_1=-1.307\ 1\\m_2=-0.557\ 0\\m_3=-0.253\ 7\end{cases}$$

故所求三次样条插值函数为

$$s(x)=\begin{cases}-1.089\ 2x^3-1.002\ 1x+1, & x\in[0,0.2]\\0.625\ 1x^3-1.028\ 6x^2+1.085\ 8x+0.798\ 0, & x\in[0.2,0.4]\\0.252\ 8x^3-0.581\ 8x^2-0.650\ 9x+0.734\ 0, & x\in[0.4,0.6]\\0.211\ 4x^3-0.507\ 4x^2-0.608\ 9x+0.603\ 3, & x\in[0.6,0.8]\end{cases}$$

4.4.5 三次样条插值编程

三次样条插值的计算流程如图 4.4.1 所示。

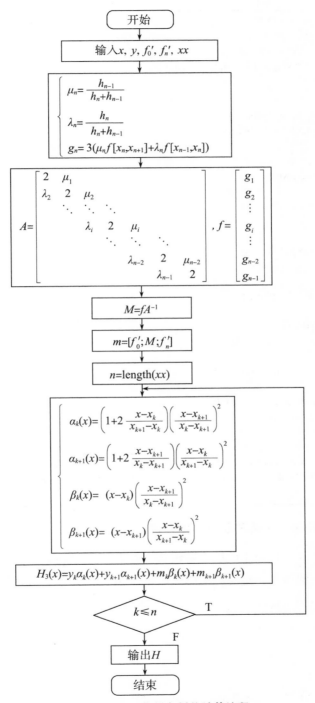

图 4.4.1　三次样条插值计算流程

```
%%插值-三次样条插值法(三弯矩)
%x 为节点数据;y 为对应节点的函数值;dy0,dyn 分别为左、右端点的一阶导数值;xx 为插值
点;output 为 xx 的三阶样条插值
function output=ITPOLA_CubicSpline(x,y,dy0,dyn,xx)
  n=length(x)-1;
  h=diff(x);
  mu=h(1:n-1)./(h(1:n-1)+h(2:n));
  lamda=h(2:n)./(h(1:n-1)+h(2:n));
  %求二阶差商
  cha1=diff(y)./h ;
  cha1=[dy0,cha1,dyn];
  if length(h)==1
      disp('无法求二阶差商')
      quit;
  else
      for i=1:length(h)-1
          H(i)=h(i+1)+h(i);
      end
      H=[h(1),H,h(length(h))];
  end
  cha2=diff(cha1)./H;
  g=6*cha2;
  %求解三对角方程
  dy=LESO_ELIM_ForeBack(lamda,mu,2*ones(1,n+1),g);
  for i=1:n
      if xx-x(i)>=0 && xx-x(i+1)<0
          ik=i;
      end
  end
  output=dy(ik)*(x(ik+1)-xx)^3/(6*h(ik))+dy(ik+1)*(xx-x(ik))^3/(6*h(ik))+(y(ik)-
dy(ik)*h(ik)^2/6)*(x(ik+1)-xx)/h(ik)+(y(ik+1)-dy(ik+1)*h(ik)^2/6)*(xx-x(ik))/h(ik);
end
```

4.5 工程案例——阵风系数的插值预测

日常观测及气象预报的风速是指 10 分钟平均风速,实际上因大气流运动影响,在 10 分钟内某一短时距的阵风的平均风速会大于 10 分钟平均风速,在此把某一时距阵风最大平均风速与 10 分钟平均风速之比称为阵风系数,以 K 表示:

$$K = \frac{\overline{V_0}}{\overline{V}} \tag{4.5.1}$$

式中,$\overline{V}$ 为 10 分钟平均风速,$\overline{V_0}$ 为某一时距的阵风最大平均风速。利用由三

分量脉动风速仪在某海域平台上观测的阵风资料,计算了 0.5 s、1 s、2 s、3 s、10 s、30 s、60 s、120 s 及 180 s 不同时矩的阵风系数,其结果列于表 4.5.1。

表 4.5.1　不同时距的阵风系数

时距/s	0.5	1	2	3	10	30	60	120	180
阵风系数	1.31	1.25	1.22	1.20	1.17	1.12	1.09	1.07	1.05

通过对表 4.5.1 中数据的分析,给定的阵风系数随时间(时距)变化表现出递减趋势。以下是可能的两种模型。

(1)指数模型:

$$f(t) = a \cdot e^{-b \cdot t} + c \qquad (4.5.2)$$

式中,a、b、c 是模型参数。经过 MATLAB 的"fit"函数拟合,指数模型参数:$a = 0.212\,22, b = 0.035\,808, c = 1.043$

(2)对数模型:

$$g(t) = d \cdot \ln(t) + e \qquad (4.5.3)$$

式中,d 和 e 是模型参数。经过 MATLAB 的"fit"函数拟合,对数模型参数:$d = -0.040\,527, e = 1.258\,5$。

利用非线性回归方法拟合出了一个更合理的阵风系数变化曲线,如图 4.5.1 所示。通过对比对数模型和指数模型的拟合优度 R^2 值,说明对数模型拟合效果更好。

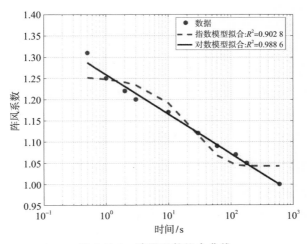

图 4.5.1　阵风系数拟合曲线

拟合曲线描述了阵风系数随时间变化的趋势,可以对未直接测量的时距进行预测。基于此模型,计算并预测了从 10 秒至 100 秒内每 10 秒一个间隔的阵风系数,详见表 4.5.2。

在工程设计中,阵风系数是一个重要的参数,给定的数据集包含在不同时距测得的阵风系数。由于在某些特定时距上缺少数据,需要通过插值方法预测这些时距的阵风系数。根据对数模型计算的阵风系数如图 4.5.2 所示,使用插值法计算 45 s 和 75 s 时距处的阵风系数。

表 4.5.2　拟合后的阵风系数

时距/s	10	20	30	40	50	60	70	80	90	100
阵风系数	1.165	1.137	1.121	1.109	1.100	1.093	1.086	1.081	1.076	1.072

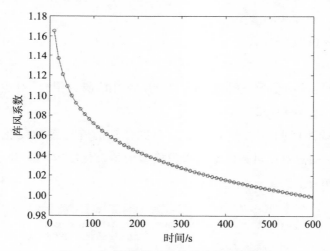

图 4.5.2　对数模型计算的阵风系数曲线

解　使用拉格朗日插值法来估计给定时距上的阵风系数。

$$L(x) = \sum_{i=0}^{n} y_i \prod_{\substack{j=0 \\ j \neq i}}^{n} \frac{x - x_j}{x_i - x_j}$$

式中,x 是插值点的时距,x_i 和 y_i 分别是已知的时距和对应的阵风系数。

45 s 的阵风系数:

使用 30 s、40 s、50 s 的数据点进行插值。

$$L(45) = 1.121 \times \frac{45-40}{30-40} \times \frac{45-50}{30-50} + 1.109 \times \frac{45-30}{40-30} \times \frac{45-50}{40-50} + 1.100 \times \frac{45-30}{50-30} \times \frac{45-40}{50-40}$$

75 s 的阵风系数：

使用 60 s、70 s、80 s 的数据点进行插值。

$$L(75)=1.093\times\frac{75-70}{60-70}\times\frac{75-80}{60-80}+1.086\times\frac{75-60}{70-60}\times\frac{75-80}{70-80}+1.081\times\frac{75-60}{80-60}\times\frac{75-70}{80-70}$$

计算插值节点的近似值，可得 $L(45)=1.104$，$L(75)=1.083$。

第 5 章　函数逼近

　　函数逼近,对函数类 A 中给定的函数 $f(x)$,要求在另一类较简单的便于计算的函数类 B 中,求函数 $p(x) \in B \subset A$,使 $p(x)$ 与 $f(x)$ 之差在某种度量意义下最小。

　　函数类 A 通常是区间 $[a,b]$ 上的连续函数,记作 $C[a,b]$;函数类 B 通常是代数多项式、有理函数或三角多项式,而度量标准最常用的有 2 种:

　　1) 一致逼近(均匀逼近)

$$\| f(x) - p(x) \|_{\infty} = \max_{a \leqslant x \leqslant b} | f(x) - p(x) | \tag{5.0.1}$$

　　2) 均方逼近(平方逼近)

$$\| f(x) - p(x) \|_2 = \sqrt{\int_a^b [f(x) - p(x)]^2 \mathrm{d}x} \tag{5.0.2}$$

式中, $\| \cdot \|_{\infty}$ 和 $\| \cdot \|_2$ 表示范数。

　　定理 5.0.1　设 $f(x) \in C[a,b]$,则对任意 $\varepsilon > 0$,总存在一个代数多项式 $P(x)$,使 $\| f(x) - p(x) \|_{\infty} < \varepsilon$ 在 $[a,b]$ 上一致成立。

　　上述定理称为 Weierstrass(维尔斯特拉斯)定理。该定理说明:$[a,b]$ 上的连续函数 $f(x)$ 中,存在多项式 $P_n(x)$ 一致收敛于 $f(x)$。

　　$f \in C[a,b]$ 的范数定义为 $\| f \|_{\infty} = \max_{a \leqslant x \leqslant b} | f(x) |$,称其为 ∞-范数,它满足范数 $\| \cdot \|$ 的三个性质:

　　(1) $\| f \| \geqslant 0$,当且仅当 $f \equiv 0$ 时才有 $\| f \| = 0$。

　　(2) $\| af \| = |a| \| f \|$ 对任意 $f \in C[a,b]$ 成立,a 为任意实数。

　　(3) 对任意 $f, g \in C[a,b]$,有 $\| f + g \| \leqslant \| f \| + \| g \|$,此式又称为三角不等式。

5.1 最佳一致逼近多项式

5.1.1 最佳一致逼近多项式的存在性

定义 5.1.1　$P_n(x) \in H_n$，$f(x) \in C[a,b]$，称

$$\Delta(f, p_n) = \| f - p_n \|_\infty = \max_{a \leqslant x \leqslant b} |f(x) - p_n(x)| \tag{5.1.1}$$

为 $f(x)$ 与 $p_n(x)$ 在 $[a,b]$ 上的偏差。其中，次数 $\leqslant n$ 的多项式集合为 H_n，显然 $H_n \subset C[a,b]$，以 $\{1, x, \cdots, x^n\}$ 为基生成的向量空间可记作

$$H_n = span\{1, x, \cdots, x^n\} \tag{5.1.2}$$

式中，$\{1, x, \cdots, x^n\}$ 是 $[a,b]$ 上一个线性无关的函数组，是 H_n 中的一组基。

显然，$\Delta(f, p_n) \geqslant 0$，$\Delta(f, p_n)$ 的全体组成一个集合，记为 $\{\Delta(f, p_n)\}$，它有下界 0，若记集合的下确界为

$$E_n = \inf_{p_n \in H_n} \{\Delta(f, p_n)\} = \inf_{p_n \in H_n} \max_{a \leqslant x \leqslant b} |f(x) - p_n(x)| \tag{5.1.3}$$

则称之为 $f(x)$ 在 $[a,b]$ 上的最小偏差。

定义 5.1.2　假定 $f(x) \in C[a,b]$，若存在 $p_n^*(x) \in H_n$，$\Delta(f, p_n^*) = E_n$，则称 $p_n^*(x)$ 是 $f(x)$ 在 $[a,b]$ 上的最佳一致逼近多项式，即最小偏差逼近多项式，简称最佳逼近多项式。

定理 5.1.1　若 $f(x) \in C[a,b]$，则总存在 $p_n^*(x) \in H_n$，使

$$\| f(x) - p_n^*(x) \|_\infty = E_n \tag{5.1.4}$$

5.1.2 Chebyshev(切比雪夫)定理

定义 5.1.3　设 $f(x) \in C[a,b]$，$p(x) \in H_n$，若 $x = x_0$ 上有

$$|p(x_0) - f(x_0)| = \max_{a \leqslant x \leqslant b} |p(x) - f(x)| = \mu \tag{5.1.5}$$

则称 x_0 是 $p(x)$ 的偏差点。其中，若 $p(x_0) - f(x_0) = \mu$，称 x_0 是 $p(x)$ 的"正"偏差点；若 $p(x_0) - f(x_0) = -\mu$，称 x_0 是 $p(x)$ 的"负"偏差点。

式(5.1.5)说明：函数 $p(x) - f(x)$ 在 $[a,b]$ 上连续，因此，至少存在一个点 $x_0 \in [a,b]$，使 $|p(x_0) - f(x_0)| = \mu$，即偏差点总是存在的。

定理 5.1.2　若 $p(x) \in H_n$ 是 $f(x) \in C[a,b]$ 的最佳逼近多项式，则 $p(x)$ 同时存在正、负偏差点。

定理 5.1.3　$p(x) \in H_n$ 是 $f(x) \in C[a,b]$ 的最佳逼近多项式的充要条件是 $p(x)$ 在 $[a,b]$ 上至少有 $n+2$ 个轮流为"正""负"的偏差点，即有 $n+2$ 个点 $a \leqslant x_1 < x_2 < \cdots < x_{n+2} \leqslant b$，使得

$$p(x_k) - f(x_k) = (-1)^k \sigma \parallel p(x) - f(x) \parallel_{\infty} \qquad (5.1.6)$$

式中，$\sigma = \pm 1$。这样的点组称为 Chebyshev 交错点组。

定理 5.1.3 常称为 Chebyshev 定理，它有以下 2 个重要的推论。

推论 1　若 $f(x) \in C[a,b]$，则在 H_n 中存在唯一的最佳逼近多项式。

推论 2　若 $f(x) \in C[a,b]$，则其最佳逼近多项式 $p^*_n(x) \in H_n$ 就是 $f(x)$ 的一个 Largrange 插值多项式。

5.1.3　最佳一次逼近多项式

当 $n=1$ 时，假定 $f(x) \in C^2[a,b]$，且 $f''(x)$ 在 $[a,b]$ 内不变号，求最佳一次逼近多项式 $p_1(x) = a_0 + a_1 x$。据定理 5.1.3 知：至少有 3 个点 $a \leqslant x_1 < x_2 < x_3 \leqslant b$，使得

$$p(x_k) - f(x_k) = (-1)^k \sigma \max_{a \leqslant x \leqslant b} |p_1(x) - f(x)| \quad (\sigma = \pm 1, k = 1, 2, 3)$$
$$(5.1.7)$$

由于 $f''(x)$ 在 $[a,b]$ 上不变号，故 $f'(x)$ 单调，$f'(x) - p_1'(x) = f'(x) - a_1$ 在 (a,b) 内只有一个零点，记为 x_2，于是

$$p_1'(x_2) - f'(x_2) = a_1 - f'(x_2) = 0 \qquad (5.1.8)$$

即

$$f'(x_2) = a_1 \qquad (5.1.9)$$

另外 2 个偏差点必在区间端点，即 $x_1 = a$，$x_3 = b$，且满足

$$p_1(a) - f(a) = p_1(b) - f(b) = -[p_1(x_2) - f(x_2)] \qquad (5.1.10)$$

由此得

$$\begin{cases} a_0 + a_1 a - f(a) = a_0 + a_1 b - f(b) \\ a_0 + a_1 a - f(a) = f(x_2) - [a_0 + a_1 x_2] \end{cases} \qquad (5.1.11)$$

解得

$$\begin{cases} a_1 = \dfrac{f(b) - f(a)}{b - a} = f'(x_2) \\ a_0 = \dfrac{f(a) + f(x_2)}{2} - \dfrac{f(b) - f(a)}{b - a} \cdot \dfrac{a + x_2}{2} \end{cases} \qquad (5.1.12)$$

这就是最佳一次逼近多项式 $p_1(x)$，其几何意义如图 5.1.1 所示。

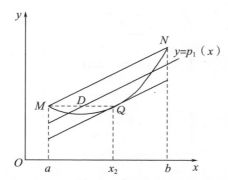

图 5.1.1　最佳一次逼近多项式的几何意义

直线 $y = p_1(x)$ 与弦 MN 平行，且通过 MQ 的中点 D，其方程为

$$y = \frac{1}{2} \left[f(a) + f(x_2) \right] + a_1 \left(x - \frac{a + x_2}{2} \right)$$

例 5.1.1　求 $f(x) = \sqrt{1 + x^2}$ 在 $[0,1]$ 上的最佳一次逼近多项式。

解

$$a_1 = \frac{f(b) - f(a)}{b - a} = \sqrt{2} - 1$$

$$f'(x) = \frac{x}{\sqrt{1 + x^2}}, \quad f'(x_2) = \frac{x_2}{\sqrt{1 + x_2^2}} = \sqrt{2} - 1$$

解之得

$$x_2 \approx 0.455\,1$$

而 $a_0 = \dfrac{1 + \sqrt{1 + x_2^2}}{2} - a_1 \dfrac{x_2}{2} \approx 0.955\,1$，所以 $\sqrt{1 + x^2}$ 的最佳一次逼近多项式为

$$p_1(x) = 0.955\,1 + 0.414\,2x$$

即 $\sqrt{1 + x^2} \approx 0.955\,1 + 0.414\,2x\,(0 \leqslant x \leqslant 1)$。

5.1.4 最佳一次逼近多项式编程

最佳一次逼近多项式计算流程如图 5.1.2 所示。

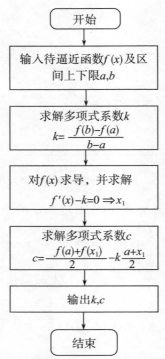

图 5.1.2 最佳一次逼近多项式计算流程

```
%%函数逼近-最佳一次逼近
%f 为待逼近函数;a 为区间下限;b 为区间上限
function output=FA_BestUniform(f,a,b)
    %求被逼近函数的端点值 fb,fa
    fb=subs(f,symvar(sym(f)),b);
    fa=subs(f,symvar(sym(f)),a);
    %求解逼近多项式的系数 a1
    k=(fb-fa)/(b-a);
    %对被拟合函数求导
    Df=diff(f);
    X=vpasolve(Df-k);
    %求解合适的中间偏差 x2
    x2=X(1);
    %被逼近函数在 x2 处的函数值
    f2=subs(f,symvar(sym(f)),x2);
    %求解逼近多项式的系数 a0;
    c=(fa+f2)/2-k*(a+x2)/2;
    %输出最佳一次逼近多项式系数矩阵
    output=vpa([c;k],4);
end
```

5.2 最佳平方逼近多项式

用均方误差最小作为度量标准,研究函数 $f(x) \in C[a,b]$ 的逼近多项式,称为最佳平方逼近问题。若存在 $p_n{}^*(x) \in H_n$,使得

$$\| f - p_n{}^* \|_2 = \sqrt{\int_a^b [f(x) - p_n{}^*(n)]^2 dx} = \inf_{p \in H_n} \| f - p \|_2$$

$$(5.2.1)$$

$p_n{}^*(x)$ 就是 $f(x)$ 在 $[a,b]$ 上的最佳平方逼近多项式。

5.2.1 内积空间

定义 5.2.1　设在区间 (a,b) 上非负函数 $\rho(x)$ 满足条件:

(1) $\int_a^b |x|^n \rho(x) dx \ (n = 0,1,\cdots)$ 存在;

(2) 对非负的连续函数 $g(x)$,若 $\int_a^b g(x)\rho(x)dx = 0$,则在区间 (a,b) 上 $g(x) = 0$,就称 $\rho(x)$ 是 (a,b) 上的权函数。

定义 5.2.2　设 $f(x), g(x) \in C[a,b]$,$\rho(x)$ 是 $[a,b]$ 上的权函数,积分

$$(f,g) = \int_a^b \rho(x)f(x)g(x)dx \qquad (5.2.2)$$

称为函数 $f(x)$ 和 $g(x)$ 在 $[a,b]$ 上的内积。内积的 4 条公理如下:

(1) $(f,g) = (g,f)$;

(2) $(cf,g) = c(f,g)$,c 为常数;

(3) $(f_1 + f_2, g) = (f_1, g) + (f_2, g)$;

(4) $(f,f) \geqslant 0$,当且仅当 $f = 0$ 时,$(f,f) = 0$。

满足内积定义的函数空间称为内积空间。因此,在连续函数空间 $C[a,b]$ 上定义了内积就形成一个内积空间。这里内积的定义是 n 维欧氏空间 R^n 中两个向量内积定义的推广,设

$$\begin{cases} f = (f_1, f_2, \cdots, f_n)^T \\ g = (g_1, g_2, \cdots, g_n)^T \end{cases} \qquad (5.2.3)$$

其内积定义为 $(f \cdot g) = \sum\limits_{k=1}^n f_k \cdot g_k$。　向量 $f \in R^n$ 的模(2-范数)定义为 $\| f \|_2 = (\sum\limits_{k=1}^n f^2{}_k)^{1/2}$。将它推广到内积空间中就有下面定义。

定义 5.2.3 $f(x) \in C[a,b]$，量

$$\| f \|_2 = \sqrt{\int_a^b \rho(x) f^2(x) \mathrm{d}x} = \sqrt{(f,f)} \qquad (5.2.4)$$

称为 $f(x)$ 的欧氏范数。

定理 5.2.1 对任何 $f, g \in C[a,b]$，下列结论成立：

（1）$|(f,g)| \leqslant \| f \|_2 \| g \|_2$，该式又称为柯西-许瓦兹（Cauchy-Schwarz）不等式；

（2）$\| f+g \|_2 \leqslant \| f \|_2 + \| g \|_2$，该式又称为三角不等式；

（3）$\| f+g \|_2^2 + \| f-g \|_2^2 = 2(\| f \|_2^2 + \| g \|_2^2)$，该式又称为平行四边形定律。

定义 5.2.4 若 $f(x), g(x) \in C[a,b]$，满足

$$(f,g) = \int_a^b \rho(x) f(x) g(x) \mathrm{d}x = 0 \qquad (5.2.5)$$

则称 f, g 在 $[a,b]$ 上带权 $\rho(x)$ 正交。

若函数族 $\varphi_0(x), \varphi_1(x), \cdots, \varphi_n(x), \cdots$ 满足关系

$$(\varphi_j, \varphi_k) = \int_a^b \rho(x) \varphi_j(x) \varphi_k(x) \mathrm{d}x = \begin{cases} 0, & j \neq k \\ A_k > 0, & j = k \end{cases} \qquad (5.2.6)$$

则称 $\{\varphi_k\}$ 是 $[a,b]$ 上带权 $\rho(x)$ 的正交函数族。若 $A_k \equiv 1$，就称为标准正交函数族。

例 5.2.1 三角函数族 $1, \cos x, \sin x, \cos 2x, \sin 2x, \cdots$ 是在 $[-\pi, \pi]$ 上的正交函数族。

解 $(1,1) = 2\pi$

$(\sin kx, \sin kx) = (\cos kx, \cos kx) = \pi \quad (k = 1, 2, \cdots)$

$$\begin{cases} \int_{-\pi}^{\pi} \cos kx \cos jx \, \mathrm{d}x = 0 \\ \int_{-\pi}^{\pi} \cos kx \sin jx \, \mathrm{d}x = 0 \\ \qquad\qquad\qquad (k \neq j) \\ \int_{-\pi}^{\pi} \sin kx \cos jx \, \mathrm{d}x = 0 \\ \int_{-\pi}^{\pi} \sin kx \sin jx \, \mathrm{d}x = 0 \end{cases}$$

$$\int_{-\pi}^{\pi} \cos kx \sin kx \, \mathrm{d}x = 0$$

定义 5.2.5　若 $\varphi_0(x), \varphi_1(x), \cdots, \varphi_{n-1}(x)$ 在 $[a, b]$ 上连续，如果

$$a_0\varphi_0(x) + a_1\varphi_1(x) + \cdots + a_{n-1}\varphi_{n-1}(x) = 0 \qquad (5.2.7)$$

当且仅当 $a_0 = a_1 = \cdots = a_{n-1} = 0$ 时成立，则称 $\varphi_0, \varphi_1, \cdots, \varphi_{n-1}$ 在 $[a, b]$ 上是线性无关的。若函数族 $\{\varphi_k\}(k = 0, 1, 2, \cdots)$ 中的任何有限个 φ_k 线性无关，则称 $\{\varphi_k\}$ 为线性无关函数族。

定理 5.2.2　$\varphi_0(x), \varphi_1(x), \cdots, \varphi_n(x)$ 在 $[a, b]$ 上线性无关的充要条件是它的 Gramer 行列式 $G_{n-1} \neq 0$，其中

$$G_{n-1} = G(\varphi_0, \varphi_1, \cdots \varphi_{n-1}) = \begin{vmatrix} (\varphi_0, \varphi_0) & (\varphi_0, \varphi_1) & \cdots & (\varphi_0, \varphi_{n-1}) \\ (\varphi_1, \varphi_0) & (\varphi_1, \varphi_1) & \cdots & (\varphi_1, \varphi_{n-1}) \\ \vdots & \vdots & & \vdots \\ (\varphi_{n-1}, \varphi_0) & (\varphi_{n-1}, \varphi_1) & \cdots & (\varphi_{n-1}, \varphi_{n-1}) \end{vmatrix}$$

$$(5.2.8)$$

5.2.2 函数的最佳平方逼近

对于 $f(x) \in C[a, b]$ 及 $C[a, b]$ 中的一个子集 $\varphi = \mathrm{span}\{\varphi_0, \varphi_1, \cdots, \varphi_n\}$，若存在 $s^*(x) \in \varphi$，使得

$$\| f - s^* \|_2^2 = \inf_{s \in \varphi} \| f - s \|_2^2 = \inf_{s \in \varphi} \int_a^b \rho(x) [f(x) - s(x)]^2 \mathrm{d}x \qquad (5.2.9)$$

则称 $s^*(x)$ 是 $f(x)$ 在子集 $\varphi \subset C[a, b]$ 中的最佳平方逼近函数。

求 $s^*(x) \Leftrightarrow I(a_0, a_1, \cdots, a_n) \to \min$ 时，由于

$$I(a_0, a_1, \cdots, a_n) = \int_a^b \rho(x) \left[\sum_{j=0}^n a_j\varphi_j(x) - f(x) \right]^2 \mathrm{d}x \qquad (5.2.10)$$

令 $\dfrac{\partial I}{\partial a_k} = 0 (k = 0, 1, \cdots, n)$，则

$$\frac{\partial I}{\partial a_k} = 2 \int_a^b \rho(x) \left[\sum_{j=0}^n a_j\varphi_j(x) - f(x) \right] \varphi_k(x) \mathrm{d}x = 0 \quad (k = 0, 1, 2, \cdots)$$

$$(5.2.11)$$

式中，$\displaystyle\sum_{j=0}^n (\varphi_k, \varphi_j) a_j = (f, \varphi_k)(k = 0, 1, 2, \cdots, n)$。

式(5.2.11)是关于 $a_0,a_1,\cdots,a_n$ 的线性方程组,称为法方程。由于 φ_0, $\varphi_1,\cdots,\varphi_n$ 线性无关,故系数行列式 $G(\varphi_0,\varphi_1,\cdots,\varphi_n)\neq 0$ 的法方程有唯一解 $a_k=a_k{}^*(k=0,1,2,\cdots,n)$,则最佳平方逼近函数为

$$s^*(x)=a_0{}^*\varphi_0(x)+a_1{}^*\varphi_1(x)+\cdots+a_n{}^*\varphi_n(x) \tag{5.2.12}$$

令 $\delta=f(x)-s^*(x)$,则平方误差

$$\|\delta\|_2{}^2=(f-s^*,f-s^*)=(f,f)-(s^*,f)=\|f\|_2{}^2-\sum_{k=0}^n a_k{}^*(\varphi_k,f) \tag{5.2.13}$$

取 $\varphi_k(x)=x^k,\rho(x)\equiv 1,f(x)\in C[0,1]$,则要在 H_n 中求 n 次最佳平方逼近多项式

$$s^*(x)=a_0{}^*+a_1{}^*x+\cdots+a_n{}^*x^n \tag{5.2.14}$$

此时 $(\varphi_j,\varphi_k)=\int_0^1 x^{k+j}\mathrm{d}x=\dfrac{1}{k+j+1}$, $(f,\varphi_k)=\int_0^1 f(x)x^k\mathrm{d}x$,记为 d_k。

若用 $\boldsymbol{H}$ 表示 $G_n=G(1,x,x^2,\cdots x^n)$ 对应的矩阵,即

$$\boldsymbol{H}=\begin{bmatrix} 1 & \dfrac{1}{2} & \cdots & \dfrac{1}{n+1} \\ \dfrac{1}{2} & \dfrac{1}{3} & \cdots & \dfrac{1}{n+2} \\ \vdots & \vdots & & \vdots \\ \dfrac{1}{n+1} & \dfrac{1}{n+2} & \cdots & \dfrac{1}{2n+1} \end{bmatrix} \tag{5.2.15}$$

$\boldsymbol{H}$ 又称为 Hilbert(希尔伯特)矩阵。若记 $\boldsymbol{d}=(d_0,\cdots,d_n)^{\mathrm{T}}$,则 $\boldsymbol{Ha}=\boldsymbol{d}$。

例 5.2.2 设 $f(x)=\sqrt{1+x^3}$,求其在 $[0,1]$ 上的一次最佳平方逼近多项式。

解 $d_0=(f,1)=\int_0^1\sqrt{1+x^3}\,\mathrm{d}x\approx 1.1114$

$\qquad d_1=(f,x)=\int_0^1 x\sqrt{1+x^3}\,\mathrm{d}x\approx 0.5883$

则

$$\begin{bmatrix} 1 & 1/2 \\ 1/2 & 1/3 \end{bmatrix}\begin{pmatrix} a_0 \\ a_1 \end{pmatrix}=\begin{pmatrix} 1.1114 \\ 0.5883 \end{pmatrix}$$

即

$$\begin{cases} a_0 = 0.915\ 8 \\ a_1 = 0.391\ 2 \end{cases}$$

故

$$s_1^*(x) = 0.915\ 8 + 0.391\ 2x$$

平方误差 $\| \delta \|_2^2 = (f, f) - (s_1^*, f) = \int_0^1 (1 + x^3)\,\mathrm{d}x - 0.391\ 2d_1 -$

$0.915\ 8d_0 = 0.002\ 0$；

最大误差 $\| \delta \|_\infty = \max\limits_{0 \leqslant x \leqslant 1} \left| \sqrt{1 + x^3} - s_1^*(x) \right| \approx 0.107\ 2$。

5.2.3 最佳平方逼近多项式编程

最佳平方逼近多项式计算流程如图 5.2.1 所示。

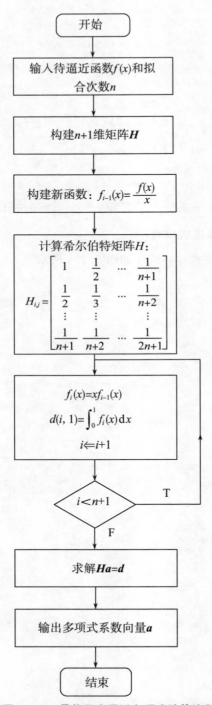

图 5.2.1 最佳平方逼近多项式计算流程

```
%%函数逼近-最佳平方逼近
%f 为待逼近函数;a 为区间下限;b 为区间上限;n 为拟合多项式的最高次数
function output=FA_BestSquared(f,n,a,b)
    %生成一个 n+1 维全零矩阵 H
    H=zeros(n+1,n+1);
    %查找函数 func 中的自变量符号
    var=symvar(sym(f));
    %生成新的函数 f
    f=f/var;
    for i=1:n+1
        for j=1:n+1
            H(i,j)=1/(i+j-1);
        end
        f=f*var;
        %求解函数 f 的在[a,b]间的定积分
        d(i,1)=int(sym(f),var,a,b);
        %结果构成 d 矩阵的第一列
    end
    a=H\d;
    output=real(double(a));
end
```

5.3 函数按正交多项式展开

5.3.1 Legendre(勒让德)正交多项式

若首项系数 $a_n \neq 0$ 的 n 次多项式满足

$$\int_a^b \rho(x) g_i(x) g_k(x) \mathrm{d}x = \begin{cases} 0, & j \neq k \\ A_k > 0, & j = k \end{cases} \quad (j,k = 0,1,2,\cdots) \quad (5.3.1)$$

称多项式序列 $g_0(x), g_1(x), \cdots$ 在 $[a,b]$ 上带权 $\rho(x)$ 正交；称 $g_n(x)$ 是 $[a,b]$ 上带权 $\rho(x)$ 的 n 次正交多项式。

区间为 $[-1,1]$，权函数 $\rho(x) \equiv 1$，由 $\{1, x, x^2, \cdots, x^n, \cdots\}$ 正交化得到的多项式称为 Legendre 多项式，并用 $p_0(x), p_1(x), \cdots, p_n(x), \cdots$ 表示，即

$$p_0(x) = 1 \quad (5.3.2)$$

$$p_n(x) = \frac{1}{2^n n!} \frac{\mathrm{d}^n}{\mathrm{d}x^n} \{ [x^2 - 1]^n \}$$

$$= \frac{1}{2^n n!} (2n)(2n-1) \cdots (n+1) x^2 + a_{n-1} x^{n-1} + \cdots + a_0 \quad (n = 1, 2, \cdots)$$

$$(5.3.3)$$

式中,首项 x^n 的系数 $a_n = \dfrac{(2n)!}{2^n(n!)^2}$。

Legendre 多项式具有下列性质。

(1) 正交性:$\displaystyle\int_{-1}^{1} p_n(x)p_m(x)\mathrm{d}x = \begin{cases} 0, & m \neq n \\ \dfrac{2}{2n+1}, & m = n \end{cases}$。

(2) 奇偶性:$p_n(-x) = (-1)^n p_n(x)$。

(3) 递推关系:$(n+1)p_{n+1}(x) = (2n+1)xp_n(x) - np_{n-1}(x)(n = 1, 2, \cdots)$。

(4) 在所有最高项系数为 1 的 n 次多项式中,Legendre 多项式 $\tilde{p}_n(x)$ 在 $[-1,1]$ 上与零的平方误差最小。

(5) $p_n(x)$ 在区间 $[-1,1]$ 内有 n 个不同的实零点。

5.3.2 函数按 Legendre 多项式展开

设 $f(x) \in C[a,b]$,用正交多项式 $\{g_0(x), g_1(x), \cdots, g_n(x)\}$ 作基,求最佳平方逼近多项式,即

$$s_n(x) = a_0 g_0(x) + a_1 g_1(x) + \cdots + a_n g_n(x) \tag{5.3.4}$$

由 $\{g_k(x)\}$ 的正交性及 $\displaystyle\sum_{j=0}^{n}(\varphi_k, \varphi_j)a_j = (f, \varphi_k)(k = 0, 1, 2, \cdots, n)$,可求得系数

$$a_k = \frac{(f, g_k)}{(g_k, g_k)} \quad (k = 0, 1, 2, \cdots, n) \tag{5.3.5}$$

于是,$f(x)$ 的最佳平方逼近多项式为

$$s_n(x) = \sum_{k=0}^{n} \frac{(f, g_k)}{(g_k, g_k)} g_k(x) \tag{5.3.6}$$

其均方误差为 $\|\delta_n\|_2 = \|f - s_n\|_2 = \left[\|f\|_2^2 - \displaystyle\sum_{k=0}^{n} \frac{(f, g_k)}{(g_k, g_k)}(f, g_k)\right]^{\frac{1}{2}}$。

若 $f(x)$ 在 $[a,b]$ 上按正交多项式 $\{g_k(x)\}$ 展开,系数 $a_k(k = 0, 1, \cdots)$ 按上式计算,得到 $f(x)$ 的展开式:

$$f(x) = \sum_{k=0}^{\infty} a_k g_k(x) \tag{5.3.7}$$

式中,右项级数称为广义 Foureir(傅里叶)级数,系数 a_k 称为广义 Foureir 系数。

下面对函数 $f(x) \in C[-1,1]$，按 Legendre 多项式 $p_0(x), p_1(x), \cdots$ 展开求 $f(x)$ 的最佳平方逼近多项式。

$$s^*(x) = a_0^* p_0(x) + a_1^* p_1(x) + \cdots + a_n^* p_n(x) \qquad (5.3.8)$$

式中，

$$a_k^* = \frac{(f, p_k)}{(p_k, p_k)} = \frac{2k+1}{2} \int_{-1}^{1} f(x) p_k(x) \mathrm{d}x \qquad (5.3.9)$$

平方误差 $\|\delta\|_2^2 = \int_{-1}^{1} f^2(x) \mathrm{d}x - \sum_{k=0}^{n} \frac{2}{2k+1} a_k^{*2}$。

例 5.3.1　求 $f(x) = \mathrm{e}^x$ 在 $[-1,1]$ 上的三次最佳平方逼近多项式。

解　求 $(f, p_k)(k=0,1,2,3)$：

$$(f, p_0) = \int_{-1}^{1} \mathrm{e}^x \mathrm{d}x \approx 2.295\ 6$$

$$(f, p_1) = \int_{-1}^{1} x\mathrm{e}^x \mathrm{d}x \approx 0.735\ 7$$

$$(f, p_2) = \int_{-1}^{1} \left(\frac{3}{2} x^2 - \frac{1}{2} \right) \mathrm{e}^x \mathrm{d}x \approx 0.143\ 1$$

$$(f, p_3) = \int_{-1}^{1} \left(\frac{5}{2} x^3 - \frac{3}{2} x \right) \mathrm{e}^x \mathrm{d}x \approx 0.020\ 1$$

而　$a_0^* = \frac{1}{2}(f, p_0) = 1.175\ 2$

$a_1^* = \frac{3}{2}(f, p_1) = 1.103\ 6$

$a_2^* = \frac{5}{2}(f, p_2) = 0.357\ 8$

$a_3^* = \frac{7}{2}(f, p_3) = 0.070\ 4$

所以　$s_3^*(x) = a_0^* + a_1^* x + a_2^* \left(\frac{3}{2} x^2 - \frac{1}{2} \right) + a_3^* \left(\frac{5}{2} x^3 - \frac{3}{2} x \right)$

$$= 0.996\ 3 + 0.998\ 3x + 0.536\ 7x^2 + 0.176\ 2x^3$$

5.3.3 按正交多项式逼近函数编程

按正交多项式逼近函数计算流程如图 5.3.1 所示。

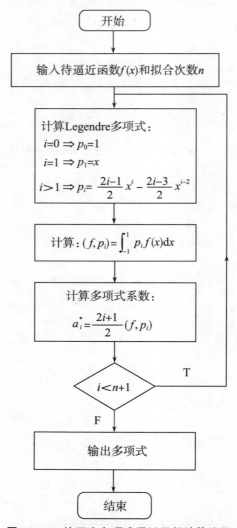

图 5.3.1　按正交多项式逼近函数计算流程

```
%%函数逼近-函数按正交多项式展开(以 Legendre 多项式为例)
%y 为原函数;k 为正交多项式的最高次数
function output=FA_BestSquared_Legendre(y,k)
    %生成一组多项式
    P(1:k+1)=t;
    %对 Legendre 多项式前两项进行赋值
    P(1)=1;
    P(2)=t;
    %求解 Legendre 多项式的系数矩阵
    a(1:k+1)=0;
    a(1)=int(subs(y,symvar(sym(y)),sym('t'))*P(1),t,-1,1)/2;
    a(2)=int(subs(y,symvar(sym(y)),sym('t'))*P(2),t,-1,1)*3/2;
    %得出函数的一次展开式
    f=a(1)+a(2)*t;
    %利用递推关系求系数及对应的多项式
    for i=3:k+1
        P(i)=((2*i-3)*P(i-1)*t-(i-2)*P(i-2))/(i-1);
        a(i)=int(subs(y,symvar(sym(y)),t)*P(i),t,-1,1)*(2*i-1)/2;
        f=f+a(i)*P(i);
    end
    ak=a;
    Pn=simplify(simplify(P));
    f=vpa(simplify(simplify(f)),4);
    output=f;
end
```

5.4 曲线拟合的最小二乘法

5.4.1 最小二乘法原理

对给定的一组数据 $(x_i, y_i)(i=0,1,2,\cdots,m)$，要求在一般函数类 $\boldsymbol{\varphi}=\{\varphi_0,\varphi_1,\cdots,\varphi_n\}$ 中找到一个函数 $y=s^*(x)$，使得误差平方和

$$\|\delta\|_2^2 = \sum_{i=1}^m \delta_i^2 = \sum_{i=0}^m \left[s^*(x_i)-y_i\right]^2 = \min_{s(x)\in\varphi} \sum_{i=1}^m \left[s(x_i)-y_i\right]^2 \quad (5.4.1)$$

式中，$s(x)=a_0\varphi_0(x)+a_1\varphi_1(x)+\cdots+a_n\varphi_n(x)(n<m)$。此方法称为一般的最小二乘逼近，几何上称为曲线拟合的最小二乘法。

更进一步，在最小二乘法中 $\|\delta\|_2^2$ 考虑加权平方和，即

$$\|\delta\|_2^2 = \sum_{i=0}^m \omega(x_i)\left[s(x_i)-f(x_i)\right]^2 \quad (5.4.2)$$

式中，$\omega(x)\geqslant 0$ 是 $[a,b]$ 上的权函数，表示不同点 $(x_i,f(x_i))$ 处数据比重不同。令

$$Q(a_0, a_1, \cdots, a_n) = \sum_{i=0}^{m} \omega(x_i) \left[\sum_{j=0}^{n} a_j \varphi_j(x_i) - f(x_i) \right]^2 \rightarrow \min$$

$$(5.4.3)$$

$$\frac{\partial Q}{\partial a_k} = 2 \sum_{i=0}^{m} \omega(x_i) \left[\sum_{j=0}^{n} a_j \varphi_j(x_i) - f(x_i) \right] \varphi_k(x_i) = 0 \quad (k = 0, 1, \cdots, n)$$

$$(5.4.4)$$

记 $(\varphi_j, \varphi_k) = \omega(x_i) \varphi_j(x_i) \varphi_k(x_i)$（函数 φ_j, φ_k 以 $\omega(x)$ 为权关于 $(x_0, x_1, \cdots, x_n)$ 的内积），则

$$(f, \varphi_k) = \sum_{i=0}^{m} \omega(x_i) f(x_i) \varphi_k(x_i) \equiv d_k \quad (k = 0, 1, \cdots, n) \quad (5.4.5)$$

可得法方程

$$\sum_{j=0}^{n} (\varphi_j, \varphi_k) a_j = d_k \quad (k = 0, 1, \cdots, n) \quad (5.4.6)$$

写成矩阵形式为

$$\boldsymbol{Ga} = \boldsymbol{d} \quad (5.4.7)$$

式中，

$$\boldsymbol{a} = (a_0, a_1, \cdots, a_n)^{\mathrm{T}} \quad (5.4.8)$$

$$\boldsymbol{d} = (d_0, d_1, \cdots, d_n)^{\mathrm{T}} \quad (5.4.9)$$

$$\boldsymbol{G} = \begin{bmatrix} (\varphi_0, \varphi_0) & (\varphi_0, \varphi_1) & \cdots & (\varphi_0, \varphi_n) \\ (\varphi_1, \varphi_0) & (\varphi_1, \varphi_1) & \cdots & (\varphi_1, \varphi_n) \\ \vdots & \vdots & & \vdots \\ (\varphi_n, \varphi_0) & (\varphi_n, \varphi_1) & \cdots & (\varphi_n, \varphi_n) \end{bmatrix} \quad (5.4.10)$$

因为 $\varphi_0, \varphi_1, \cdots, \varphi_n$ 线性无关，可得 $|\boldsymbol{G}| \neq 0$，所以方程组存在唯一解

$$a_k = a_k^* \quad (k = 0, 1, \cdots, n) \quad (5.4.11)$$

$f(x)$ 的最小二乘解为 $s(x)^* = a_0^* \varphi_0(x) + a_1^* \varphi_1(x) + \cdots + a_n^* \varphi_n(x)$。

例 5.4.1 已知甲、乙海洋观测站地理位置邻近、潮汐性质相似、受河流径流的影响相似，受增减水影响亦相似，表 5.4.1 中的数据是两站连续 9 年的年极端高潮位，求甲、乙两站极端高潮位的线性关系。

表 5.4.1　甲、乙海洋观测站年极端水位

年份	1982	1983	1984	1985	1986	1987	1988	1989	1990
甲站/m	43.19	43.88	43.44	44.19	43.74	44.67	43.15	43.89	43.36
乙站/m	44.56	45.20	44.83	45.41	45.08	46.01	44.42	45.21	44.69

解　甲、乙站的年极端高水位分别用 x，y 表示。令 $y = a_0 + a_1 x$，则

$$(\varphi_0, \varphi_0) = \sum_{i=0}^{8} i = 9$$

$$(\varphi_0, \varphi_1) = (\varphi_1, \varphi_0) = \sum_{i=0}^{8} x_i = 393.51$$

$$(\varphi_1, \varphi_1) = \sum_{i=0}^{8} x_i^2 = 17\ 207.560\ 9$$

$$(\varphi_0, f) = \sum_{i=0}^{8} y_i = 405.41$$

$$(\varphi_1, f) = \sum_{i=0}^{8} x_i y_i = 17\ 727.819\ 7$$

得方程组

$$\begin{cases} 9a_0 + 393.51 a_1 = 405.41 \\ 393.51 a_0 + 17\ 207.560\ 9 a_1 = 17\ 727.819\ 7 \end{cases}$$

解之得

$$\begin{cases} a_0 = 2.394\ 8 \\ a_1 = 0.975\ 5 \end{cases}$$

则拟合曲线为 $s_1^*(x) = 2.394\ 8 + 0.975\ 5x$。

5.4.2　最小二乘法编程

最小二乘法计算流程如图 5.4.1 所示。

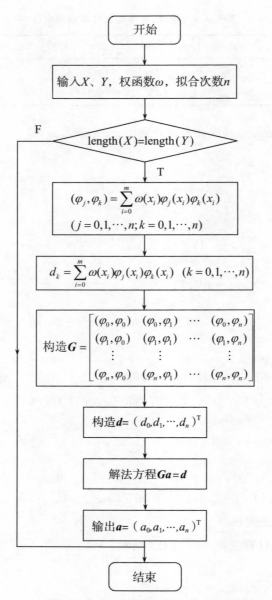

图 5.4.1　最小二乘法计算流程

```
%%函数逼近-最小二乘法
% X 为第一组数据;Y 为第二组数据;n 为拟合多项式的最高次数
function output=FA_LeastSquare(X,Y,n)
    if length(X)~=length(Y)
        disp('无解');
        return
    else
        m=length(X);
        d=zeros(n+1,1);
        G=zeros(n+1,n+1);
        W=ones(1,m);
        %构造内积计算的中间矩阵
        F=zeros(m,n+1);
        wF=F';
        for k=1:n+1
            Tem1=X.^(k-1);      %基函数为{1, x, x^2,x^3...x^n...}
            Tem2=Tem1.*W;
            F(:,k)=Tem1';
            wF(k,:)=Tem2;
        end
        G=wF*F;      %计算基函数以 W 为权的内积并构造 G 矩阵
        d=wF*Y';      %计算 dk 并构造 d 向量
        a=LESO_ELIM_ColPivot(G,d);      %采用主元素消去法求解法方程 Ga=d
        output=a;
    end
end
```

5.5 工程案例——Weibull(威布尔)分布拟合的最小二乘法

目前,国内外海岸及海洋工程波高重现值的计算主要采用概率统计分析的方法,即假设年极值波高符合某种理论分布,如 Weibull 分布等,再推算出某一重现期的波高设计值。在拟合 Weibull 分布参数时,求解多采用图解法,即将观测数据点绘于 Weibull 概率纸上。若各点大致位于一条直线上,从图上读取数值,进而间接计算出参数 a,b,c 的值,因此要试算,反复调整,工作量大。可采用分步最小二乘法求解 a,b,c 之值,即先确定位置参数 a,再用最小二乘法推求参数 b 和 c。这种方法收敛的快慢取决于 a 的初始值离精确解的远近。

由于 Weibull 分布函数有 3 个可调参数,因而适用性广,其分布函数为

$$F(x)=1-\exp\left[-\left(\frac{x-a}{b}\right)^{c}\right] \tag{5.5.1}$$

式中,x 为波高,a 为位置参数,b 为尺度参数,c 为形状参数。

已知一组观测值 $(x_i, y_i)(i = 1, 2, \cdots, n)$,对 Weibull 分布参数用非线性最小二乘法进行寻优的步骤如下:

(1) 将观测值 $x_i (i = 1, 2, \cdots, n)$ 按从大到小的顺序排列,与 x_i 对应的经验频率为

$$p_i = \frac{i}{n+1} \times 100\% \tag{5.5.2}$$

式中,i 为 x_i 在降序排列中的序号。

(2) 求最小二乘法迭代的初始参数。令 $a = 0$,则

$$F(x) = 1 - \exp\left[-\left(\frac{x}{b}\right)^c\right] \tag{5.5.3}$$

$$P = 1 - F(x) \tag{5.5.4}$$

$$\text{lnln}\left(\frac{1}{P}\right) = c \ln x - c \ln b \tag{5.5.5}$$

上式只有 b, c 两个参数,且为直线方程,可用最小二乘法解之。设函数 $y = f(x; b, c)$,参数 b, c,已知 $(x_i, y_i)(i = 1, 2, \cdots, n)$ 是 $(\boldsymbol{x}, \boldsymbol{y})$ 的 n 组观察值,其中 $m \in n$。为求 b, c,采用频率的残差平方和最小作为寻优准则,即

$$Q(\boldsymbol{P}) = \sum_{i=1}^{n} [y_i - y(x_i; b, c)]^2 \rightarrow \min \tag{5.5.6}$$

(3) 初始迭代值 a, b, c 求出后,应用最小二乘法进行迭代,即可得到最优参数。考虑工程实际,每次迭代时 a 的取值应落在范围 $[0, x_{\min})$ 之中。

已知黄海 H 站 1965—1983 年的实测年最大波高,求百年一遇设计值 $x_{1\%}$ 和五十年一遇的波高 $x_{2\%}$。将波高按从大到小的顺序排列,如表 5.5.1 所列。

表 5.5.1 波高观测值

序号	1	2	3	4	5	6	7
波高/m	7.4	6.8	6.1	5.2	5.0	4.9	4.9
序号	8	9	10	11	12	13	14
波高/m	4.5	4.5	4.4	4.1	4.1	4.1	4.1
序号	15	16	17	18	19	20	21
波高/m	4.0	4.0	3.9	3.8	3.5	3.5	3.5
序号	22	23	24	25	26	27	28
波高/m	3.4	3.4	3.3	3.3	3.2	3.2	3.0

　　用图解法与最小二乘法进行计算，所得结果如表 5.5.2 所列。可见无论是拟合累积频率与经验频率的离差平方和，还是 K-S 检验统计量，最小二乘法的结果都比图解法小，因而新方法的拟合精度有提高。令 $t = x - a$，用最小二乘法得到的 Weibull 理论分布曲线如图 5.5.1 所示。

表 5.5.2　Weibull 分布参数拟合结果

拟合方法	Weibull 分布参数			最小离差平方和	检验统计量	$x_{1\%}/\mathrm{m}$	$x_{2\%}/\mathrm{m}$
	a	b	c				
图解法	3.00	1.37	1.15	3.64×10^{-2}	0.081	8.17	7.81
最小二乘法	2.97	1.36	1.20	3.39×10^{-2}	0.070	7.81	7.19

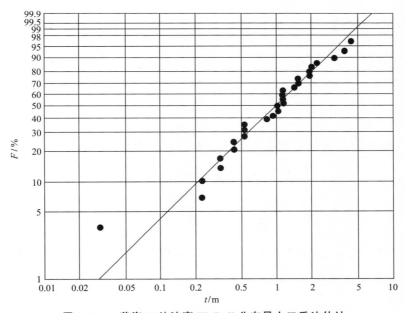

图 5.5.1　黄海 H 站波高 Weibull 分布最小二乘法估计

第 6 章　数值积分

区间$[a,b]$上有函数$f(x)$,其求积原函数为$F(x)$,由 Newton-Leibniz(牛顿-莱布尼兹)公式可求积分

$$\int_a^b f(x)\mathrm{d}x = F(b) - F(a) \tag{6.0.1}$$

由于被积函数$f(x)$的原函数有时难以找到,如$\dfrac{\sin x}{x}$,$\sin^2 x$,因此,采用数值方法计算积分是十分必要的。根据积分中值定理:在积分区间$[a,b]$内存在一点ξ满足

$$\int_a^b f(x)\mathrm{d}x = (b-a)f(\xi) \tag{6.0.2}$$

数值计算时,可以采用以下方法估计$f(\xi)$的值:

(1) 用$\dfrac{f(a)+f(b)}{2}$估计$f(\xi)$,可得梯形求积公式;

(2) 用$f\left(\dfrac{a+b}{2}\right)$估计$f(\xi)$,可得矩形求积公式;

(3) 更一般的,可以在区间$[a,b]$上选取某些节点x_k,用$f(x_k)$加权平均得平均高度$f(\xi)$的近似值

$$\int_a^b f(x)\mathrm{d}x \approx \sum_{k=0}^n A_k f(x_k) \tag{6.0.3}$$

式中,x_k称为求积节点;A_k称为求积系数,与x_k有关,不依赖$f(x)$。

以上积分方法称为机械求积,其特点是将积分求值问题转化为函数值的计算。

6.1 插值型求积公式的构造

下面利用插值多项式来构造数值求积公式。设$f(x)$在节点$a \leqslant x_0 < x_1 < \cdots < x_n \leqslant b$上的函数值已知,用$n$次插值多项式来近似$f(x)$,其 Lagrange 插值多

项式为

$$L_n(x) = \sum_{k=0}^{n} f(x_k) l_k(x) \tag{6.1.1}$$

式中，$l_k(x)(k=0,1,2,\cdots,n)$ 为 n 次基本插值多项式。则

$$\int_a^b f(x) \mathrm{d}x \approx \int_a^b L_n(x) \mathrm{d}x = \sum_{k=0}^{n} f(x_k) \int_a^b l_k(x) \mathrm{d}x \tag{6.1.2}$$

由此得到一个数值求积公式

$$\int_a^b f(x) \mathrm{d}x \approx \sum_{k=0}^{n} A_k f(x_k) \tag{6.1.3}$$

其中，

$$A_k = \int_a^b l_k(x) \mathrm{d}x = \int_a^b \frac{(x-x_0)\cdots(x-x_{k-1})(x-x_{k+1})\cdots(x-x_n)}{(x_k-x_0)\cdots(x_k-x_{k-1})(x_k-x_{k+1})\cdots(x_k-x_n)} \mathrm{d}x$$

$$\tag{6.1.4}$$

称式(6.1.4)为式(6.1.2)的插值型求积公式。

6.2 Newton-Cotes(牛顿-柯特斯)求积公式

6.2.1 公式推导

在求积区间 $[a,b]$ 的等距节点 $x_k = a + kh(h=\dfrac{b-a}{n}, k=0,1,2,\cdots,n)$ 处，

作变量代换 $x = a + th$，则求积公式的系数

$$A_k = h \int_0^n \frac{t(t-1)\cdots(t-k+1)(t-k-1)\cdots(t-n)}{k!\,(-1)^{n-k}(n-k)!} \mathrm{d}t$$

$$= \frac{b-a}{n} \frac{(-1)^{n-k}}{k!\,(n-k)!} \int_0^n t(t-1)\cdots(t-k+1)(t-k-1)\cdots(t-n) \mathrm{d}t$$

$$\tag{6.2.1}$$

记

$$c_k^{(n)} = \frac{(-1)^{n-k}}{nk!\,(n-k)!} \int_0^n t(t-1)\cdots(t-k+1)(t-k-1)\cdots(t-n) \mathrm{d}t$$

$$(k=0,1,2,\cdots,n) \tag{6.2.2}$$

则

$$A_k = (b-a)c_k^{(n)} \tag{6.2.3}$$

于是相应的插值求积公式为

$$\int_a^b f(x)\mathrm{d}x \approx (b-a)\sum_{k=0}^{n} c_k^{(n)} f(x_k) \qquad (6.2.4)$$

上式称为 Newton-Cotes 公式。其中 $c_k^{(n)}$ 称 为 Cotes 系数，它依赖于 n，与积分区间和被积函数无关。下面给出几个特例。

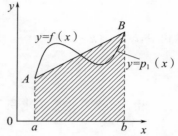

图 6.2.1　梯形求积示意图

（1）当 $n=1$ 时

$$c_0^{(1)} = -\int_0^1 (t-1)\mathrm{d}t = \frac{1}{2}$$

$$c_1^{(1)} = \int_0^1 t\,\mathrm{d}t = \frac{1}{2}$$

则得梯形求积公式

$$\int_a^b f(x)\mathrm{d}x \approx \frac{b-a}{2}[f(a)+f(b)] \qquad (6.2.5)$$

其几何意义如图 6.2.1 所示。

（2）当 $n=2$ 时

$$c_0^{(2)} = \frac{1}{4}\int_0^2 (t-1)(t-2)\mathrm{d}t = \frac{1}{6}$$

$$c_1^{(2)} = -\frac{1}{2}\int_0^2 t(t-2)\mathrm{d}t = \frac{4}{6}$$

$$c_2^{(2)} = \frac{1}{4}\int_0^2 t(t-1)\mathrm{d}t = \frac{1}{6}$$

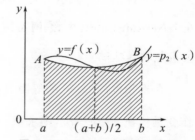

图 6.2.2　Simpson 求积示意图

则得 Simpson（辛普森）求积公式

$$\int_a^b f(x)\mathrm{d}x \approx \frac{b-a}{6}\left[f(a)+4f\left(\frac{a+b}{2}\right)+f(b)\right] \qquad (6.2.6)$$

其几何意义如图 6.2.2 所示。

（3）当 $n=3$ 时，可得计算积分的 Simpson 3/8 法则，即

$$\int_a^b f(x)\mathrm{d}x \approx \frac{b-a}{8}[f(x_0)+3f(x_1)+3f(x_2)+f(x_3)] \qquad (6.2.7)$$

式中，$x_k = a + k \cdot \dfrac{b-a}{3}(k=0,1,2,3)$。

（4）当 $n=4$ 时，可得 Cotes 求积公式

$$\int_a^b f(x)\mathrm{d}x \approx \frac{b-a}{90}\left[7f(x_0)+32f(x_1)+12f(x_2)+32f(x_3)+7f(x_4)\right]$$

$$(6.2.8)$$

式中，$x_k=a+k\cdot\dfrac{b-a}{4}(k=0,1,2,3,4)$。

类似可得 $n=5\sim8$ 的 Cotes 系数，见表 6.2.1。

表 6.2.1　Cotes 系数表

n	Cotes 系数							
1	$\frac{1}{2}$	$\frac{1}{2}$						
2	$\frac{1}{6}$	$\frac{4}{6}$	$\frac{1}{6}$					
3	$\frac{1}{8}$	$\frac{3}{8}$	$\frac{3}{8}$	$\frac{1}{8}$				
4	$\frac{7}{90}$	$\frac{16}{45}$	$\frac{2}{15}$	$\frac{16}{45}$	$\frac{7}{90}$			
5	$\frac{19}{288}$	$\frac{25}{96}$	$\frac{25}{144}$	$\frac{25}{144}$	$\frac{25}{96}$	$\frac{19}{288}$		
6	$\frac{41}{840}$	$\frac{9}{35}$	$\frac{9}{280}$	$\frac{34}{105}$	$\frac{9}{280}$	$\frac{9}{35}$	$\frac{41}{840}$	
7	$\frac{751}{17\,280}$	$\frac{3\,577}{17\,280}$	$\frac{1\,323}{17\,280}$	$\frac{2\,989}{17\,280}$	$\frac{2\,989}{17\,280}$	$\frac{1\,323}{17\,280}$	$\frac{3\,577}{17\,280}$	$\frac{751}{17\,280}$
8	$\frac{989}{28\,350}$	$\frac{5\,888}{28\,350}$	$\frac{-928}{28\,350}$	$\frac{10\,496}{28\,350}$	$\frac{-4\,540}{28\,350}$	$\frac{10\,496}{28\,350}$	$\frac{-928}{28\,350}$	$\frac{5\,888}{28\,350}$	$\frac{989}{28\,350}$

6.2.2 误差分析

插值型求积公式的余项

$$R[f]=\int_a^b f(x)\mathrm{d}x-\sum_{k=0}^n A_k f(x_k) \tag{6.2.9}$$

由式（6.2.9）可得梯形求积公式的余项为

$$R_n(x)=\frac{f^{(n+1)}(\eta)}{(n+1)!}w_{n+1}(x)\quad(\eta\in[a,b]) \tag{6.2.10}$$

则

$$R_1[f]=\int_a^b f(x)\mathrm{d}x-\frac{b-a}{2}[f(a)+f(b)]$$

$$= \int_a^b f(x)\,\mathrm{d}x - \int_a^b p_1(x)\,\mathrm{d}x$$

$$= \int_a^b R_1(x)\,\mathrm{d}x$$

$$= \int_a^b \frac{f''(\eta)}{2}(x-a)(x-b)\,\mathrm{d}x$$

式中，$p_1(x)$ 是以 a,b 为节点 $f(x)$ 的一次插值多项式，η 在 $[a,b]$ 上且依赖于 x。由于 $(x-a)(x-b)$ 在区间 $[a,b]$ 上的符号保持不变，故在 $f''(x)$ 连续的条件，由积分中值定理可知，在 $[a,b]$ 上存在一点 ξ，使得

$$R_1[f] = \int_a^b \frac{f''(\eta)}{2}(x-a)(x-b)\,\mathrm{d}x$$

$$= \frac{f''(\xi)}{2}\int_a^b (x-a)(x-b)\,\mathrm{d}x$$

$$= -\frac{(b-a)^3}{12}f''(\xi)$$

定理 6.2.1 若 $f(x)$ 在 $[a,b]$ 上二阶导数存在且连续，则梯形公式的余项为

$$R_1[f] = -\frac{(b-a)^3}{12}f''(\xi)\,(\xi \in [a,b]) \tag{6.2.11}$$

定理 6.2.2 若 $f^{(4)}(x)$ 在 $[a,b]$ 上存在且连续，则 Simpson 公式的余项为

$$R_2[f] = -\frac{1}{90}\left(\frac{b-a}{2}\right)^5 f^{(4)}(\xi)\,(\xi \in [a,b]) \tag{6.2.12}$$

Simpson 3/8 法则的余项

$$R_3[f] = -\frac{3}{80}\left(\frac{b-a}{3}\right)^5 f^{(4)}(\xi)\,(\xi \in [a,b]) \tag{6.2.13}$$

Cotes 公式余项

$$R_4[f] = -\frac{8}{945}\left(\frac{b-a}{4}\right)^7 f^{(6)}(\xi)\,(\xi \in [a,b]) \tag{6.2.14}$$

例 6.2.1 若 $f(x) = e^{x^2}$，试用梯形公式、Simpson 公式和 Cotes 公式分别计算 $\int_0^1 f(x)\,\mathrm{d}x$。

解 分别用梯形公式、Simpson 公式和 Cotes 公式计算 $\int_0^1 f(x)\,\mathrm{d}x$：

(1) $\int_0^1 f(x)\,\mathrm{d}x \approx \dfrac{1}{2}\big[f(0)+f(1)\big]=1.859\ 1$

(2) $\int_0^1 f(x)\,\mathrm{d}x \approx \dfrac{1}{6}\left[f(0)+4f\left(\dfrac{1}{2}\right)+f(1)\right]=1.463\ 7$

(3) $\int_0^1 f(x)\,\mathrm{d}x \approx \dfrac{1}{90}\left[7f(0)+32f\left(\dfrac{1}{4}\right)+12f\left(\dfrac{1}{2}\right)+32f\left(\dfrac{3}{4}\right)+7f(1)\right]$

　　　　　$=1.462\ 7$

6. 2. 3 Newton-Cotes 公式编程

Newton-Cotes 公式求积流程如图 6.2.3 所示。

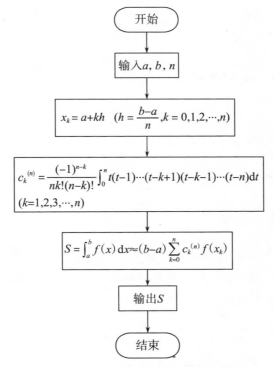

图 6. 2. 3　Newton-Cotes 公式求积流程

```
%n 为区间等分数(n<8)；a 为积分下限；b 为积分上限
function output=Integration_NewtonCotes(a,b,n)
  %牛顿-柯特斯系数(n<8)
  C=[1/2 1/2 0 0 0 0 0;
     1/6 2/3 1/6 0 0 0 0;
     1/8 3/8 3/8 1/8 0 0 0;
     7/90 16/45 2/15 16/45 7/90 0 0;
     19/288 25/96 25/144 25/144 25/96 19/288 0 0;
     41/840 9/35 9/280 34/105 9/280 9/35 41/840 0;
     751/17280  3577/17280  1323/17280  2989/17280  2989/17280  1323/17280  3577/17280
751/17280];
  h=(b-a)/n;                          %步长
  for k=1:n+1
       xk(k)=a+(k-1)*h;
       F(k)=f(xk(k));                 %[f(x0) f(x1) f(x2) f(x3) f(x4)...]
  end
  Ck=C(n,1:length(F));               %f(x)对应的系数
  output=vpa((b-a)*sum(Ck.*F),5);
end

function output=f(x)
  %存放求积函数形式
  output=exp(x^2);
end
```

6.3 复合求积公式

6.3.1 公式推导

先等分区间为几个等长的小区间,在每个小区间上用低阶 Newton-Cotes 公式计算积分近似值,然后求和,从而得到所求积分的近似值。

（1）复合梯形公式。

把 $[a,b]$ 区间 n 等分,分点为 $x_k = a + kh \left(h = \dfrac{b-a}{n}, k = 0, 1, 2, \cdots, n \right)$。在每个小区间 $[x_{k-1}, x_k]$ 上应用梯形公式,即

$$\int_a^b f(x)\mathrm{d}x = \sum_{k=1}^n \int_{x_{k-1}}^{x_k} f(x)\mathrm{d}x$$

$$\approx \frac{h}{2} \sum_{k=1}^n \left[f(x_{k-1}) + f(x_k) \right]$$

$$= \frac{h}{2} \left[f(x_0) + 2\sum_{k=1}^{n-1} f(x_k) + f(x_n) \right]$$

即

$$\int_a^b f(x)\mathrm{d}x \approx \frac{h}{2}\Big[f(a)+2\sum_{k=1}^{n-1}f(x_k)+f(b)\Big] \tag{6.3.1}$$

将式(6.3.1)右端项记为 T_n。

（2）复合 Simpson 公式。

$$\int_a^b f(x)\mathrm{d}x \approx \frac{h}{6}\Big[f(a)+4\sum_{k=0}^{n-1}f(x_{k+\frac{1}{2}})+2\sum_{k=1}^{n-1}f(x_k)+f(b)\Big]$$

$$\tag{6.3.2}$$

将上式右端项记为 S_n，其中，$x_{k+\frac{1}{2}}$ 表示 $[x_k,x_{k+1}]$ 之中点，即 $x_{k+\frac{1}{2}}=x_k+\frac{h}{2}$。为应用方便，把小区间长度记作 $2h\Big(h=\dfrac{b-a}{2n}\Big)$，则

$$S_n=\frac{2h}{3}\Bigg\{\frac{f(a)-f(b)}{2}+\sum_{k=1}^{n}\Big[2f\Big(a+\frac{2k-1}{h}\Big)+f(a+2kh)\Big]\Bigg\}$$

$$\tag{6.3.3}$$

（3）复合 Cotes 公式。

$$\int_a^b f(x)\mathrm{d}x \approx \frac{h}{90}\Big[7f(a)+32\sum_{k=0}^{n-1}f(x_{k+\frac{1}{4}})+12\sum_{k=0}^{n-1}f(x_{k+\frac{1}{2}})$$

$$+32\sum_{k=0}^{n-1}f(x_{k+\frac{3}{4}})+14\sum_{k=1}^{n-1}f(x_k)+7f(b)\Big] \tag{6.3.4}$$

将上式右端项记作 C_n，其中 $h=\dfrac{b-a}{n}$，$x_{k+\frac{1}{4}}=x_k+\dfrac{1}{4}h$，$x_{k+\frac{1}{2}}=x_k+\dfrac{1}{2}h$，$x_{k+\frac{3}{4}}=x_k+\dfrac{3}{4}h$。

6.3.2　误差分析

对复合梯形公式，只要 $f''(x)$ 在$[a,b]$上连续，则截断误差公式

$$\int_a^b f(x)\mathrm{d}x - T_n=-\frac{h^3}{12}\big[f''(\xi_1)+f''(\xi_2)+\cdots+f''(\xi_n)\big]=-\frac{b-a}{12}h^2 f''(\xi)$$

$$\tag{6.3.5}$$

式中，$\xi_k\in[x_{k-1},x_k]$，$\xi\in[a,b](k=1,2,\cdots,n)$，且

$$f''(\xi)=\frac{1}{n}\big[f''(\xi_1)+f''(\xi_2)+\cdots+f''(\xi_n)\big]，h=\frac{b-a}{n} \tag{6.3.6}$$

另一方面，由于

$$\frac{\int_a^b f(x)\,\mathrm{d}x - T_n}{h^2} = -\frac{1}{12}\sum_{k=1}^n f''(\xi_k)h \qquad (6.3.7)$$

根据定积分的定义,得

$$\lim_{k \to 0} \frac{\int_a^b f(x)\,\mathrm{d}x - T_n}{h^2} = -\frac{1}{12}\int_a^b f''(x)\,\mathrm{d}x = -\frac{1}{12}\big[f'(b) - f'(a)\big] \quad (6.3.8)$$

故当 h 很小时,可以得到估计误差的近似公式:

$$\int_a^b f(x)\,\mathrm{d}x - T_n = -\frac{h^2}{12}\big[f'(b) - f'(a)\big] \qquad (6.3.9)$$

类似可得

$$\int_a^b f(x)\,\mathrm{d}x - S_n = -\frac{(b-a)h^4}{2\,880}f^{(4)}(\xi)\,(\xi \in [a,b]) \qquad (6.3.10)$$

$$\int_a^b f(x)\,\mathrm{d}x - C_n = -\frac{2(b-a)}{945}\left(\frac{h}{4}\right)^6 f^{(6)}(\xi)\,(\xi \in [a,b]) \qquad (6.3.11)$$

另一方面,按定积分的定义

$$\lim_{h \to 0} \frac{\int_a^b f(x)\,\mathrm{d}x - S_n}{h^4} = -\frac{1}{180 \times 2^4}\big[f'''(b) - f'''(a)\big] \qquad (6.3.12)$$

$$\lim_{h \to 0} \frac{\int_a^b f(x)\,\mathrm{d}x - C_n}{h^6} = -\frac{2h^6}{945 \times 4^6}\big[f^{(5)}(b) - f^{(5)}(a)\big] \qquad (6.3.13)$$

从截断误差可见,只要所出现的各阶导数在区间 $[a,b]$ 上连续,当 $n \to \infty$ 时,T_n,S_n,C_n 都收敛于 $\int_a^b f(x)\,\mathrm{d}x$,而且收敛速度一个比一个快。

例 6.3.1 计算 $\int_0^1 \dfrac{\sin^2 x}{\mathrm{e}^x}\,\mathrm{d}x$。

解 令 $f(x) = \dfrac{\sin^2 x}{\mathrm{e}^x}$,计算各节点处的函数值,列入表 6.3.1。

表 6.3.1 例 6.3.1 各节点及其函数值

x	0	1/8	1/4	3/8	1/2	5/8	3/4	7/8	1
$f(x)$	0	0.013 72	0.047 67	0.092 20	0.139 41	0.183 24	0.219 48	0.245 58	0.260 49

（1）采用复合梯形公式计算：

$$T_8 = \frac{1}{8} \times \frac{1}{2} \left\{ f(0) + 2 \left[f\left(\frac{1}{8}\right) + f\left(\frac{1}{4}\right) + f\left(\frac{3}{8}\right) + f\left(\frac{1}{2}\right) \right. \right.$$

$$\left. \left. + f\left(\frac{5}{8}\right) + f\left(\frac{3}{4}\right) + f\left(\frac{7}{8}\right) \right] + f(1) \right\}$$

$$= 0.133\ 94$$

（2）采用复合 Simpson 公式计算：

$$S_4 = \frac{1}{4 \times 6} \left\{ f(0) + 4 \left[f\left(\frac{1}{8}\right) + f\left(\frac{3}{8}\right) + f\left(\frac{5}{8}\right) + f\left(\frac{7}{8}\right) \right] \right.$$

$$\left. + 2 \left[f\left(\frac{1}{4}\right) + f\left(\frac{1}{2}\right) + f\left(\frac{3}{4}\right) \right] + f(1) \right\}$$

$$= 0.133\ 86$$

（3）采用复合 Cotes 公式计算：

$$C_2 = \frac{1}{2 \times 90} \left\{ 7f(0) + 32 \left[f\left(\frac{1}{8}\right) + f\left(\frac{3}{8}\right) + f\left(\frac{5}{8}\right) + f\left(\frac{7}{8}\right) \right] \right.$$

$$\left. + 12 \left[f\left(\frac{1}{4}\right) + f\left(\frac{3}{4}\right) \right] + 14f\left(\frac{1}{2}\right) + 7f(1) \right\}$$

$$= 0.133\ 85$$

由于复合 Simpson 公式所得结果精度已经较高，故实际计算时多用此公式。

6.3.3 复合求积公式编程

（1）复合梯形公式。

复合梯形公式求积流程如图 6.3.1 所示。

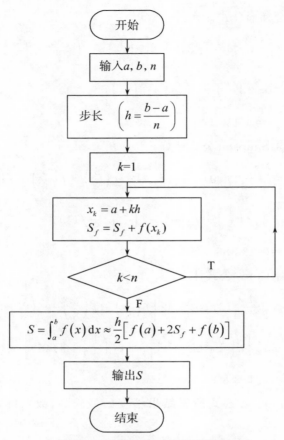

图 6.3.1　复合梯形公式求积流程

```
% n 为等分的区间个数；a 为积分下限；b 为积分上限
function output=Integration_Compd_Trapezoidal(a,b,n)
    h=(b-a)/n;     %步长
    F=0;
    for k=1:n-1
        xk=a+k*h;
        F=F+f(xk);
    end
    output=vpa(h/2*(f(a)+2*F+f(b)),5);
end

function output=f(x)
    %存放求积函数形式
    output=sin(x^2)/exp(x);
end
```

（2）复合 Simpson 公式。

复合 Simpson 公式求积流程如图 6.3.2 所示。

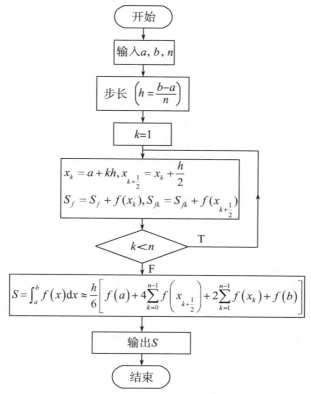

图 6.3.2　复合 Simpson 公式求积流程

```
%n 为等分的区间个数；a 为积分下限；b 为积分上限
function output=Integration_Compd_Simpson(a,b,n)
   h=(b-a)/n;            %步长
   F=0;
   F2=f(a+h/2);
   for k=1:n-1
       xk=a+k*h;
       xk2=xk+h/2;
       F=F+f(xk);
       F2=F2+f(xk2);
   end
   output=vpa(h/6*(f(a)+4*F2+2*F+f(b)),5);
end

function output=f(x)
```

```
    %存放求积函数形式
    output=sin(x^2)/exp(x);
end
```

（3）复合 Cotes 公式。

复合 Cotes 公式求积流程如图 6.3.3 所示。

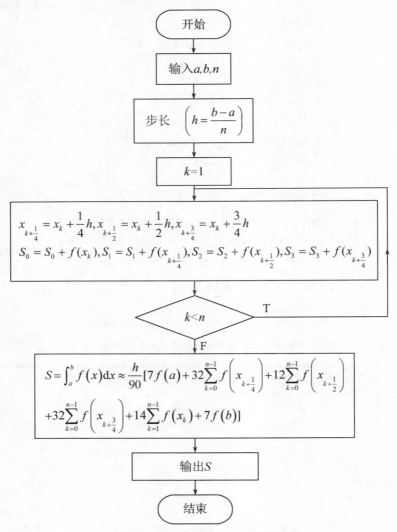

图 6.3.3   复合 Cotes 公式求积流程

```
% n 为等分的区间个数；a 为积分下限；b 为积分上限
function output=Integration_Compd_Cotes(a,b,n)
    h=(b-a)/n;                  %步长
    F1=f(a+h/4);
    F2=f(a+h/2);
    F3=f(a+h*3/4);
    F=0;
    for k=1:n-1
        xk=a+k*h;
        F=F+f(xk);
        F1=F1+f(xk+h/4);
        F2=F2+f(xk+h/2);
        F3=F3+f(xk+h*3/4);
    end
    output=vpa(h/90*(7*f(a)+32*F1+12*F2+32*F3+14*F+7*f(b)),5);
end


function output=f(x)
    %存放求积函数形式
    output=sin(x^2)/exp(x);
end
```

6.4 Romberg(龙贝格)求积公式

6.4.1 积分步长的自动选择

根据误差公式估计近似的误差,或根据精度要求确定区间等分数 n(步长 h)。由于公式中包含被积函数的高阶导数,估计往往比较困难,实际采用"事后估计误差法",即将区间逐次分半进行计算,并利用前后结果判别误差大小。原理如下:

梯形求积公式的误差为

$$I-T_n = -\frac{(b-a)}{12}\left(\frac{b-a}{n}\right)^2 f''(\xi_1) \quad (\xi_1 \in [a,b]) \qquad (6.4.1)$$

式中,I 表示积分 $\int_a^b f(x)\,dx$ 的真值。

$$I-T_{2n} = -\frac{(b-a)}{12}\left(\frac{b-a}{2n}\right)^2 f''(\xi_2) \quad (\xi_2 \in [a,b]) \qquad (6.4.2)$$

若 $f''(x)$ 在 $[a,b]$ 上变化不大,则 $f''(\xi_1) \approx f''(\xi_2)$,故

$$\frac{I-T_n}{I-T_{2n}} \approx 4 \qquad (6.4.3)$$

则

$$I = T_{2n} + \frac{1}{3}(T_{2n} - T_n) = T_{2n} + \frac{1}{4-1}(T_{2n} - T_n) \qquad (6.4.4)$$

上式表明 T_{2n} 近似 I 值，截断误差为 $\frac{1}{3}(T_{2n} - T_n)$。逐次分半计算时，可用 T_n 与 T_{2n} 来估计误差，若 $|T_{2n} - T_n| < 3\varepsilon$（$\varepsilon$ 为计算结果允许误差），则停止计算，并以 T_{2n} 作积分近似，否则再分。

类似 Simpson 公式，$f^{(4)}(x)$ 在 $[a,b]$ 上连续且变化不大，有

$$I \approx S_{2n} + \frac{1}{15}(S_{2n} - S_n) = S_{2n} + \frac{1}{4^2-1}(S_{2n} - S_n) \qquad (6.4.5)$$

类似 Cotes 公式，$f^{(6)}(x)$ 在 $[a,b]$ 上连续且变化不大，有

$$I \approx C_{2n} + \frac{1}{63}(C_{2n} - C_n) = C_{2n} + \frac{1}{4^3-1}(C_{2n} - C_n) \qquad (6.4.6)$$

6.4.2 Romberg 积分算法

6.4.2.1 梯形求积公式

$$T_{2n} = \frac{b-a}{4n}\left[f(a) + 2\sum_{k=1}^{2n-1} f\left(a + k\,\frac{b-a}{2n}\right) + f(b)\right] \qquad (6.4.7)$$

式中，$x_k = a + k\,\frac{b-a}{2n}$ $(k = 1, 2, \cdots, 2n-1)$，k 取偶数时是原有分点，取奇数为新的分点。

$$
\begin{aligned}
T_{2n} &= \frac{b-a}{4n}\left[f(a) + 2\sum_{k=1}^{n-1} f\left(a + 2k\,\frac{b-a}{2n}\right) + f(b) + 2\sum_{k=1}^{n} f\left(a + (2k-1)\,\frac{b-a}{2n}\right)\right] \\
&= \frac{b-a}{4n}\left[f(a) + 2\sum_{k=1}^{n-1} f\left(a + k\,\frac{b-a}{n}\right) + f(b)\right] + \frac{b-a}{2n}\sum_{k=1}^{n} f\left(a + (2k-1)\,\frac{b-a}{2n}\right)
\end{aligned}
$$

$$T_{2n} = \frac{1}{2}T_n + \frac{b-a}{2n}\sum_{k=1}^{n} f\left[a + (2k-1)\,\frac{b-a}{2n}\right] \qquad (6.4.8)$$

可得到递推公式

$$
\begin{cases}
T_1 = \dfrac{b-a}{2}\left[f(a) + f(b)\right] \\[2mm]
T_{2^k} = \dfrac{1}{2}T_{2^{k-1}} + \dfrac{b-a}{2^k}\displaystyle\sum_{i=1}^{2^{k-1}} f\left[a + (2i-1)\,\dfrac{b-a}{2^k}\right] \quad (k = 1, 2, \cdots)
\end{cases}
$$

$$(6.4.9)$$

具体计算步骤如下：

（1）计算 T_1；

（2）$k \Leftarrow 1$；

（3）计算 T_{2^k}；

（4）精度要求，若 $|T_{2^k} - T_{2^{k-1}}| < \varepsilon$，停止，输出 T_{2^k}；否则，$k \Leftarrow k+1$，转入（3）。

6.4.2.2 Romberg 算法

当 $n=1$ 时，由上节内容知

$$\widetilde{T}_1 = \frac{4}{3} T_2 - \frac{1}{3} T_1$$

$$= \frac{4}{3} \frac{b-a}{4} \left[f(a) + 2f\left(\frac{a+b}{2}\right) + f(b) \right] - \frac{1}{3} \frac{b-a}{2} [f(a) + f(b)]$$

$$= \frac{b-a}{6} \left[f(a) + 4f\left(\frac{a+b}{2}\right) + f(b) \right]$$

$$\widetilde{T}_1 = S_1 \tag{6.4.10}$$

类似 $\widetilde{T}_n = S_n$，有

$$S_n = \widetilde{T}_n = \frac{4}{3} T_{2n} - \frac{1}{3} T_n = \frac{4T_{2n} - T_n}{4-1} \tag{6.4.11}$$

可见在梯形序列 $\{T_{2^k}\}$ 基础上，可以构造出 Simpson 序列 $\{S_{2^k}\}$：S_1，S_2，S_4，S_8，…。同理

$$C_n = \frac{16}{15} S_{2n} - \frac{1}{15} S_n = \frac{4^2 S_{2n} - S_n}{4^2 - 1} \tag{6.4.12}$$

可以构造 $\{C_{2^k}\}$：C_1，C_2，C_4，C_8，…。在 Cotes 序列 $\{C_{2^k}\}$ 基础上，通过 $\{C_n\}$，$\{C_{2n}\}$ 线性组合

$$R_n = \frac{4^3 C_{2n} - C_n}{4^3 - 1} \tag{6.4.13}$$

构造一个 Romberg 序列 $\{R_{2^k}\}$：R_1，R_2，R_4，R_8，…。

由式(6.4.9)～(6.4.13)所得 Romberg 序列如表 6.4.1 所列。

表 6.4.1　Romberg 序列构造表

k	$\{T_{2^k}\}$	$\{S_{2^k}\}$	$\{C_{2^k}\}$	$\{R_{2^k}\}$	$\{E_{2^k}\}$	⋯
0	(1) T_1	(3) S_1	(6) C_1	(10) R_1	(15) E_1	
1	(2) T_2	(5) S_2	(9) C_2	(14) R_2		
2	(4) T_4	(8) S_4	(13) C_4			
3	(7) T_8	(12) S_8				
4	(11) T_{16}					

注:圆括号中数字表示计算的顺序。

为了编程方便,整理得递推公式(6.4.14)。由此得 Romberg 求积序列如表 6.4.2 所列。

$$\begin{cases} T_0^{(0)} = \dfrac{b-a}{2}\left[f(a)+f(b)\right] \\[2mm] T_0^{(l)} = \dfrac{1}{2}T_0^{(l-1)} + \dfrac{b-a}{2^l}\sum_{i=1}^{2^{l-1}} f\left[a+(2i-1)\dfrac{b-a}{2^l}\right] \quad (l=1,2,3,\cdots) \\[2mm] T_m^{(k)} = \dfrac{4^m T_{m-1}^{(k+1)} - T_{m-1}^{(k)}}{4^m-1} \quad (k=0,1,\cdots,l-m;\ m=1,2,\cdots,l) \end{cases}$$

$$(6.4.14)$$

表 6.4.2　递推公式构造 Romberg 求积序列

k	$\{T_0^{(k)}\}$	$\{T_1^{(k)}\}$	$\{T_2^{(k)}\}$	$\{T_3^{(k)}\}$	⋯
0	$\{T_0^{(0)}\}$	$\{T_1^{(0)}\}$	$\{T_2^{(0)}\}$	$\{T_3^{(0)}\}$	⋮
1	$\{T_0^{(1)}\}$	$\{T_1^{(1)}\}$	$\{T_2^{(1)}\}$	⋮	
2	$\{T_0^{(2)}\}$	$\{T_1^{(2)}\}$	⋮		
3	$\{T_0^{(3)}\}$	⋮			
4	⋮				

上述积分方法称为 Romberg 法,又称逐次分半加速收敛法。其计算步骤如下:

(1) 计算初值 $\{T_0^{(0)}\}$;

(2) $k \Leftarrow 1$;

（3）按上式计算 $\{T_0^{(k)}\},\{T_1^{(k-1)}\},\cdots,\{T_m^{(0)}\}$；

（4）精度要求：若 $|T_m^{(0)}-T_{m-1}^{(0)}|<\varepsilon$，则停止，输出 $T_m^{(0)}$；否则 $k \Leftarrow k+1$，转（3）。

注意：m 较大时，$\dfrac{4^m}{4^m-1}\to 1.0$，$\dfrac{1}{4^m-1}\to 0.0$，此时 $T_m^{(k)}\approx T_{m-1}^{(k+1)}$。实际计算时，常取 $m\leqslant 3$，即得 Romberg 序列 $\{T_3^{(k)}\}$ 为止。

例 6.4.1　计算 $\displaystyle\int_1^2 \frac{\sin x}{x^2}\mathrm{d}x$。

解　根据表 6.4.2 计算 Romberg 序列如表 6.4.3 所列。

表 6.4.3　例 6.4.1 的 Romberg 求积序列

k	$\{T_0^{(k)}\}$	$\{T_1^{(k)}\}$	$\{T_2^{(k)}\}$	$\{T_3^{(k)}\}$
0	0.534 40	0.473 69	0.472 42	0.472 40
1	0.488 87	0.472 51	0.472 40	
2	0.476 60	0.472 41		
3	0.473 46			

由于前后 2 次计算误差小于 1×10^{-5}，故取 $\displaystyle\int_1^2 \frac{\sin x}{x^2}\mathrm{d}x=0.472\ 40$。

6.4.3 Romberg 求积公式编程

对应于表 6.4.2，Romberg 公式求积流程如图 6.4.1 所示。

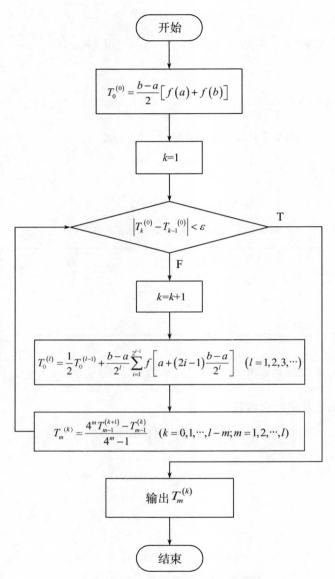

图 6.4.1 Romberg 公式求积流程

```
%a 为积分下限；b 为积分上限；l 为逐次分半的次数；m 为加速的次数，常取 m<=3
function output=Integration_Romberg(a,b,l,m)
    Tl=zeros(1,l);
    Tl(1)=1/2*(b-a)*(f(a)+f(b));
    Tm=zeros(l+1,m+1);
    for i=1:l
        h=(b-a)/(2^i);
        sum=0;
        for j=1:2^(i-1)
        sum=sum+f(a+(2*j-1)*h);
        end
        Tl(i+1)=Tl(i)/2+h*sum;
    end
    Tm(:,1)=Tl';
    for k=1:m                %m=3 时，输出 4 个，输入的是列
        for j=1:m-k+1    %输入的是行
            Tm(j,k+1)=((4^k*Tm(j+1,k)-Tm(j,k))/(4^k-1));
        end
    end
    output=vpa(Tm,5);
end

function output=f(x)
    %存放求积函数形式
    output=sin(x)/x^2;
end
```

6.5 Gauss 求积公式

求积公式

$$\int_a^b f(x)\,\mathrm{d}x \approx \sum_{k=0}^n A_k f(x_k) \qquad (6.5.1)$$

含有 $(2n+2)$ 个待定参数 $x_k, A_k(k=0,1,2,\cdots,n)$，适当选择这些参数，有可能使得求积公式具有 $(2n+1)$ 次代数精度，这类求积公式称为 Gauss 求积公式。

6.5.1 Gauss 点

定义 6.5.1　如果求积公式具有 $(2n+1)$ 次代数精度，则称其节点 $x_k(k=0,1,2,\cdots,n)$ 是 Gauss 点，也是 Gauss 公式的求积节点。

定理 6.5.1　对于插值型求积公式 (6.5.1)，其节点 $x_k(k=0,1,2,\cdots,n)$

为 Gauss 点的充要条件是以这些点为零点的多项式

$$w(x) = \prod_{k=0}^{n}(x - x_k) \qquad (6.5.2)$$

与任意次数不超过 n 的多项式 $p(x)$ 均正交,即

$$\int_a^b p(x)w(x)\mathrm{d}x = 0 \qquad (6.5.3)$$

证明:(1) 必要性。

设 $p(x)$ 是任意次数不超过 n 的多项式,则 $p(x)w(x)$ 的次数不超过$(2n+1)$,因此,如果 $x_0, x_1, \cdots, x_n$ 是 Gauss 点,则求积公式(6.5.1)对于 $p(x)w(x)$ 能准确成立,即有

$$\int_a^b p(x)w(x)\mathrm{d}x = \sum_{k=0}^{n} A_k p(x_k)w(x_k) \qquad (6.5.4)$$

但 $w(x_k)=0(k=0,1,\cdots,n)$,故式(6.5.3)成立。

(2) 充分性。

对于任意给定的次数$\leqslant 2n+1$ 的多项式 $f(x)$,用 $w(x)$ 除 $f(x)$,商记为 $p(x)$,余式为 $Q(x)$,$p(x)$ 与 $Q(x)$ 都是次数小于 n 的多项式

$$f(x) = p(x)w(x) + Q(x) \qquad (6.5.5)$$

利用式(6.5.3)得

$$\int_a^b f(x)\mathrm{d}x = \int_a^b Q(x)\mathrm{d}x \qquad (6.5.6)$$

由所给求积公式(6.5.1)是插值型的,它对于 $Q(x)$ 能准确成立:

$$\int_a^b Q(x)\mathrm{d}x = \sum_{k=0}^{n} A_k Q(x_k) \qquad (6.5.7)$$

再注意到 $w(x_k)=0$,知 $Q(x_k)=f(x_k)$,从而有

$$\int_a^b Q(x)\mathrm{d}x = \sum_{k=0}^{n} A_k f(x_k) \qquad (6.5.8)$$

由式(6.5.6)得

$$\int_a^b f(x)\mathrm{d}x = \sum_{k=0}^{n} A_k f(x_k) \qquad (6.5.9)$$

可见求积公式(6.5.1)对于一切次数不超过$(2n+1)$的多项式均能准确成立,因此 $x_k(k=0,1,2,\cdots,n)$ 是 Gauss 点。

6.5.2 Gauss-Legendre 公式

令 $x = \dfrac{b-a}{2}t + \dfrac{b+a}{2}$，则

$$\int_a^b f(x)\mathrm{d}x = \frac{b-a}{2}\int_{-1}^1 f\left(\frac{b-a}{2}t + \frac{b+a}{2}\right)\mathrm{d}t \qquad (6.5.10)$$

不失一般性，可取 $a = -1, b = +1$，直接考察区间 $[-1,1]$ 上的 Gauss 公式

$$\int_{-1}^1 f(x)\mathrm{d}x \approx \sum_{k=0}^n A_k f(x_k) \qquad (6.5.11)$$

由于 Legendre 多项式是区间 $[-1,1]$ 上的正交多项式，$p_{n+1}(x)$ 的零点就是求积公式 (6.5.11) 的 Gauss 点。式 (6.5.11) 称为 Gauss-Legendre 多项式。

（1）取 $p_1(x) = x$ 的零点 $x_0 = 0$ 作节点构造求积公式

$$\int_{-1}^1 f(x)\mathrm{d}x \approx A_0 f(0) \qquad (6.5.12)$$

令 $f(x) = 1$ 时准确成立，可求出 $A_0 = 2$，得中点矩形公式。

（2）取 $p_2(x) = \dfrac{1}{2}(3x^2 - 1)$ 的两个零点 $\pm\dfrac{1}{\sqrt{3}}$ 构造求积公式

$$\int_{-1}^1 f(x)\mathrm{d}x \approx A_0 f\left(-\frac{1}{\sqrt{3}}\right) + A_1 f\left(\frac{1}{\sqrt{3}}\right) \qquad (6.5.13)$$

令 $f(x) = 1, x$ 都准确成立，有

$$\begin{cases} A_0 + A_1 = 2 \\ A_0\left(-\dfrac{1}{\sqrt{3}}\right) + A_1\left(\dfrac{1}{\sqrt{3}}\right) = 0 \end{cases} \qquad (6.5.14)$$

解得 $A_0 = A_1 = 1$，得两点 Gauss-Legendre 公式

$$\int_{-1}^1 f(x)\mathrm{d}x \approx f\left(-\frac{1}{\sqrt{3}}\right) + f\left(\frac{1}{\sqrt{3}}\right) \qquad (6.5.15)$$

（3）三点 Gauss-Legendre 公式为

$$\int_{-1}^1 f(x)\mathrm{d}x \approx \frac{5}{9}f\left(-\frac{\sqrt{15}}{5}\right) + \frac{8}{9}f(0) + \frac{5}{9}f\left(\frac{\sqrt{15}}{5}\right) \qquad (6.5.16)$$

（4）类似地，四点和五点 Gauss 求积公式的系数如表 6.5.1 所列。

表 6.5.1　Gauss 求积公式系数表

n	x_k	A_k
0	0	2
1	$\pm 0.577\ 350\ 3$	$1.000\ 0$
2	$\begin{cases} \pm 0.774\ 596\ 7 \\ 0.0 \end{cases}$	$\begin{cases} 0.555\ 555\ 6 \\ 0.888\ 888\ 9 \end{cases}$
3	$\begin{cases} \pm 0.861\ 136\ 3 \\ \pm 0.339\ 881\ 0 \end{cases}$	$\begin{cases} 0.347\ 854\ 8 \\ 0.652\ 145\ 2 \end{cases}$
4	$\begin{cases} \pm 0.906\ 179\ 3 \\ \pm 0.538\ 469\ 3 \\ 0.0 \end{cases}$	$\begin{cases} 0.236\ 926\ 9 \\ 0.478\ 628\ 7 \\ 0.568\ 888\ 9 \end{cases}$

6.5.3 Gauss 公式的余项

定理 6.5.2　对于 Gauss 公式(6.5.1),其余项

$$R = \int_a^b f(x)\mathrm{d}x - \sum_{k=0}^n A_k f(x_k) = \frac{f^{(2n+2)}(\xi)}{(2n+2)!}\int_a^b w^2(x)\mathrm{d}x \quad (6.5.17)$$

式中,$w(x)=(x-x_0)(x-x_1)\cdots(x-x_n)$。

6.5.4 Gauss 公式的稳定性

与 Cotes 公式相比,Gauss 公式精度高且数值稳定。

定理 6.5.3　Gauss 公式(6.5.1)的求积系数 $A_k\,(k=0,1,\cdots,n)$ 全是正的。

例 6.5.1　计算 $\int_0^1 \dfrac{\sin x}{\mathrm{e}^x}\mathrm{d}x$。

解　Gauss 求积公式为

$$\int_{-1}^1 f(x)\mathrm{d}x \approx \sum_{k=0}^n A_k f(x_k)$$

首先将积分的区间转化为 $[-1,1]$。令 $x=\dfrac{1}{2}t+\dfrac{1}{2}$,对应于 $x\in[0,1]$ 时的 $t\in[-1,1]$,则

$$I = \int_0^1 \frac{\sin x}{\mathrm{e}^x}\mathrm{d}x = \int_{-1}^1 \frac{1}{2}\times\frac{\sin\left(\frac{1}{2}t+\frac{1}{2}\right)}{\mathrm{e}^{\frac{1}{2}t+\frac{1}{2}}}\mathrm{d}t$$

令

$$g(t) = \frac{1}{2} \times \frac{\sin\left(\frac{1}{2}t + \frac{1}{2}\right)}{e^{\frac{1}{2}t + \frac{1}{2}}}$$

则 $n = 3$ 时,根据表 6.5.1 可得

$$\begin{cases} t_1 = -0.861\ 136\ 3 \\ t_2 = -0.339\ 981\ 0 \\ t_3 = 0.339\ 981\ 0 \\ t_4 = 0.861\ 136\ 3 \end{cases}, \begin{cases} A_1 = 0.347\ 854\ 8 \\ A_2 = 0.652\ 145\ 2 \\ A_3 = 0.652\ 145\ 2 \\ A_4 = 0.347\ 854\ 8 \end{cases}$$

故

$$I \approx A_1 g(t_1) + A_2 g(t_2) + A_3 g(t_3) + A_4 g(t_4) = 0.245\ 837。$$

6.5.5 Gauss-Legendre 公式编程

Gauss-Legendre 公式求积流程如图 6.5.1 所示。

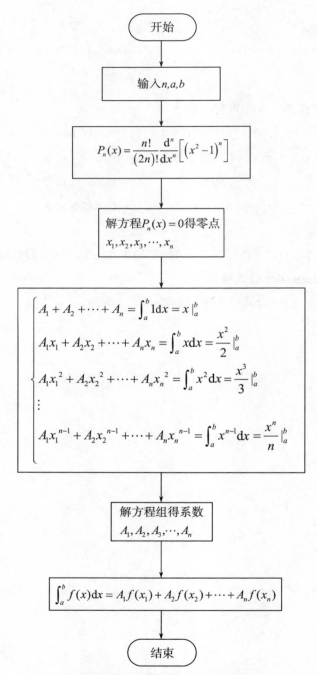

图 6.5.1　Gauss-Legendre 公式求积流程

```
% a为积分下限；b为积分上限；n为零点个数
function output=Integration_Gauss(a,b,n)
    syms x
    Pn=prod(1:n)/prod(1:2*n)*diff((x^2-1)^n,n);
    Xn=sort(eval(solve(Pn==0)))';
    % ------构造方程级系数矩阵----------%
    tempx=ones(n,1)*Xn;
    tempx(1,:)=ones(1,length(Xn));
    X=cumprod(tempx);
    B=cumprod(b*ones(n,1))./(1:n)'-cumprod(a*ones(n,1))./(1:n)';
    % ------------------------------%
    A=(X\B)';
    F=f(Xn);
    output=vpa(sum(A.*F),6);
end

function output=f(x)
    %存放求积函数形式
    output=(1/2).*(sin((1/2).*t+1/2)./exp((1/2).*t+1/2));
end
```

6.6 工程案例——水库的入流量积分计算

在水利工程中,计算水库的入流量是管理水库的重要环节。某水库蓄水后,进行调水调沙试验。在某段时间内的入流量测得的数据如表 6.6.1 所列。

表 6.6.1　某水库水流量统计

时间点	时刻	水流量/$(m^3 \cdot h^{-1})$
1	1:00	1 800
2	2:00	1 900
3	3:00	2 100
4	4:00	2 200
5	5:00	2 300
6	6:00	2 400
7	7:00	2 500
8	8:00	2 600
9	9:00	2 650

时间点	时刻	水流量/(m³·h⁻¹)
10	10:00	2 700
11	11:00	2 720
12	12:00	2 650
13	13:00	2 600
14	14:00	2 500
15	15:00	2 300
16	16:00	2 200
17	17:00	2 000
18	18:00	1 850
19	19:00	1 820
20	20:00	1 800
21	21:00	1 750
22	22:00	1 500
23	23:00	1 000
24	24:00	900

根据这些连续的测量点拟合一个三次多项式函数,设拟合函数为

$$Q(t) = a_3 t^3 + a_2 t^2 + a_1 t + a_0 \tag{6.6.1}$$

经过 MATLAB 的"fit"函数拟合,拟合后的多项式为

$$Q(t) = 0.126\ 3t^3 - 14.012\ 2t^2 + 240.205\ 4t + 1\ 498.899\ 9$$

其图像如图 6.6.1 所示:

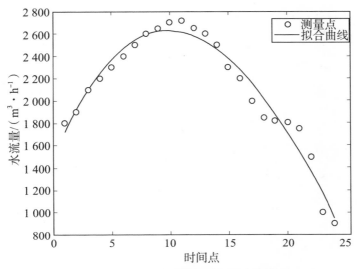

图 6.6.1　某水库水流量与时间拟合曲线图

使用拟合后的多项式函数,采用复合 Simpson 和 Cotes 求积公式计算时间点 1—24 内的总水流量。

解:计算 $Q(t)$ 各节点处的函数值,将区间 $[1,24]$ 分成 n 个子区间,计算每个子区间的分点及其函数值,再使用复合 Simpson 公式和复合 Cotes 求积公式计算总水流量。由区间 1,24 的长度是 23,将其分成 8 个等距子区间,每个子区间长度为 23/8＝2.875,将计算的函数值列于表 6.6.2。

表 6.6.2　各节点及其函数值

t	1	3.875	6.75	9.625	12.5	15.375	18.25	21.125	24
$Q(t)$	1 725.2	2 226.6	2 520.7	2 625.4	2 558.7	2 338.7	1 983.4	1 510.8	938.8

(1) 复合 Simpson 公式:

$$\int_a^b f(x)\,\mathrm{d}x \approx \frac{h}{6}\left[f(a) + 4\sum_{k=0}^{n-1} f\left(x_{k+\frac{1}{2}}\right) + 2\sum_{k=1}^{n-1} f(x_k) + f(b)\right]$$

将上式右端项记为 S_n,其中,$x_{k+\frac{1}{2}}$ 表示 $[x_k, x_{k+1}]$ 之中点,即 $x_{k+\frac{1}{2}} = x_k + \frac{h}{2}$。为应用方便,把小区间长度记作 $2h\left(h = \frac{b-a}{2n}\right)$,则

$$S_n = \frac{2h}{3}\left\{\frac{f(a) - f(b)}{2} + \sum_{k=1}^{n}\left[2f\left(a + \frac{2k-1}{h}\right) + f(a + 2kh)\right]\right\}$$

采用复合 Simpson 公式计算

$$S_4 = \frac{1}{4 \times 6} \{ Q(1) + 4[Q(3.875) + Q(9.625) + Q(15.375) \\ + Q(21.125)] + 2[Q(6.75) + Q(12.5) + Q(18.25)] \\ + Q(24)\} \\ = 49\ 446.0$$

复合 Simpson 公式积分结果：49 446.0 m^3。

（2）复合 Cotes 公式：

$$\int_a^b f(x)\mathrm{d}x \approx \frac{h}{90} \Big[7f(a) + 32\sum_{k=0}^{n-1} f(x_{k+\frac{1}{4}}) + 12\sum_{k=0}^{n-1} f(x_{k+\frac{1}{2}}) + 32\sum_{k=0}^{n-1} f(x_{k+\frac{3}{4}}) \\ + 14\sum_{k=1}^{n-1} f(x_k) + 7f(b) \Big]$$

将上式右端项记作 C_n，其中 $h = \dfrac{b-a}{n}$，$x_{k+\frac{1}{4}} = x_k + \dfrac{1}{4}h$，$x_{k+\frac{1}{2}} = x_k + \dfrac{1}{2}h$，

$x_{k+\frac{3}{4}} = x_k + \dfrac{3}{4}h$。

采用复合 Cotes 公式计算

$$C_2 = \frac{1}{2 \times 90} \{ 7f(1) + 32[f(3.875) + f(9.625) + f(15.375) \\ + f(21.125)] + 12[f(6.75) + f(18.25)] + 14f(12.5) \\ + 7f(24)\} \\ = 49\ 446.0$$

复合 Cotes 公式积分结果：49 446.0 m^3。

第 7 章　数值微分

在微分学中,函数的导数是通过导数定义或求导法则求得的。当函数采用表格形式,以离散值给出时,则要用数值方法求函数的导数。下面介绍几种求数值微分的方法。

7.1 中点方法

7.1.1 中点方法原理

由导数定义,导数 $f'(a)$ 是差商 $\dfrac{f(a+h)-f(a)}{h}$ 在 $h \to 0$ 时的极限。精度要求不高的情况下,可取差商作为导数的近似值,即

$$f'(a) \approx \frac{f(a+h)-f(a)}{h} \tag{7.1.1}$$

类似地,可用向后差商作为近似,即

$$f'(a) \approx \frac{f(a)-f(a-h)}{h} \tag{7.1.2}$$

若采用中心差商作为近似,则

$$f'(a) \approx \frac{f(a+h)-f(a-h)}{2h} \tag{7.1.3}$$

式(7.1.3)又称为中点方法,其计算公式称为中点公式,它是前两种方法的算术平均。

下面通过泰勒级数展开,比较 3 种方法的截断误差。

分别将 $f(a \pm h)$ 在 $x=a$ 处泰勒展开:

$$f(a \pm h) = f(a) \pm f'(a)h + \frac{h^2}{2!}f''(a) \pm \frac{h^3}{3!}f'''(a) + \frac{h^4}{4!}f^{(4)}(a) \pm \cdots \tag{7.1.4}$$

于是

$$\frac{f(a \pm h) - f(a)}{\pm h} = f'(a) \pm \frac{h}{2!} f''(a) + \frac{h^2}{3!} f'''(a) + \cdots \qquad (7.1.5)$$

$$\frac{f(a+h) - f(a-h)}{2h} = f'(a) + \frac{h^2}{3!} f'''(a) \pm \frac{h^4}{5!} f^{(5)}(a) + \cdots \qquad (7.1.6)$$

所以,式(7.1.1)和(7.1.2)的截断误差是 $o(h)$,而中点公式的截断误差是 $o(h^2)$。

用中点公式计算导数的近似值,必须选取合适的步长 h。因为,从中点公式的截断误差看,步长 h 越小,计算结果就越准确,但从舍入误差的角度看,当 h 很小时,$f(a+h)$ 与 $f(a-h)$ 很接近,两相近数直接相减会造成有效数字的严重损失,因此,步长 h 又不宜取得太小。

例 7.1.1 用中点公式求 $f(x) = \sin x$ 在 $x = \dfrac{\pi}{4}$ 处的导数,计算公式为

$$f'\left(\frac{\pi}{4}\right) \approx G(h) = \frac{\sin\left(\dfrac{\pi}{4} + h\right) - \sin\left(\dfrac{\pi}{4} - h\right)}{2h} \qquad (e7.1.1)$$

如取 4 位小数计算,结果如表 7.1.1 所列。

表 7.1.1　不同步长计算导数的精度比较

h	$G(h)$	h	$G(h)$	h	$G(h)$
1	0.595 0	0.05	0.706 8	0.001 0	0.707 1
0.5	0.678 0	0.01	0.707 1	0.000 5	0.707 1
0.1	0.705 9	0.005	0.707 1	0.000 1	0.707 1

导数 $f'(2)$ 的准确值为 0.707 107,可见,$h = 0.01$ 时逼近效果最好,步长 h 越小,计算结果就越准确,但当步长 h 取到减小到一定值时,导数精度变化很小,过小的步长可能会引入数值计算中的舍入误差,从而影响结果的精确度。在选择步长时,需要找到一个平衡点:既不宜太大,以保证逼近的有效性;也不宜太小,以避免不必要的数值误差。

7.1.2 中点方法编程

中点方法计算流程如图 7.1.1 所示。

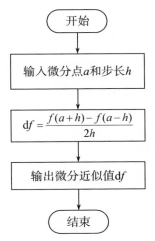

图 7.1.1 中点方法计算流程

```
%数值微分中点公式 x 为计算微分点 h 为计算步长 f(x)为要求微分的函数
function output=Differential_Midpoint(x,h)
    df=(f(x+h)-f(x-h))/(2*h); %中点公式
    output=df;
end
function output=f(x)
    %存放函数形式
    output=sin(x);
end
```

7.2 插值型求导公式

7.2.1 插值型求导原理

当函数 $f(x)$ 以表格形式给出：$y_i = f(x_i)(i = 0,1,2,\cdots,n)$，用插值多项式 $P_n(x)$ 作为 $f(x)$ 的近似函数，即 $f(x) \approx P_n(x)$。由于多项式的导数容易求得，我们取 $P_n(x)$ 的导数 $P'_n(x)$ 作为 $f'(x)$ 的近似值，由此建立的数值计算公式为

$$f'(x) \approx P'_n(x) \qquad (7.2.1)$$

此式称为插值型的求导公式。

式(7.2.1)的截断误差可用插值多项式的余项得到，由于

$$f(x) = P_n(x) + \frac{f^{(n+1)}(\xi)}{(n+1)!} w_{(n+1)}(x) \quad (a < \xi < b) \qquad (7.2.2)$$

两边求导数得

$$f'(x) = P_n{}'(x) + \frac{f^{(n+1)}(\xi)}{(n+1)!} w_{(n+1)}{}'(x) + \frac{w_{(n+1)}(x)\mathrm{d}}{(n+1)!\ \mathrm{d}x} f^{(n+1)}(\xi)$$

$$(7.2.3)$$

由于式(7.2.3)中 ξ 是 x 的未知函数,我们无法对 $\dfrac{\mathrm{d}}{\mathrm{d}x} f^{(n+1)}(\xi)$ 作出估计,因此,对于任意的 x,无法对截断误差 $f'(x) - P'_n(x)$ 作出估计。但是,如果求节点 x_i 处导数,则截断误差为

$$R_n(x_i) = f'(x_i) - P'_n(x_i) = \frac{f^{(n+1)}(\xi)}{(n+1)!} w'\omega_{n+1}(x_i) \qquad (7.2.4)$$

下面列出几个常用的数值微分公式。

(1) 两点公式。

过节点 x_0, x_1 做线性插值多项式 $P_1(x)$,并记 $h = x_1 - x_0$,则

$$P_1(x) = \frac{x_1 - x}{h} f(x_0) + \frac{x - x_0}{h} f(x_1) \qquad (7.2.5)$$

两边求导数得

$$P'_1(x) = \frac{1}{h}(f(x_1) - f(x_0)) \qquad (7.2.6)$$

则得两点公式

$$f'(x_0) = f'(x_1) \approx \frac{1}{h}(f(x_1) - f(x_0)) \qquad (7.2.7)$$

式(7.2.7)的截断误差为

$$\begin{cases} R_1(x_0) = -\dfrac{h}{2} f''(\xi) \\[2mm] R_1(x_1) = \dfrac{h}{2} f''(\xi) \end{cases} \qquad (7.2.8)$$

(2) 三点公式。

过等距节点 x_0, x_1, x_2 作二次插值多项式 $P_2(x)$,并记步长为 h,则

$$P_2(x) = \frac{(x-x_1)(x-x_2)}{2h^2} f(x_0) - \frac{(x-x_0)(x-x_2)}{h^2} f(x_1) + \frac{(x-x_0)(x-x_1)}{2h^2} f(x_2)$$

$$(7.2.9)$$

两边求导数得

$$P'_2(x) = \frac{2x - x_1 - x_2}{2h^2} f(x_0) - \frac{2x - x_0 - x_2}{h^2} f(x_1) + \frac{2x - x_0 - x_1}{2h^2} f(x_2)$$

$$(7.2.10)$$

则得三点公式

$$\begin{cases} f'(x_0) \approx \dfrac{1}{2h} (-3f(x_0) + 4f(x_1) - f(x_2)) \\[2mm] f'(x_1) \approx \dfrac{1}{2h} (f(x_2) - f(x_0)) \\[2mm] f'(x_2) \approx \dfrac{1}{2h} (f(x_0) - 4f(x_1) + 3f(x_2)) \end{cases} \quad (7.2.11)$$

式(7.2.11)的截断误差为

$$\begin{cases} R_2(x_0) = f'(x_0) - P'_2(x_0) = \dfrac{1}{3} h^2 f''(\xi) \\[2mm] R_2(x_1) = f'(x_1) - P'_2(x_1) = -\dfrac{1}{6} h^2 f''(\xi) \\[2mm] R_2(x_2) = f'(x_2) - P'_2(x_2) = \dfrac{1}{3} h^2 f''(\xi) \end{cases} \quad (7.2.12)$$

如果要求 $f(x)$ 的二阶导数,可用 $P''_2(x)$ 作为 $f''(x)$ 的近似值,于是有

$$f''(x_i) \approx P''_2(x_i) = \frac{1}{h^2} (f(x_0) - 2f(x_1) + f(x_2)) \quad (7.2.13)$$

式(7.2.13)的截断误差为

$$f''(x_i) - P''_2(x_i) = O(h^2) \quad (7.2.14)$$

(3) 五点公式。

过五个节点 $x_i = x_0 + ih (i = 0, 1, 2, 3, 4)$ 上的函数值,重复同样的步骤,可以导出五点公式:

$$\begin{cases} f'(x_0) \approx \dfrac{1}{12h}\left[-25f(x_0)+48f(x_1)-36f(x_2)+16f(x_3)-3f(x_4)\right] \\[2mm] f'(x_1) \approx \dfrac{1}{12h}\left[-3f(x_0)-10f(x_1)+18f(x_2)-6f(x_3)+f(x_4)\right] \\[2mm] f'(x_2) \approx \dfrac{1}{12h}\left[f(x_0)-8f(x_1)+8f(x_3)-f(x_4)\right] \\[2mm] f'(x_3) \approx \dfrac{1}{12h}\left[-f(x_0)+6f(x_1)-18f(x_2)+10f(x_3)+3f(x_4)\right] \\[2mm] f'(x_4) \approx \dfrac{1}{12h}\left[3f(x_0)-16f(x_1)+36f(x_2)-48f(x_3)+25f(x_4)\right] \end{cases}$$

$$(7.2.15)$$

与

$$\begin{cases} f''(x_0) \approx \dfrac{1}{12h^2}\left[35f(x_0)-104f(x_1)+114f(x_2)-56f(x_3)+11f(x_4)\right] \\[2mm] f''(x_1) \approx \dfrac{1}{12h^2}\left[11f(x_0)-20f(x_1)+6f(x_2)+4f(x_3)-f(x_4)\right] \\[2mm] f''(x_2) \approx \dfrac{1}{12h^2}\left[-f(x_0)+16f(x_1)-30f(x_2)+16f(x_3)-f(x_4)\right] \\[2mm] f''(x_3) \approx \dfrac{1}{12h^2}\left[-f(x_0)+4f(x_1)+6f(x_2)-20f(x_3)+11f(x_4)\right] \\[2mm] f''(x_4) \approx \dfrac{1}{12h^2}\left[11f(x_0)-56f(x_1)+114f(x_2)-104f(x_3)+35f(x_4)\right] \end{cases}$$

$$(7.2.16)$$

类似地,不难导出这些求导公式的余项。由此可知,用五点公式求节点上的导数值往往可以获得满意的结果。

例 7.2.1 利用五点公式求 $f(x)=\ln x$ 在 $x=23,24,25,26,27$ 处的导数值,结果见表 7.2.1。

表 7.2.1 例 7.2.1 数据表

x	23	24	25	26	27
$f(x)=\ln x$	3.135 494	3.178 054	3.218 876	3.258 097	3.295 837
$p_4{'}(x)$	0.043 478	0.041 667	0.040 000	0.038 461	0.037 037
$f'(x)=\dfrac{1}{x}$	0.043 478	0.041 667	0.040 000	0.038 462	0.037 037

表 7.2.1 的 $p_4{}'(x)$ 为五点公式计算结果，$f'(x)$ 为 $f(x)$ 一次导数值。

7.2.2 插值型求导编程

插值型求导的计算流程如图 7.2.1 所示。

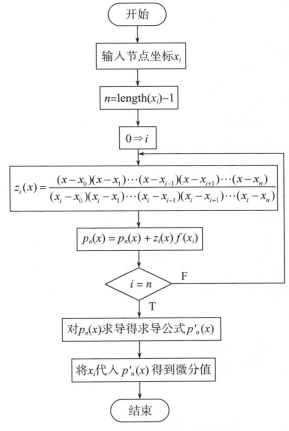

图 7.2.1 插值型求导的计算流程

```
%数值微分插值型求导公式  xi 为节点坐标 f(x)为要求微分的函数
function output=Differential_Interpolation(xi)
    syms x ;
    p=0;
    z=1;
    n=length(xi);
    for i=1:n
        z=1;
        for j=1:n
            if i~=j
                z=z*(x-xi(j))/(xi(i)-xi(j));
```

```
            end
        end
        p=p+z*f(xi(i)); %构造多项式
    end
    df=diff(p,x); %对多项式求导，得到求导公式
    output=double(subs(df,x,xi));
end
function output=f(x)
    %存放函数形式
    output=lnx;
end
```

7.3 工程案例——年极值水位的灰色马尔科夫预报模型

年极值水位的准确预报是防汛部门所关注的重要课题之一,特别是受到上游洪水侵害的河口城市,经济的发展受到洪水灾害的制约,对来年洪水进行预报,早做准备,防患于未然,具有深远的理论和实际意义。灰色系统是我国学者邓聚龙教授提出来的。所谓灰色系统是指信息不完全和不确知的系统,它介于白色系统与黑色系统之间。灰色预报的基本思想是将与时间有关的已知数据按某种规则加以组合,构成灰色模块,最后按某种规则提高灰色模块的白化度。它的特点在于应用不多的数据就能建模,但预报对于随机波动较大的数列拟合较差,精度降低。

单序列 1 阶线性模型简称 GM(1,1),它是数列预报之一种。若给定原始数据序列 $x^{(0)}$, 并对 $x^{(0)}$ 作一次累加生成 $x^{(1)}$ 数列,即

$$x^{(0)} = \{x^{(0)}(1), x^{(0)}(2), \cdots, x^{(0)}(n)\} \tag{7.3.1}$$

$$x^{(1)}(i) = \sum_{j=1}^{i} x^{(0)}(j) \tag{7.3.2}$$

$$x^{(1)} = \{x^{(1)}(1), x^{(1)}(2), \cdots, x^{(1)}(n)\} \tag{7.3.3}$$

则 GM(1,1)的微分方程为

$$\frac{\mathrm{d}x^{(1)}}{\mathrm{d}t} + ax^{(1)} = u \tag{7.3.4}$$

邓聚龙给出了 GM(1,1)的一种求解方法,在定义了后验差比值 c 及小误差概率 p 的基础上,确定了模型精度等级。

本节提出了求解 GM(1,1)的改进方法:应用最小二乘法对式(7.3.4)求 a 和 u,令

$$Q = \sum_{i=2}^{n-1} \left[\frac{\mathrm{d}x^{(1)}(i)}{\mathrm{d}t} + ax^{(1)}(i) - u \right]^2 \rightarrow \min \tag{7.3.5}$$

由 $\frac{\partial Q}{\partial a} = 0, \frac{\partial Q}{\partial u} = 0$，整理后可得求解未知参数 a 和 u 的联立方程如下：

$$\begin{bmatrix} \sum_{i=2}^{n-1} \left[x^{(1)}(i) \right]^2 & -\sum_{i=2}^{n-1} \left[x^{(1)}(i) \right] \\ -\sum_{i=2}^{n-1} \left[x^{(1)}(i) \right] & n-2 \end{bmatrix} \begin{pmatrix} a \\ u \end{pmatrix} = \begin{pmatrix} -\sum_{i=2}^{n-1} \left[\frac{\mathrm{d}x^{(1)}(i)}{\mathrm{d}t} x^{(1)}(i) \right] \\ \sum_{i=2}^{n-1} \frac{\mathrm{d}x^{(1)}(i)}{\mathrm{d}t} \end{pmatrix} \tag{7.3.6}$$

用中心差分逼近微分，引入中心差分格式

$$\frac{\mathrm{d}x^{(1)}(i)}{\mathrm{d}t} = \frac{x^{(1)}(i+1) - x^{(1)}(i-1)}{2\Delta t} \tag{7.3.7}$$

当 $\Delta t = 1$ 时，上式化为

$$\frac{\mathrm{d}x^{(1)}(i)}{\mathrm{d}t} = \frac{x^{(1)}(i+1) - x^{(1)}(i-1)}{2} \tag{7.3.8}$$

将式(7.3.8)代入式(7.3.6)，则 a 和 u 可求，GM(1,1)预测模型可定。

马尔科夫预报是一种基于马尔科夫理论的预报方法，适合于随机波动较大的预报问题。根据马尔科夫链，将数据序列分成若干状态，以 $E_1, E_2, \cdots, E_n$ 来表示，按时序将转移时间取为 $t_1, t_2, \cdots, t_n$，$p_{ij}^{(k)}$ 表示数列由状态 E_i 经过 k 步变为 E_j 的概率，即

$$p_{ij}^{(k)} = \frac{n_{ij}^{(k)}}{N_i} \tag{7.3.9}$$

式中，$n_{ij}^{(k)}$ 表示状态 E_i 经 k 步变为 E_j 的次数，N_i 表示状态 E_i 出现的总次数。则 k 步状态转移概率阵为

$$\boldsymbol{R}^{(k)} = \begin{bmatrix} p_{11}^{(k)} & p_{12}^{(k)} & \cdots & p_{1j}^{(k)} \\ p_{21}^{(k)} & p_{22}^{(k)} & \cdots & p_{2j}^{(k)} \\ \vdots & \vdots & & \vdots \\ p_{j1}^{(k)} & p_{j2}^{(k)} & \cdots & p_{jj}^{(k)} \end{bmatrix} \tag{7.3.10}$$

若初始状态 E_i 的初始向量为 $\boldsymbol{V}^{(0)}$，则经 k 步转移后，向量 $\boldsymbol{V}^{(k)}$ 为

$$\boldsymbol{V}^{(k)} = \boldsymbol{V}^{(0)} \cdot \boldsymbol{R}^{(k)} \tag{7.3.11}$$

下面以 1963—1987 年 Y 水文站年极值水位序列为例，简介灰色马尔科夫

预报的步骤。

解 (1) 对原始序列 $x_i^{(0)}(i=1,2,\cdots,n)$ 建立 GM (1,1) 模型,得到时间响应函数式

$$\hat{x}^{(1)}(k+1)=1\,686.78\mathrm{e}^{0.009\,800\,322k}-1\,674.36 \tag{7.3.12}$$

令

$$\hat{x}_1^{(0)}(k+1)=\hat{x}^{(1)}(k+1)-\hat{x}^{(1)}(k) \tag{7.3.13}$$

由式(7.3.12)和(7.3.13)可求出趋势拟合值 $\hat{x}_1^{(0)}(i)(i=1,2,\cdots,n)$ 和一次残差

$$\Delta x_1(i)=\hat{x}_1^{(0)}(i)-x(i) \tag{7.3.14}$$

及相对误差

$$\Delta p_1(i)=\frac{\Delta x_1(i)}{\hat{x}_1^{(0)}(i)} \tag{7.3.15}$$

(2) 对相对误差序列建立马尔科夫模型,求出拟合值 Δp_1,确定状态转移概率矩阵。本节对年最大值水位的预报,其状态界限不是确定的。因此,求式(7.3.10)时采用适算法:先选取一组临界值,将已知相对误差序列代入式(7.3.9),然后求出概率转移矩阵,并用已知数据进行检验,符合率高者为选用转移概率阵。

本例以 $-7\%,-1\%,1\%,7\%$ 为界限,将相对误差序列划分为 5 个区间,则相对误差的概率状态如表 7.3.1 所列。

表 7.3.1 概率状态划分表

概率区间	$-\infty\sim-7\%$	$-7\%\sim-1\%$	$-1\%\sim1\%$	$1\%\sim7\%$	$7\%\sim+\infty$
状态	I	II	III	IV	V

则本例各个年份极值水位的相对误差序列所处状态如表 7.3.2 所列。

表 7.3.2　本例各个年份极值水位相对误差概率状态表

年份	1963	1964	1965	1966	1967	1968	1969	1970	1971	1972
状态	Ⅲ	Ⅴ	Ⅴ	Ⅳ	Ⅴ	Ⅰ	Ⅴ	Ⅳ	Ⅱ	Ⅰ
年份	1973	1974	1975	1976	1977	1978	1979	1980	1981	1982
状态	Ⅳ	Ⅳ	Ⅲ	Ⅲ	Ⅴ	Ⅴ	Ⅴ	Ⅲ	Ⅰ	Ⅰ
年份	1983	1984	1985	1986	1987	—	—	—	—	—
状态	Ⅱ	Ⅳ	Ⅳ	Ⅲ	Ⅲ	—	—	—	—	—

由表 7.3.2 及式(7.3.9)和(7.3.10)可得一步、二步、三步、四步和五步状态概率转移矩阵。由式(7.3.11)得

$$V^{(i)} = \sum_{j=1}^{5} V^{(i-j)} \cdot R^{(j)} \qquad (7.3.16)$$

（3）用 GM(1,1)求得趋势值后，对相对误差进行马尔科夫修正，得到二次拟合值，进而可求二次残差，如表 7.3.3 所列。

表 7.3.3　年极值水位灰色马尔科夫预报计算表

年份	观测值/m	GM(1,1) 一次拟合值/m	GM(1,1) 一次相对误差/%	Markov 拟合相对误差/%	Markov 二次拟合值/m	拟合相对误差 二次拟合残差/m	拟合相对误差 二次相对误差/%
1963	12.42	14.40	0.16	—	—	—	—
1964	18.43	16.61	10.94	—	—	—	—
1965	14.53	16.78	13.39	—	—	—	—
1966	17.46	16.94	3.06	—	—	—	—
1967	18.90	17.11	10.48	—	—	—	—
1968	13.54	17.28	−21.63	−∞~−7%	16.07	−2.53	18.69
1969	18.74	17.45	7.42	7%~+∞	18.67	0.07	0.37
1970	18.07	17.62	2.56	1%~7%	18.32	−0.25	−1.38
1971	16.57	17.79	−6.87	−7%~1%	17.08	−0.51	−3.08
1972	16.49	17.97	−8.33	−∞~−7%	16.71	−0.22	−1.33
1973	18.67	18.14	2.90	1%~7%	18.87	−0.20	−1.07
1974	18.64	18.32	1.73	1%~7%	19.06	−0.42	−2.25

续表

年份	观测值/m	GM(1,1)		Markov	拟合相对误差		
		一次拟合值/m	一次相对误差/%	拟合相对误差/%	二次拟合值/m	二次拟合残差/m	二次相对误差/%
1975	18.65	18.50	0.79	−1% ~1%	18.50	0.15	0.80
1976	18.67	18.69	−0.08	−1% ~1%	18.69	−0.02	−0.11
1977	20.34	18.87	7.80	7% ~+∞	20.19	0.15	0.74
1978	21.92	19.06	15.03	7% ~+∞	20.39	1.53	6.98
1979	21.04	19.24	9.34	7% ~+∞	20.59	0.45	2.14
1980	19.31	19.43	−0.63	−∞~−7%	18.07	1.24	6.42
1981	17.34	19.62	−11.64	−∞~−7%	18.25	−0.91	−5.25
1982	17.43	19.82	−12.05	−∞~−7%	18.43	−1.00	−5.74
1983	19.19	20.01	−4.11	1% ~7%	20.81	−1.62	−8.44
1984	21.12	20.21	4.51	1% ~7%	21.02	0.10	0.47
1985	20.82	20.41	2.02	1% ~7%	21.22	−0.40	−1.92
1986	20.81	20.61	0.98	−1% ~1%	20.61	0.20	0.96
1987	20.62	20.81	−0.92	−1% ~1%	20.81	−0.19	−0.92
1988	20.56	21.02	—	−1% ~1%	21.02	−0.46	−2.24

（4）对建立的灰色马尔科夫模型进行后验差检验，合格者可用于极值预报。本例中，$c=0.37$，$p=90\%$，模型精度为"合格"，可用于预报，1988 年的预报值为 21.02 m，较实测值 20.56 m 大 2.24%。

Y 水文站极值水位的灰色马尔科夫预报曲线如图 7.3.1 所示。

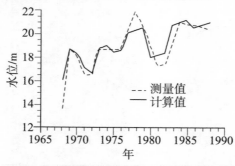

图 7.3.1 Y 水文站年极值水位的灰色马尔科夫预报曲线

已知 Y 水文站 1960—1992 年共 33 个年极大值水位观测值,每 25 年为 1 个序列,对下一年的水位值进行灰色马尔科夫预报,结果如表 7.3.4 所列。

表 7.3.4　预报极值水位的灰色马尔科夫预报模型检验表

| 序号 | 已知年份 | 灰色马尔科夫预报模型 | | | | | 预报结果 | | | |
		平均相对误差/%	残差的方差 s_2/m	后验差比值 c	小误差概率 p/%	模型精度	年份	实测值/m	预报值/m	预报误差/%
1	1960—1984	3.84	0.913	0.41	85	合格	1985	20.82	21.44	2.96
2	1961—1985	3.92	0.966	0.43	90	合格	1986	20.81	20.76	−0.24
3	1962—1986	3.59	1.129	0.49	90	勉强	1987	20.62	21.19	2.75
4	1963—1987	3.45	0.880	0.37	90	合格	1988	20.56	21.02	2.24
5	1964—1988	3.00	0.819	0.40	95	合格	1989	20.08	21.31	6.11
6	1965—1989	2.90	0.859	0.42	95	合格	1990	20.74	21.12	1.83
7	1966—1990	2.63	0.712	0.38	90	合格	1991	20.36	21.27	4.47
8	1967—1991	3.14	0.893	0.47	80	勉强	1992	20.36	21.44	5.32

第 8 章　矩阵的特征值与特征向量的计算

海洋工程结构力学中的一些问题在数学上可以归结为求矩阵的特征值和特征向量问题。

对于 n 阶方阵, $\boldsymbol{A} = \begin{bmatrix} a_{11} & a_{12} & \cdots & a_{1n} \\ a_{21} & a_{22} & \cdots & a_{2n} \\ \vdots & \vdots & & \vdots \\ a_{n1} & a_{n2} & \cdots & a_{nn} \end{bmatrix}$ 和 n 维非零向量 $\boldsymbol{x} = (x_1, x_2, \cdots,$

$x_n)^{\mathrm{T}}$, 如果存在常数 λ, 使得

$$(\boldsymbol{A} - \lambda \boldsymbol{I}) x = 0$$

式中, λ 称为矩阵 $\boldsymbol{A}$ 的特征值, $\boldsymbol{x}$ 为 λ 对应的特征向量, $\boldsymbol{I}$ 为单位矩阵。矩阵 $\boldsymbol{A}$ 的特征矩阵定义为

$$\boldsymbol{A} - \lambda \boldsymbol{I} = \begin{bmatrix} a_{11} - \lambda & a_{12} & \cdots & a_{1n} \\ a_{21} & a_{22} - \lambda & \cdots & a_{2n} \\ \vdots & \vdots & & \vdots \\ a_{n1} & a_{n2} & \cdots & a_{nn} - \lambda \end{bmatrix} \tag{8.0.1}$$

行列式 $|\boldsymbol{A} - \lambda \boldsymbol{I}|$ 称为矩阵 $\boldsymbol{A}$ 的特征多项式。方程

$$|\boldsymbol{A} - \lambda \boldsymbol{I}| = 0 \tag{8.0.2}$$

称为矩阵 $\boldsymbol{A}$ 的特征方程。因而, 计算矩阵 $\boldsymbol{A}$ 的特征值就是求解 $\boldsymbol{A}$ 的特征方程的根。此方程是 λ 的 n 次代数方程, 即

$$\lambda^n + p_1 \lambda^{n-1} + p_2 \lambda^{n-2} + \cdots + p_n = 0 \tag{8.0.3}$$

式中, $p_i (i = 1, 2, \cdots, n)$ 为已知系数, 方程的 n 个根即为矩阵 $\boldsymbol{A}$ 的 n 个特征值 $\lambda_i (i = 1, 2, \cdots, n)$ 对应的特征向量 $x_i (i = 1, 2, \cdots, n)$ 就是方程组 $\boldsymbol{A} x_i = \lambda x_i$ 的解向量。矩阵 $\boldsymbol{A}$ 的所有特征值中, 模最大的一个称为 $\boldsymbol{A}$ 的第一特征值。

本章介绍求第一特征值及对应特征向量的幂法与反幂法、求实对称矩阵全

部特征值和特征向量的 Jacobi 方法、求解特征值的多项式方法以及求解任意矩阵全部特征值的 QR 方法。

8.1 幂法与反幂法

8.1.1 幂法

　　幂法是求解任意矩阵 A 的模最大特征值及其对应特征向量的方法。为了讨论方便，假设：①n 阶矩阵 A 的特征值 $\lambda_1,\lambda_2,\cdots,\lambda_n$ 按模的大小排列为：$|\lambda_1|>|\lambda_2|\geqslant\cdots\geqslant|\lambda_n|$；②$u_i$ 是对应特征值 $\lambda_i(i=1,2,\cdots,n)$ 的特征向量；③$u_1,u_2,\cdots,u_n$ 线性无关，则任取一个非零的初始向量 x_0，可由矩阵 A 构造迭代向量序列

$$x_{k+1}=Ax_k \qquad (k=1,2,\cdots) \tag{8.1.1}$$

　　由于 $u_1,u_2,\cdots,u_n$ 线性无关，可以构成 n 维向量空间的一组基，则初始向量 x_0 可唯一表示为

$$x_0=a_1u_1+a_2u_2+\cdots+a_nu_n \tag{8.1.2}$$

　　由式(8.1.1)可得

$$\begin{aligned}
x_k&=A^kx_0\\
&=a_1\lambda_1{}^ku_1+a_2\lambda_2{}^ku_2+\cdots+a_n\lambda_n{}^ku_n\\
&=\lambda_1{}^k\left[a_1u_1+a_2\left(\frac{\lambda_2}{\lambda_1}\right)^ku_2+\cdots+a_n\left(\frac{\lambda_n}{\lambda_1}\right)^ku_n\right]
\end{aligned} \tag{8.1.3}$$

若 $|\lambda_i|/|\lambda_1|<1(i=2,3,\cdots,n)$，当 k 充分大时存在

$$x_k\approx\lambda_1{}^ka_1u_1 \tag{8.1.4}$$

进一步迭代可得

$$x_{k+1}\approx\lambda_1{}^{k+1}a_1u_1 \tag{8.1.5}$$

若用 $(x_k)_i$ 表示向量 x_k 的第 i 个分量，则矩阵 A 的模最大的特征值 λ_1 可表示为

$$\lambda_1\approx(x_{k+1})_i/(x_k)_i \tag{8.1.6}$$

　　因为 $x_{k+1}\approx\lambda_1x_k$，代入式(8.1.1)可得 $Ax_k\approx\lambda_1x_k$，故向量 x_k 可近似为对应于 λ_1 的特征向量。

　　上述计算矩阵 A 的模最大特征值及其相应特征向量的方法称为幂法。

　　用幂法进行计算时，如果 $|\lambda_1|>1$，则迭代向量 x_k 的各个不为零的分量

将随着 k 的增大而趋于无穷；反之，如果 $|\lambda_1|<1$，则 $\boldsymbol{x}_k$ 的各分量将趋近于零。由此可能导致计算机在运算过程中出现溢出。为了避免此类现象的出现，计算时常对每次迭代的向量 $\boldsymbol{x}_k$ 进行归一化处理。幂法的迭代公式变为

$$\begin{cases} \boldsymbol{y}_k = \boldsymbol{A}\boldsymbol{x}_{k-1} \\ m_k = \max_{1 \leqslant i \leqslant n}(\boldsymbol{y}_k)_i \quad (k=1,2,\cdots) \\ \boldsymbol{x}_k = \boldsymbol{y}_k / m_k \end{cases} \qquad (8.1.7)$$

式中，m_k 是 $\boldsymbol{y}_k$ 模最大的分量。于是，矩阵 $\boldsymbol{A}$ 模最大的特征值及其对应的特征向量为

$$\begin{cases} \lambda_1 \approx m_k \\ \boldsymbol{u}_1 \approx \boldsymbol{x}_k \end{cases} \qquad (8.1.8)$$

应用幂法时，应注意以下两点：

（1）由于计算之前不知道特征值是否满足 $|\lambda_1|>|\lambda_2| \geqslant \cdots \geqslant |\lambda_n|$，也不知道方阵 $\boldsymbol{A}$ 是否有 n 个线性无关的特征向量，实际计算时，可先用幂法计算，检查是否出现了预期的结果。若出现了预期的结果，就得到特征值及其对应特征向量的近似值；否则，只能采用其他方法求解特征值及其对应的特征向量。

（2）迭代的初始向量 $\boldsymbol{x}_0$ 选择不当，将导致式(8.1.2)中 $\boldsymbol{u}_1$ 的系数 a_1 为零。但是，由于计算中的舍入误差，经多次迭代后的 $\boldsymbol{x}_k = \boldsymbol{A}^k \boldsymbol{x}_0$ 按照基向量 $\boldsymbol{u}_1, \boldsymbol{u}_2,$ $\cdots, \boldsymbol{u}_n$ 展开时，$\boldsymbol{u}_1$ 的系数可能不为零。把这一向量 $\boldsymbol{x}_k$ 看作初始迭代向量，用幂法继续求向量序列 $\boldsymbol{x}_{k+1}, \boldsymbol{x}_{k+2}, \cdots$，仍然会得出预期的结果，但收敛速度较慢。如果收敛很慢，可改变迭代的初始向量。

8.1.2 幂法编程

幂法计算流程如图 8.1.1 所示。

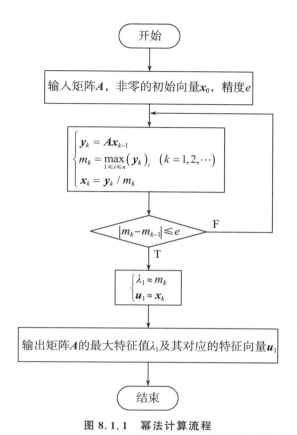

$$\begin{cases} \boldsymbol{y}_k = \boldsymbol{A}\boldsymbol{x}_{k-1} \\ m_k = \max_{1 \leqslant i \leqslant n} (\boldsymbol{y}_k)_i \quad (k=1,2,\cdots) \\ \boldsymbol{x}_k = \boldsymbol{y}_k / m_k \end{cases}$$

$|m_k - m_{k-1}| \leqslant e$

$$\begin{cases} \lambda_1 \approx m_k \\ \boldsymbol{u}_1 \approx \boldsymbol{x}_k \end{cases}$$

输出矩阵$\boldsymbol{A}$的最大特征值λ_1及其对应的特征向量$\boldsymbol{u}_1$

图 8.1.1　幂法计算流程

```
%A 为 N*N 个元素的二维实型数组；B 为 N 个元素的一维实型数组，输入为初始迭代向
量，输出为对应矩阵 A 最大特征值的特征向量；e 为迭代精度；EGV 为矩阵 A 的最大特
征值； ITC 为迭代次数。
function [EGV,ITC,B]=Eigen_Power(A,B,e)
    ITC=1;
    B=B(:);
    C=zeros(size(B));
    D=zeros(size(B));
    E0=0;
    while 1
        C=A*B;
        [E,pos]=max(abs(C)); %  求模最大分量
        EGV=C(pos);
        B=C./EGV; %  用模最大分量使其范数归一化
        if (abs(E-E0)<e)
            return
```

```
        end
        D=B;
        E0=E;
        ITC=ITC+1;% 记录迭代次数
    end
end
```

例 8.1.1 设 $A = \begin{bmatrix} 2 & 3 & 2 \\ 10 & 3 & 4 \\ 3 & 6 & 1 \end{bmatrix}$，用幂法求其第一特征值及其对应的特

征向量（精确到小数点后 4 位）。

解　取 $x_0 = (0,0,1)^T$，计算结果如表 8.1.1 所列。

表 8.1.1　例 8.1.1 的迭代计算表

k	y_k			m_k	x_k		
	$y_k(1)$	$y_k(2)$	$y_k(3)$		$x_k(1)$	$x_k(2)$	$x_k(3)$
1	2.000 0	4.000 0	1.000 0	4.000 0	0.500 0	1.000 0	0.250 0
2	4.500 0	9.000 0	7.750 0	9.000 0	0.500 0	1.000 0	0.861 1
3	5.722 2	11.440 0	8.361 1	11.440 0	0.500 1	1.000 3	0.730 8
4	5.462 5	10.924 0	8.232 6	10.924 0	0.500 0	1.000 0	0.753 6
5	5.507 2	11.014 5	8.253 6	11.014 5	0.499 9	1.000 0	0.749 3
6	5.498 4	10.996 2	8.249 0	10.996 2	0.500 0	1.000 0	0.750 1
7	5.500 2	11.000 0	8.250 1	11.000 0	0.500 0	1.000 0	0.750 0

当 $k = 7$ 时，矩阵 A 的第一特征值 $\lambda_1 \approx m_{11} = 11$ 精确到小数点后 4 位，其对应的特征向量 u_1 为

$$u_1 \approx x_{22} = (0.500\ 0, 1.000\ 0, 0.750\ 0)^T。$$

8.1.3 原点平移法

幂法的特点是计算简单，易于上机求解，对于稀疏矩阵的特征值及对应特征向量的计算较为适合，其收敛速度取决于 $|\lambda_i|/|\lambda_1|$，该比值越小，计算收敛越快，当 $|\lambda_i|/|\lambda_1|$ 接近于 1 时，收敛非常缓慢。下面介绍一种加快计算速度的方法——原点平移法。

构造矩阵

$$B = A - \lambda_0 I \tag{8.1.9}$$

式中，λ_0 为待定常数。

矩阵 B 与 A 除了对角线元素之外，其他元素皆相同。二者的特征值存在以下关系：若 λ_i 是 A 的特征值，则 $(\lambda_i - \lambda_0)$ 就是 B 的特征值，而且对应的特征向量相同。这样，选择适当的 λ_0，使得

$$\frac{|\lambda_2 - \lambda_0|}{|\lambda_1 - \lambda_0|} < \frac{|\lambda_2|}{|\lambda_1|} \tag{8.1.10}$$

这样，应用幂法计算 B 的模最大特征值 $(\lambda_1 - \lambda_0)$ 及对应的特征向量的收敛速度要比对 A 用幂法计算快，这种方法称为原点平移法。

例 8.1.2　取 $\lambda_0 = 1.5$，用原点平移法求矩阵 $A = \begin{bmatrix} 5 & -3 & 2 \\ 6 & -4 & 4 \\ 4 & -4 & 5 \end{bmatrix}$ 的模最大的

特征值及其对应的特征向量（精确到小数点后 5 位）。

解

$$B = A - \lambda_0 I = \begin{bmatrix} 3.5 & -3 & 2 \\ 6 & -5.5 & 4 \\ 4 & -4 & 3.5 \end{bmatrix}$$

取 $x_0 = (1, 1, 1)^{\mathrm{T}}$，计算结果如表 8.1.2 所列。

表 8.1.2　例 8.1.2 迭代计算表

k	y_k			m_k	x_k		
	$y_k(1)$	$y_k(2)$	$y_k(3)$		$x_k(1)$	$x_k(2)$	$x_k(3)$
1	2.500 00	4.500 00	3.500 00	4.500 00	0.555 56	1.000 00	0.777 78
2	0.500 02	0.944 48	0.944 47	0.944 48	0.529 41	1.000 00	0.999 99
3	0.852 92	1.676 42	1.617 61	1.676 42	0.508 77	1.000 00	0.964 92
4	0.710 54	1.412 30	1.412 30	1.412 30	0.503 11	1.000 00	1.000 00
5	0.760 89	1.518 66	1.512 44	1.518 66	0.501 03	1.000 00	0.995 90
6	0.745 41	1.489 78	1.489 77	1.489 78	0.500 35	1.000 00	0.999 99
7	0.751 21	1.502 06	1.501 37	1.502 06	0.500 12	1.000 00	0.999 54

k	y_k			m_k	x_k		
	$y_k(1)$	$y_k(2)$	$y_k(3)$		$x_k(1)$	$x_k(2)$	$x_k(3)$
8	0.749 50	1.498 88	1.498 87	1.498 88	0.500 04	1.000 00	0.999 99
9	0.750 12	1.500 02	1.500 13	1.500 13	0.500 04	0.999 93	1.000 00
10	0.750 35	1.500 63	1.500 44	1.500 63	0.500 02	1.000 00	0.999 87
11	0.749 81	1.499 60	1.499 63	1.499 63	0.500 00	0.999 98	1.000 00
12	0.750 06	1.500 11	1.500 08	1.500 11	0.500 00	1.000 00	0.999 98
13	0.749 96	1.499 92	1.499 93	1.499 93	0.500 00	0.999 99	1.000 00

与精确值 $\lambda_1 = 3$ 比较,当 $k = 13$ 时,矩阵 A 的模最大特征值
$\lambda_1 \approx 1.499\,93 + 1.5 = 2.999\,93$,其对应的特征向量 u_1 为

$$u_1 \approx x_{13} = (0.500\,00, 0.999\,99, 1.000\,00)^{\mathrm{T}}。$$

实际上,A 的特征值为

$$\lambda_1 = 3, \lambda_2 = 2, \lambda_3 = 1。$$

若对 A 直接应用幂法,则 $|\lambda_2/\lambda_1| = 2/3$,而采用原点平移法,则

$$\left| \frac{\lambda_2 - \lambda_0}{\lambda_1 - \lambda_0} \right| = \left| \frac{2 - 1.5}{3 - 1.5} \right| = \frac{1}{3}$$

所以,与上例相比,本例收敛速度得到加快。

原点平移是一种矩阵变换的加速方法,此法容易计算,且不破坏 A 的稀疏性。由于矩阵特征值的分布情况事先不知道,难以选择适当的 λ_0,所以,采用原点平移法有一定的困难。

8.1.4 反幂法

设 n 阶方阵 A 的特征值按模的大小排列为

$$|\lambda_1| \geqslant |\lambda_2| \geqslant \cdots \geqslant |\lambda_{n-1}| > |\lambda_n| > 0 \tag{8.1.11}$$

对应的特征向量为 $u_1, u_2, \cdots, u_n$,则 A^{-1} 的特征值为

$$\left| \frac{1}{\lambda_1} \right| \leqslant \left| \frac{1}{\lambda_2} \right| \leqslant \cdots \leqslant \left| \frac{1}{\lambda_{n-1}} \right| < \left| \frac{1}{\lambda_n} \right| \tag{8.1.12}$$

对应的特征向量仍为 $u_1, u_2, \cdots, u_n$。因此,计算 A 的模最小特征值,就是计算 A^{-1} 的模最大特征值。这种计算矩阵 A 的模最小特征值及其对应的特征向量

的方法称为反幂法。

任取一个非零的初始向量 $\boldsymbol{x}_0$，由矩阵 $\boldsymbol{A}^{-1}$ 构造迭代向量

$$\boldsymbol{x}_k = \boldsymbol{A}^{-1}\boldsymbol{x}_{k-1} \qquad (k=1,2,\cdots) \tag{8.1.13}$$

用式(8.1.13)计算迭代向量 $\boldsymbol{x}_k$ 时，首先要计算逆矩阵 $\boldsymbol{A}^{-1}$。而计算 $\boldsymbol{A}^{-1}$ 时，一方面过程烦琐，另一方面当 $\boldsymbol{A}$ 为稀疏矩阵时，$\boldsymbol{A}^{-1}$ 不一定是稀疏矩阵，所以，实际计算时常采用解线性方程组的方法求 $\boldsymbol{x}_k$。求解式(8.1.13)等价于求解

$$\boldsymbol{A}\boldsymbol{x}_k = \boldsymbol{x}_{k-1} \qquad (k=1,2,\cdots) \tag{8.1.14}$$

为了防止计算溢出，迭代公式为

$$\begin{cases} \boldsymbol{A}\boldsymbol{y}_k = \boldsymbol{x}_{k-1} \\ m_k = \max_{1 \leqslant i \leqslant n}(\boldsymbol{y}_k)_i \quad (k=1,2,\cdots) \\ \boldsymbol{x}_k = \boldsymbol{y}_k/m_k \end{cases} \tag{8.1.15}$$

式中，m_k 是 $\boldsymbol{y}_k$ 模最大向量的分量。于是，矩阵 $\boldsymbol{A}$ 的模最小特征值及其对应的特征向量为

$$\begin{cases} \lambda_n \approx \dfrac{1}{m_k} \\ \boldsymbol{u}_n \approx \boldsymbol{x}_k \end{cases} \tag{8.1.16}$$

用反幂法来修正特征值，并求解对应特征向量是非常有效的。若已知矩阵 $\boldsymbol{A}$ 的一个特征值 λ 的近似值 λ'，由于 λ' 接近于 λ，一般有

$$0 < |\lambda - \lambda'| \ll |\lambda_i - \lambda'| \qquad (\lambda_i \neq \lambda) \tag{8.1.17}$$

故 $(\lambda - \lambda')$ 是矩阵 $\boldsymbol{A} - \lambda'\boldsymbol{I}$ 的模最小特征值，由上式可知，$|\lambda - \lambda'|/|\lambda_i - \lambda'|$ $(\lambda_i \neq \lambda)$ 值较小。因此，对 $\boldsymbol{A} - \lambda'\boldsymbol{I}$ 采用反幂法求 $(\lambda - \lambda')$ 往往收敛很快。

8.1.5 反幂法编程

反幂法计算流程如图 8.1.2 所示。

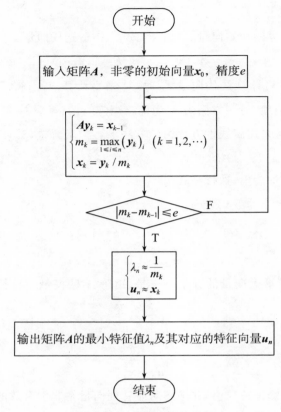

图 8.1.2　反幂法计算流程

```
%A 为 N*N 个元素的二维实型数组，输入矩阵 A ；X 为初始迭代向量；最后输出特征向
量；a 为特征值的粗略值；e 为求解精度；EI 为输出精确特征值；Results 为求解精度
function [El,X,Results]=Eigen_InvrsPower1(A,X,a,e)
    n=length(A);
    for i=1:n
        A(i,i)=A(i,i)-a;
    end
    E0=0;
    Results=X;
    while 1
        yk=LESO_ELIM_Gauss(A,X);        Guass 主元素消去法解方程组
        [E,pos]=max(abs(yk));
        El=yk(pos)
        X=yk./El;
        if abs(E-E0)<abs(E)*e;
            break;
```

```
        end
        E0=E;
        Results=[Results,X];
    end
    El=a+1.0/El;
end
```

例 8.1.3　用反幂法求矩阵 $A = \begin{bmatrix} 5 & -3 & 2 \\ 6 & -4 & 4 \\ 4 & -4 & 5 \end{bmatrix}$ 接近于 2.1 的特征值及其对

应的特征向量。

解　令 $B = A - \lambda' I$，取 $\lambda' = 2.1$。$x_0 = (1,1,1)^{\mathrm{T}}$，以 B 替换式（8.1.13）～
（8.1.16）中的 A，计算 B 的特征值与特征向量，结果如表 8.1.3 所列。

表 8.1.3　例 8.1.3 迭代计算表

k	y_k			m_k	x_k		
	$y_k(1)$	$y_k(2)$	$y_k(3)$		$x_k(1)$	$x_k(2)$	$x_k(3)$
1	−7.979 80	−5.959 60	3.131 31	−7.979 80	1.000 00	0.746 84	−0.392 41
2	−12.582 79	−12.633 93	−0.205 86	−12.633 93	0.995 95	1.000 00	0.016 29
3	−9.897 98	−9.876 92	0.034 67	−9.897 98	1.000 00	0.997 87	−0.003 50
4	−10.022 12	−10.022 96	−0.002 37	−10.022 96	0.999 92	1.000 00	0.000 24
5	−9.998 09	−9.997 86	0.000 40	−9.998 09	1.000 00	0.999 98	−0.000 04
6	−10.000 24	−10.000 26	−0.000 03	−10.000 26	1.000 00	1.000 00	0.000 00
7	−9.999 97	−9.999 97	0.000 00	−9.999 97	1.000 00	1.000 00	0.000 00
8	−10.000 00	−10.000 00	0.000 00	−10.000 00	1.000 00	1.000 00	0.000 00

当 $k = 8$ 时，B 的特征向量已经趋于稳定，于是得到 B 的模最大特征值为
$\lambda_1 \approx |m_8| = |-10.000\ 00|$，则 A 的模最小特征值为 $-\dfrac{1}{10.000\ 00} + 2.1 =$
$2.000\ 00$。其对应的特征向量 u_1 为
$$u_1 \approx (1.000\ 0, 1.000\ 0, 0.000\ 0)^{\mathrm{T}}。$$

8.2 Jacobi（雅可比）方法

Jacobi 方法是用来计算实对称矩阵 A 的全部特征值及其对应特征向量的

一种方法。为了介绍 Jacobi 方法,首先介绍线性代数的相关知识与平面上的旋转变换。

8.2.1 Jacobi 方法的理论基础

Jacobi 方法的理论基础如下:

(1)如果 n 阶方阵 A 满足 $A^{\mathrm{T}}A = I$,则称 A 为正交阵。

(2)设 A 是 n 阶实对称矩阵,则 A 的特征值都是实数,且有互相正交的 n 个特征向量。

(3)相似矩阵具有相同的特征值。

(4)设 A 是 n 阶实对称矩阵,P 为 n 阶正交阵,则 $B = P^{\mathrm{T}}AP$ 也是对称矩阵。

(5)n 阶正交矩阵的乘积是正交矩阵。

(6)设 A 是 n 阶实对称矩阵,则必有正交矩阵 P,使

$$P^{\mathrm{T}}AP = \begin{bmatrix} \lambda_1 & & & \\ & \lambda_2 & & \\ & & \ddots & \\ & & & \lambda_n \end{bmatrix} = Q \tag{8.2.1}$$

式中,Q 的对角线元素是 A 的 n 个特征值,正交阵 P 的第 i 列是 A 的对应于特征值 λ_i 的特征向量。

由式(8.2.1)可知,对于任意的 n 阶实对称矩阵 A,只要能求得一个正交阵 P,使 $P^{\mathrm{T}}AP = Q$(Q 为对角阵),则可得到 A 的全部特征值及其对应的特征向量。

8.2.2 旋转变换

设

$$A = \begin{bmatrix} a_{11} & a_{12} \\ a_{21} & a_{22} \end{bmatrix} \tag{8.2.2}$$

为二阶实对称阵,即 $a_{12} = a_{21}$。实对称矩阵与二次型曲线是一一对应的,设该曲线为

$$f(x_1, x_2) = a_{11}x_1^2 + 2a_{12}x_1x_2 + a_{22}x_2^2 \tag{8.2.3}$$

根据解析几何的有关知识,方程 $f(x_1, x_2) = C$ 表示在 (x_1, x_2) 平面上的

一条二次曲线。如果将坐标轴 Ox_1, Ox_2 旋转角度 θ，使旋转后的坐标轴 Oy_1，Oy_2 与该二次曲线的主轴重合，如图 8.2.1 所示。则在新的坐标系中，二次曲线的方程转化为

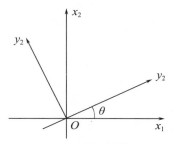

图 8.2.1　坐标轴的旋转变换

$$\lambda_1 y_1{}^2 + \lambda_2 y_2{}^2 = C' \tag{8.2.4}$$

此变换可通过下式实现：

$$\begin{bmatrix} x_1 \\ x_2 \end{bmatrix} = \begin{bmatrix} \cos\theta & -\sin\theta \\ \sin\theta & \cos\theta \end{bmatrix} \begin{bmatrix} y_1 \\ y_2 \end{bmatrix} \tag{8.2.5}$$

由于该变换是通过对坐标轴进行旋转实现的，所以称为旋转变换。其中

$$\boldsymbol{P} = \begin{bmatrix} \cos\theta & -\sin\theta \\ \sin\theta & \cos\theta \end{bmatrix} \tag{8.2.6}$$

称为平面旋转矩阵。显然有 $\boldsymbol{P}^{\mathrm{T}}\boldsymbol{P} = \boldsymbol{I}$，所以 $\boldsymbol{P}$ 是正交矩阵。上面的变换过程即

$$\boldsymbol{P}^{\mathrm{T}}\boldsymbol{A}\boldsymbol{P} = \begin{bmatrix} \lambda_1 & \\ & \lambda_2 \end{bmatrix} \tag{8.2.7}$$

由于

$$\boldsymbol{P}^{\mathrm{T}}\boldsymbol{A}\boldsymbol{P} = \begin{bmatrix} a_{11}\cos^2\theta + a_{22}\sin^2\theta + a_{12}\sin2\theta & 0.5(a_{22}-a_{11})\sin2\theta + a_{12}\cos2\theta \\ 0.5(a_{22}-a_{11})\sin2\theta + a_{12}\cos2\theta & a_{11}\sin^2\theta + a_{22}\cos^2\theta - a_{12}\sin2\theta \end{bmatrix}$$

$$\tag{8.2.8}$$

所以，只要选择 θ 满足

$$0.5(a_{22}-a_{11})\sin2\theta + a_{12}\cos2\theta = 0 \tag{8.2.9}$$

即

$$\tan2\theta = \frac{2a_{12}}{a_{11}-a_{22}} \tag{8.2.10}$$

当 $a_{11} = a_{22}$ 时，可选取 $\theta = \dfrac{\pi}{4}$。$\boldsymbol{P}^{\mathrm{T}} \boldsymbol{A} \boldsymbol{P}$ 为对角阵，这时 $\boldsymbol{A}$ 的特征值为

$$\lambda_1 = a_{11} \cos^2 \theta + a_{22} \sin^2 \theta + a_{12} \sin 2\theta \tag{8.2.11}$$

$$\lambda_2 = a_{11} \sin^2 \theta + a_{22} \cos^2 \theta - a_{12} \sin 2\theta \tag{8.2.12}$$

对应的特征向量为

$$\boldsymbol{u}_1 = \begin{bmatrix} \cos\theta \\ \sin\theta \end{bmatrix}, \quad \boldsymbol{u}_2 = \begin{bmatrix} -\sin\theta \\ \cos\theta \end{bmatrix} \tag{8.2.13}$$

8.2.3 Jacobi 方法

8.2.3.1 Jacobi 方法的基本原理

Jacobi 方法是逐步对实对称矩阵 $\boldsymbol{A}$ 进行正交相似变换，消去非对角线上的非零元素，直到将 $\boldsymbol{A}$ 的非对角线元素化为接近于零为止，从而求得 $\boldsymbol{A}$ 的全部特征值，把逐次的正交相似变换矩阵乘起来，便是所要求的特征向量。

首先引进 $\boldsymbol{R}^n$ 中的平面旋转变换，即

$$\begin{cases} x_i = y_i \cos\theta - y_j \sin\theta \\ x_j = y_i \sin\theta + y_j \cos\theta \\ x_k = y_k \quad (k \neq i, j) \end{cases} \tag{8.2.14}$$

将上式记作 $\boldsymbol{x} = \boldsymbol{P}_{ij} \boldsymbol{y}$，其中

$$\boldsymbol{x} = (x_1, x_2, \cdots, x_n)^{\mathrm{T}} \tag{8.2.15}$$

$$\boldsymbol{y} = (y_1, y_2, \cdots, y_n)^{\mathrm{T}} \tag{8.2.16}$$

$$\boldsymbol{P}_{ij} = \begin{bmatrix} 1 & & & & & & & \\ & \ddots & & & & & & \\ & & \cos\theta & \cdots & -\sin\theta & & & \\ & & \vdots & & \vdots & & & \\ & & \sin\theta & \cdots & \cos\theta & & & \\ & & & & & 1 & & \\ & & & & & & \ddots & \\ & & & & & & & 1 \end{bmatrix} \begin{matrix} \\ \\ i \\ \\ j \\ \\ \\ \\ \end{matrix} \tag{8.2.17}$$

$$\qquad\qquad\qquad i \qquad\qquad j$$

则称 $\boldsymbol{x} = \boldsymbol{P}_{ij} \boldsymbol{y}$ 为 $\boldsymbol{R}^n$ 中 $x_i O x_j$ 平面内的一个平面旋转变换，$\boldsymbol{P}_{ij}$ 称为平面旋转矩阵。$\boldsymbol{P}_{ij}$ 具有如下性质：

（1）$\boldsymbol{P}_{ij}$ 为正交矩阵。

（2）$\boldsymbol{P}_{ij}$ 的主对角线元素中除第 i 个与第 j 个元素为 $\cos\theta$ 外，其他元素均为 1；非对角线元素中除第 i 行第 j 列元素为 $-\sin\theta$，第 j 行第 i 列元素为 $\sin\theta$ 外，其他元素均为零。

（3）$\boldsymbol{P}^{\mathrm{T}}\boldsymbol{A}$ 只改变 $\boldsymbol{A}$ 的第 i 行与第 j 行元素，$\boldsymbol{A}\boldsymbol{P}$ 只改变 $\boldsymbol{A}$ 的第 i 列与第 j 列元素，所以 $\boldsymbol{P}^{\mathrm{T}}\boldsymbol{A}\boldsymbol{P}$ 只改变 $\boldsymbol{A}$ 的第 i,j 行和第 i,j 列元素。

设 $\boldsymbol{A}=(a_{ij})_{n\times n}(n\geqslant 3)$ 为 n 阶实对称矩阵，$a_{ij}=a_{ji}\neq 0$ 为一对非对角线元素。令

$$\boldsymbol{A}_1=\boldsymbol{P}^{\mathrm{T}}\boldsymbol{A}\boldsymbol{P}=(a_{ij}^{(1)})_{n\times n} \tag{8.2.18}$$

则 $\boldsymbol{A}_1$ 为实对称矩阵，且 $\boldsymbol{A}_1$ 与 $\boldsymbol{A}$ 有相同的特征值。通过计算可知

$$\begin{cases} a_{ii}^{(1)}=a_{ii}\cos^2\theta+a_{jj}\sin^2\theta+a_{ij}\sin 2\theta \\ a_{jj}^{(1)}=a_{ii}\sin^2\theta+a_{jj}\cos^2\theta-a_{ij}\sin 2\theta \\ a_{ij}^{(1)}=a_{ji}^{(1)}=0.5(a_{jj}-a_{ii})\sin 2\theta+a_{ij}\cos 2\theta \\ a_{ik}^{(1)}=a_{ki}^{(1)}=a_{ik}\cos\theta+a_{jk}\sin\theta\,(k\neq i,j) \\ a_{jk}^{(1)}=a_{kj}^{(1)}=-a_{ik}\sin\theta+a_{jk}\cos\theta\,(k\neq i,j) \\ a_{kl}^{(1)}=a_{lk}^{(1)}=a_{kl}\,(k,l\neq i,j) \end{cases} \tag{8.2.19}$$

当取 θ 满足关系式

$$\tan 2\theta=\frac{2a_{ij}}{a_{ii}-a_{jj}} \tag{8.2.20}$$

时，$a_{ij}^{(1)}=a_{ji}^{(1)}=0$，且

$$\begin{cases} (a_{ik}^{(1)})^2+(a_{jk}^{(1)})^2=a_{ik}^2+a_{jk}^2\,(k\neq i,j) \\ (a_{ii}^{(1)})^2+(a_{jj}^{(1)})^2=a_{ii}^2+a_{jj}^2+2a_{ij}^2 \\ (a_{kl}^{(1)})^2=a_{kl}^2\,(k,l\neq i,j) \end{cases} \tag{8.2.21}$$

由于在正交相似变换下，矩阵元素的平方和不变，所以若用 $D(\boldsymbol{A})$ 表示矩阵 $\boldsymbol{A}$ 的对角线元素平方和，用 $S(\boldsymbol{A})$ 表示 $\boldsymbol{A}$ 的非对角线元素平方和，则由式（8.2.21）得

$$\begin{cases} D(\boldsymbol{A}_1)=D(\boldsymbol{A})+2a_{ij}^2 \\ S(\boldsymbol{A}_1)=S(\boldsymbol{A})-2a_{ij}^2 \end{cases} \tag{8.2.22}$$

这说明用 $\boldsymbol{P}_{ij}$ 对 $\boldsymbol{A}$ 作正交相似变换化为 $\boldsymbol{A}_1$ 后，$\boldsymbol{A}_1$ 的对角线元素平方和比

A 的对角线元素平方和增加了 $2a_{ij}^2$，A_1 的非对角线元素平方和比 A 的非对角线元素平方和减少了 $2a_{ij}^2$，且将事先选定的非对角线元素消去了（即 $a_{ij}^{(1)} = 0$）。因此，只要逐次使用这种变换，就可以使矩阵 A 的非对角线元素平方和趋于零，从而将矩阵 A 化为对角阵。

需要说明的是：并不是对矩阵 A 的每一对非对角线非零元素进行一次这样的变换就能得到对角阵。因为在用变换消去 a_{ij} 时，只有第 i,j 行和第 i,j 列元素在变化，如果 a_{ik} 或 a_{kj} 为零，变换后又往往不是零了。

8.2.3.2 Jacobi 方法的计算步骤

综上所述，Jacobi 方法的迭代步骤如下：

（1）在矩阵 A 的非对角线元素中选取一个非零元素 a_{ij}，一般取绝对值最大者；

（2）根据式(8.2.20)求出 θ，从而得平面旋转矩阵 $P_1 = P_{ij}$；

（3）由式(8.2.19)计算 $A_1 = P_1^{\mathrm{T}} A P_1$ 的元素；

（4）以 A_1 代替 A，重复步骤（1）～（3），求出 A_2 与 P_2，重复这一过程，直到 A_m 的非对角线元素小于允许误差时为止；

（5）A_m 的对角线元素为 A 的全部特征值的近似值，若 λ_j 为 A_m 的对角线上第 j 个元素，则 $P = P_1 P_2 \cdots P_m$ 的第 j 列为对应于特征值 λ_j 的特征向量。

Jacobi 方法每次迭代都选取绝对值最大的非对角线元素作为消去对象，耗费机时较多。此外，当矩阵是稀疏矩阵时，进行正交相似变换后并不能保证其稀疏的性质，因此，虽然 Jacobi 方法求得的结果精度较高，求得的特征向量正交性好，是求解实对称矩阵的全部特征值及其对应特征向量的一个好方法，但不宜用于阶数较高的矩阵。

例 8.2.1 用 Jacobi 方法求矩阵 $A = \begin{bmatrix} 2 & -1 & 0 \\ -1 & 2 & -1 \\ 0 & -1 & 2 \end{bmatrix}$ 的特征值及其对应的特征向量。

解 首先取 $i=1, j=2$，由于 $a_{11} = a_{22} = 2$，故取 $\theta = \dfrac{\pi}{4}$，因此

$$P_1 = P_{12} = \begin{bmatrix} 1/\sqrt{2} & -1/\sqrt{2} & 0 \\ 1/\sqrt{2} & 1/\sqrt{2} & 0 \\ 0 & 0 & 1 \end{bmatrix}$$

$$A_1 = P_1^{\mathrm{T}} A P_1 = \begin{bmatrix} 1 & 0 & -1/\sqrt{2} \\ 0 & 3 & -1/\sqrt{2} \\ -1/\sqrt{2} & -1/\sqrt{2} & 2 \end{bmatrix}$$

再取 $i=1, j=3$，由于

$$\tan 2\theta = \frac{2 \times (-1/\sqrt{2})}{1-2} = \sqrt{2}$$

于是
$$\begin{cases} \sin\theta = 0.459\ 70 \\ \cos\theta = 0.888\ 07 \end{cases}$$

故
$$P_2 = \begin{bmatrix} 0.888\ 07 & 0 & -0.459\ 70 \\ 0 & 1 & 0 \\ 0.459\ 70 & 0 & 0.888\ 07 \end{bmatrix}$$

$$A_2 = P_2^{\mathrm{T}} A P_2 = \begin{bmatrix} 0.633\ 97 & -0.325\ 06 & 0 \\ -0.325\ 06 & 3 & -0.627\ 96 \\ 0 & -0.627\ 96 & 2.366\ 03 \end{bmatrix}$$

再取 $i=2, j=3$，继续做下去，直到非对角线元素趋于零，进行 9 次变换后，得

$$A_9 = \begin{bmatrix} 0.585\ 79 & 0.000\ 00 & 0.000\ 00 \\ 0.000\ 00 & 2.000\ 00 & 0.000\ 00 \\ 0.000\ 00 & 0.000\ 00 & 3.414\ 21 \end{bmatrix}$$

A_9 的对角线元素就是 A 的特征值，即

$$\lambda_1 \approx 3.414\ 21, \lambda_2 \approx 2.000\ 00, \lambda_3 \approx 0.585\ 79$$

对应的特征向量为

$$u_1 = \begin{pmatrix} 0.500\ 00 \\ -0.707\ 10 \\ 0.500\ 00 \end{pmatrix}, u_2 = \begin{pmatrix} -0.707\ 10 \\ 0.000\ 00 \\ 0.707\ 10 \end{pmatrix}, u_3 = \begin{pmatrix} 0.500\ 00 \\ 0.707\ 10 \\ 0.500\ 00 \end{pmatrix}$$

A 的特征值的理论解为

$$\lambda_1 = 2+\sqrt{2}, \lambda_2 = 2, \lambda_3 = 2-\sqrt{2}$$

其对应的特征向量的理论解为

$$\boldsymbol{u}_1 = \begin{pmatrix} 1/2 \\ -1/\sqrt{2} \\ 1/2 \end{pmatrix}, \boldsymbol{u}_2 = \begin{pmatrix} -1/\sqrt{2} \\ 0 \\ 1/\sqrt{2} \end{pmatrix}, \boldsymbol{u}_3 = \begin{pmatrix} 1/2 \\ 1/\sqrt{2} \\ 1/2 \end{pmatrix}$$

比较可知,Jacobi 方法经过 9 次计算,结果已经达到较高的精度。

8.2.4 Jacobi 方法编程

Jacobi 法计算流程如图 8.2.2 所示。

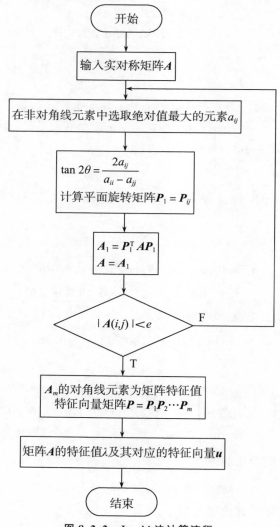

图 8.2.2 Jacobi 法计算流程

```
%A 为 n*n 个元素的二维实型数组，输入实对称矩阵 A ；D 为 n 个元素的一维实型数组，
输出 A 的特征值；V 为 n*n 个元素的二维实型数组，存放 A 的正规化的特征向量；T 为输
出 Jacobi 旋转变换的次数
function [ V,D,T ] = Eigen_Jacobi(A)
    [m,n]=size(A);
    if m~=n
        disp('dimension error');
        return
    end
    E=1e-5;
    V=eye(n);
    [m1,i]=max(abs(A-diag(diag(A))));
    [m2,j]=max(m1);
    i=i(j);
    T=0;
    while abs(A(i,j))>E*sqrt(sum(diag(A).^2)/n)
        tan_2sita=2*A(i,j)/(A(i,i)-A(j,j));
        sita=atan(2*A(i,j)/(A(i,i)-A(j,j)))/2;
        cos_sita=cos(sita);
        sin_sita=sin(sita);
        P=eye(n);
        P([i,j],[i,j])=[cos_sita,-sin_sita;sin_sita,cos_sita];
        A=P'*A*P;
        V=V*P;
        T=T+1;
        [m1,i]=max(abs(A-diag(diag(A))));
        [m2,j]=max(m1);
        i=i(j);
    end
    D=diag(A);
end
```

例 8.2.2　求矩阵 $A=\begin{bmatrix} 8 & -1 & 3 & -1 \\ -1 & 6 & 2 & 0 \\ 3 & 2 & 9 & 1 \\ -1 & 0 & 1 & 7 \end{bmatrix}$ 的特征值和特征向量。

解

≫[V,A]＝Eigen_Jacobi(A)

特征值 $A =$

　　3.295 7

　　8.407 7

11.704 3

6.592 3

特征向量矩阵 $V=$

0.528 8	−0.573 0	0.582 3	0.230 1
0.592 0	0.472 3	0.175 8	−0.629 0
−0.536 0	0.282 0	0.792 5	−0.071 2
0.287 5	0.607 5	0.044 7	0.739 2

8.3 QR 算法

QR 算法是 20 世纪 60 年代出现的一种变换方法，是目前计算中小型非奇异矩阵全部特征值问题的最有效的方法之一。该方法的关键是构造矩阵序列 $\{A_k\}$，并对它进行 QR 分解。实现 QR 算法的途径很多(图 8.3.1)。下面首先介绍 QR 分解。

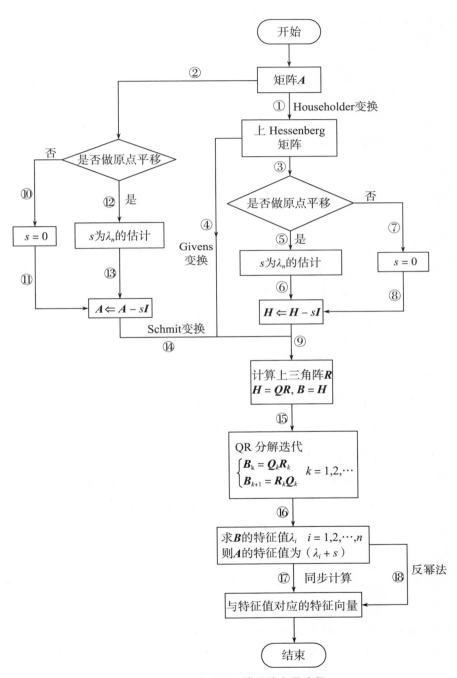

图 8.3.1　实现 QR 算法的多种途径

8.3.1 QR 算法原理

若 A 为奇异方阵,则其特征值为零。若 A 为非奇异方阵,令 $A_1 = A$,对 A_1 进行 QR 分解,即把 A_1 分解为正交矩阵 Q_1 与上三角形矩阵 R_1 的乘积:

$$A_1 = Q_1 R_1 \tag{8.3.1}$$

令
$$A_2 = R_1 Q_1 = Q_1^T A_1 Q_1 \tag{8.3.2}$$

再对 A_2 进行 QR 分解:

$$A_2 = Q_2 R_2 \tag{8.3.3}$$

依次可得递推公式

$$\begin{cases} A_1 = A = Q_1 R_1 \\ A_{k+1} = R_k Q_k = Q_k^T A_k Q_k \quad (k = 2,3,\cdots) \end{cases} \tag{8.3.4}$$

QR 算法就是利用矩阵的 QR 分解,构造矩阵序列 $\{A_k\}$,它具有下列性质:

(1) 所有 A_k 都相似,它们具有相同的特征值。

(2) A_k 的 QR 分解式为 $A_k = \tilde{Q}_k \tilde{R}_k$,其中,$\tilde{Q}_k = Q_1 Q_2 \cdots Q_k$,$\tilde{R}_k = R_k R_{k-1} \cdots R_1$。

式(8.3.4)说明 QR 算法的收敛性是由正交矩阵序列 $\{\tilde{Q}_k\}$ 的性质决定。可以证明:如果 $\{\tilde{Q}_k\}$ 收敛于非奇异矩阵 Q_∞,$\tilde{R}_k$ 为上三角形矩阵,则 $\lim\limits_{k\to\infty} A_k$ 存在并且是上三角形矩阵。

此外,若 n 阶实矩阵 A 的特征值满足 $|\lambda_1| > |\lambda_2| > \cdots > |\lambda_n| > 0$,$A = A_1 = XDX^{-1}$,其中 $D = diag(\lambda_1, \lambda_2, \cdots, \lambda_n)$,且设 X^{-1} 有三角分解式,即 $X^{-1} = LU$(L 为单位下三角阵,U 为上三角阵),则由 QR 算法得到的矩阵序列 $\{A_k\}$ 收敛于上三角形矩阵。即 $A_k = (a_{ij}^{(k)})_{n \times n}$ 满足:$\lim\limits_{k\to\infty} a_{ii}^{(k)} = \lambda_i$;当 $i > j$ 时,$\lim\limits_{k\to\infty} a_{ij}^{(k)} = 0$;当 $i < j$ 时,$\lim\limits_{k\to\infty} a_{ij}^{(k)}$ 不一定存在。

基本 QR 算法的主要运算是对矩阵作 QR 分解,下面介绍 Schmit 正交化的 QR 分解方法、基于 Householder 变换的 QR 分解方法。

8.3.2 Schmit(施密特)正交化的 QR 分解方法

设 A 为 n 阶非奇异实矩阵,记为 $A = [a_1, a_2, \cdots, a_n]$,其中,$a_j = (a_{1j}, a_{2j}, \cdots, a_{nj})^T (j = 1, 2, \cdots, n)$,取

$$b_1 = a_1 / \parallel a_1 \parallel_2, \quad b_2' = a_2 - \langle a_2, b_1 \rangle b_1 \tag{8.3.5}$$

显然 $\boldsymbol{b}_1 \perp \boldsymbol{b}_2'$，取

$$\boldsymbol{b}_2 = \boldsymbol{b}_2' / \parallel \boldsymbol{b}_2' \parallel \tag{8.3.6}$$

则 $\parallel \boldsymbol{b}_1 \parallel_2 = \parallel \boldsymbol{b}_2' \parallel_2 = 1, \langle \boldsymbol{b}_1, \boldsymbol{b}_2 \rangle = 0$。一般地，取

$$\begin{cases} \boldsymbol{b}_k' = \boldsymbol{a}_k - \displaystyle\sum_{i=1}^{k-1} \langle \boldsymbol{a}_k, \boldsymbol{b}_i \rangle \boldsymbol{b}_i \\ \boldsymbol{b}_k = \boldsymbol{b}_k' / \parallel \boldsymbol{b}_k' \parallel_2 \quad (k=2,3,\cdots,n) \end{cases} \tag{8.3.7}$$

则向量组 $\boldsymbol{b}_1, \boldsymbol{b}_2, \cdots, \boldsymbol{b}_n$ 正交，且 $\parallel \boldsymbol{b}_k \parallel_2 = 1, (k=1,2,\cdots,n)$。式(8.3.7)可改写成

$$\boldsymbol{a}_k = \langle \boldsymbol{a}_k, \boldsymbol{b}_1 \rangle \boldsymbol{b}_1 + \cdots + \langle \boldsymbol{a}_k, \boldsymbol{b}_{k-1} \rangle \boldsymbol{b}_{k-1} + \parallel \boldsymbol{b}_k' \parallel_2 \boldsymbol{b}_k \tag{8.3.8}$$

则

$$\boldsymbol{A} = [\boldsymbol{b}_1, \boldsymbol{b}_2, \cdots, \boldsymbol{b}_n] \begin{bmatrix} \parallel \boldsymbol{a}_1 \parallel_2 & \langle \boldsymbol{a}_2, \boldsymbol{b}_1 \rangle & \cdots & \langle \boldsymbol{a}_{n-1}, \boldsymbol{b}_1 \rangle & \langle \boldsymbol{a}_n, \boldsymbol{b}_1 \rangle \\ 0 & \parallel \boldsymbol{b}_2' \parallel_2 & \cdots & \langle \boldsymbol{a}_{n-1}, \boldsymbol{b}_2 \rangle & \langle \boldsymbol{a}_n, \boldsymbol{b}_2 \rangle \\ \vdots & \vdots & & \vdots & \vdots \\ 0 & 0 & \cdots & \parallel \boldsymbol{b}_{n-1}' \parallel_2 & \langle \boldsymbol{a}_n, \boldsymbol{b}_{n-1} \rangle \\ 0 & 0 & \cdots & 0 & \parallel \boldsymbol{b}_n' \parallel_2 \end{bmatrix}$$

$$\tag{8.3.9}$$

令 $\boldsymbol{Q} = [\boldsymbol{b}_1, \boldsymbol{b}_2, \cdots, \boldsymbol{b}_n], \boldsymbol{R} = \begin{bmatrix} \parallel \boldsymbol{a}_1 \parallel_2 & \langle \boldsymbol{a}_2, \boldsymbol{b}_1 \rangle & \cdots & \langle \boldsymbol{a}_{n-1}, \boldsymbol{b}_1 \rangle & \langle \boldsymbol{a}_n, \boldsymbol{b}_1 \rangle \\ 0 & \parallel \boldsymbol{b}_2' \parallel_2 & \cdots & \langle \boldsymbol{a}_{n-1}, \boldsymbol{b}_2 \rangle & \langle \boldsymbol{a}_n, \boldsymbol{b}_2 \rangle \\ \vdots & \vdots & & \vdots & \vdots \\ 0 & 0 & \cdots & \parallel \boldsymbol{b}_{n-1}' \parallel_2 & \langle \boldsymbol{a}_n, \boldsymbol{b}_{n-1} \rangle \\ 0 & 0 & \cdots & 0 & \parallel \boldsymbol{b}_n' \parallel_2 \end{bmatrix},$

可得

$$\boldsymbol{A} = \boldsymbol{Q}\boldsymbol{R} \tag{8.3.10}$$

式(8.3.7)～(8.3.10)就是用 Schmit 正交化方法对矩阵进行 QR 分解的过程。

例 8.3.1　用 Schmit 正交化方法对矩阵 $\boldsymbol{A} = \begin{bmatrix} 2 & -1 & 0 \\ -1 & 2 & -1 \\ 0 & -1 & 2 \end{bmatrix}$ 进行 QR 分解。

解　$\boldsymbol{a}_1 = (2, -1, 0)^{\mathrm{T}}, \boldsymbol{a}_2 = (-1, 2, -1)^{\mathrm{T}}, \boldsymbol{a}_3 = (0, -1, 2)^{\mathrm{T}}$。因而

$$b_1 = a_1 / \parallel a_1 \parallel_2 = \left(\frac{2}{\sqrt{5}}, -\frac{1}{\sqrt{5}}, 0 \right)^{\mathrm{T}}$$

$$b_2' = a_2 - \langle a_2, b_1 \rangle b_1$$

$$= (-1, 2, -1)^{\mathrm{T}} + \frac{4}{\sqrt{5}} \left(\frac{2}{\sqrt{5}}, -\frac{1}{\sqrt{5}}, 0 \right)^{\mathrm{T}} = \left(\frac{3}{5}, \frac{6}{5}, -1 \right)^{\mathrm{T}}$$

$$b_2 = b_2' / \parallel b_2' \parallel_2 = \left(\frac{3}{\sqrt{70}}, \frac{6}{\sqrt{70}}, -\frac{5}{\sqrt{70}} \right)^{\mathrm{T}}$$

$$b_3' = a_3 - \langle a_3, b_1 \rangle b_1 - \langle a_3, b_2 \rangle b_2$$

$$= (0, -1, 2)^{\mathrm{T}} - \frac{1}{\sqrt{5}} \left(\frac{2}{\sqrt{5}}, -\frac{1}{\sqrt{5}}, 0 \right)^{\mathrm{T}} + \frac{16}{\sqrt{70}} \left(\frac{3}{\sqrt{70}}, \frac{6}{\sqrt{70}}, -\frac{5}{\sqrt{70}} \right)^{\mathrm{T}}$$

$$= \left(\frac{2}{7}, \frac{4}{7}, \frac{6}{7} \right)^{\mathrm{T}}$$

$$b_3 = b_3' / \parallel b_3' \parallel_2 = \left(\frac{1}{\sqrt{14}}, \frac{1}{\sqrt{14}}, -\frac{3}{\sqrt{14}} \right)^{\mathrm{T}}$$

所以

$$A = \begin{bmatrix} 2/\sqrt{5} & 3/\sqrt{70} & 1/\sqrt{14} \\ -1/\sqrt{5} & 6/\sqrt{70} & 2/\sqrt{14} \\ 0 & -5/\sqrt{70} & 3/\sqrt{14} \end{bmatrix} \begin{bmatrix} \sqrt{5} & -4/\sqrt{5} & 1/\sqrt{5} \\ 0 & \sqrt{70}/5 & -16/\sqrt{70} \\ 0 & 0 & 2\sqrt{40}/7 \end{bmatrix}$$

8.3.3 基于 Householder(豪斯霍尔德)变换的 QR 分解方法

基本 QR 方法每次迭代都需做一次 QR 分解与矩阵乘法,计算量大,而且收敛慢。由于上 Hessenberg 矩阵中有较多的零元素,实际应用 QR 方法时,往往先将 A 化成上 Hessenberg 矩阵,然后对其使用基本 QR 方法,可以减少运算量。化 A 为相似的上 Hessenberg 矩阵的方法有多种,下面介绍 Householder 变换。

8.3.3.1 相关概念及定理

设向量 $w \in \mathbf{R}^n$ 且 $w^{\mathrm{T}}w = 1$,称矩阵 $H(w) = I - 2ww^{\mathrm{T}}$ 为初等反射阵(或称 Householder 交换),如果记 $w = (w_1, w_2, \cdots, w_n)^{\mathrm{T}}$,则

$$H(w) = \begin{bmatrix} 1 - 2w_1^2 & -2w_1 w_2 & \cdots & -2w_1 w_n \\ -2w_2 w_1 & 1 - 2w_2^2 & \cdots & -2w_2 w_n \\ \vdots & \vdots & & \vdots \\ -2w_n w_1 & -2w_n w_1 & \cdots & 1 - 2w_n^2 \end{bmatrix} 。$$

下面不加证明地给出应用 Householder 变换的 5 个基本定理。

定理 8.3.1　设有初等反射阵 $H(w) = I - 2ww^T$，其中 $w^T w = 1$，则

（1）H 是对称矩阵，即 $H^T = H$；

（2）H 是正交矩阵，即 $H^{-1} = H$；

（3）若 A 为对称矩阵，那么 $A_1 = H^{-1}AH = HAH$ 亦是对称矩阵。

定理 8.3.2　设 x，y 为两个不相等的 n 维向量，$\|x\|_2 = \|y\|_2$，则存在一个初等反射阵 H，使 $Hx = y$。

定理 8.3.3（约化定理）　设 $x = (x_1, x_2, \cdots, x_n)^T \neq 0$，则存在初等反射阵 H，使 $Hx = -\sigma e$，其中

$$\begin{cases} H = I - \beta^{-1} uu^T \\ \sigma = \mathrm{sgn}(x_1) \|x\|_2 \\ u = x + \sigma e_1 \\ \beta = \dfrac{1}{2} \|u\|_2^2 = \sigma(\sigma + x_1) \end{cases}$$

定理 8.3.4（矩阵的正交约化）　设 $A \in R^{m \times n}$，且 $A \neq 0$，$s = \min(m-1, n)$，则存在初等反射阵 $H_1, H_2, \cdots, H_s$ 使

$$H_s \cdots H_2 H_1 A = R \quad \text{（上梯形）}$$

且计算量约为 $n^2 m - n^3/3$（当 $m \geqslant n$）次乘法运算。

定理 8.3.5（矩阵的 QR 分解）

（1）设 $A \in R^{m \times n}$，且 A 的秩为 $n (m > n)$，则存在初等反射阵 $H_1, H_2, \cdots, H_n$ 使

$$H_s \cdots H_2 H_1 A = R$$

式中，R 为 n 阶非奇异上三角阵。

（2）设 $A \in R^{n \times n}$ 为非奇异阵，则 A 有分解

$$A = QR$$

式中，Q 为正交矩阵，R 为上三角阵，且当 R 的对角元素均为正时，分解唯一。

8.3.3.2 Householder 变换

（1）上 Hessenberg 矩阵的约化。

为了通过正交相似变换约化一般矩阵为上 Hessenberg 矩阵，设 $A \in R^{n \times n}$，具体步骤如下：

① 第 1 步约化：

将系数阵约化为

$$A = \begin{pmatrix} a_{11} & a_{12} & \cdots & a_{1n} \\ a_{21} & a_{22} & \cdots & a_{2n} \\ \vdots & \vdots & & \vdots \\ a_{n1} & a_{n2} & \cdots & a_{nn} \end{pmatrix} \equiv \begin{pmatrix} a_{11} & A_{12}^{(1)} \\ c_1 & A_{22}^{(1)} \end{pmatrix}, \tag{8.3.11}$$

式中, $c_1 = (a_{21}, a_{31}, \cdots a_{n1})^T \in R^{n-1}, A_{22}^{(1)} \in R^{(n-1)\times(n-1)}$, 不妨设 $c_1 \neq 0$（否则这一步不需要约化）, 选择初等反射矩阵 $\tilde{H}_1 = I - \beta^{-1} u_1 u_1^T \in R^{n-1}$, 使得

$$\tilde{H}_1 c_1 = -\sigma_1 e_1, \tag{8.3.12}$$

式中, $\begin{cases} \sigma_1 = \text{sgn}(a_{21}) \| c_1 \|_2 \\ u_1 = c_1 + \sigma_1 e_1 \\ \beta_1 = \sigma_1 (\sigma_1 + a_{21}) \end{cases}$ 。令 $H_1 = \begin{pmatrix} 1 & 0 \\ 0 & \tilde{H}_1 \end{pmatrix}$, 可得

$$A_2 = H_1 A_1 H_1 \equiv \begin{pmatrix} a_{11} & A_{12}^{(1)} \tilde{H}_1 \\ \tilde{H}_1 c_1 & \tilde{H}_1 A_{22}^{(1)} \tilde{H}_1 \end{pmatrix}$$

$$= \begin{pmatrix} a_{11} & a_{12}^{(2)} & a_{13}^{(2)} & \cdots & a_{1n}^{(2)} \\ -\sigma_1 & a_{22}^{(2)} & a_{23}^{(2)} & \cdots & a_{2n}^{(2)} \\ 0 & a_{32}^{(2)} & a_{33}^{(2)} & \cdots & a_{3n}^{(2)} \\ \vdots & \vdots & \vdots & & \vdots \\ 0 & a_{n2}^{(2)} & a_{n3}^{(2)} & \cdots & a_{nn}^{(2)} \end{pmatrix} \tag{8.3.13}$$

$$\equiv \begin{pmatrix} A_{11}^{(2)} & A_{12}^{(2)} \\ 0 & c_2 & A_{22}^{(2)} \end{pmatrix}$$

式中, $c_2 = (a_{32}^{(2)}, a_{42}^{(2)}, \cdots, a_{n2}^{(2)})^T \in R^{n-2}, A_{22}^{(2)} \in R^{(n-2)\times(n-2)}$。

② 第 k 步约化：

重复上述过程, 设对 A 已完成第 1 步, $\cdots$, 第 $k-1$ 步正交相似变换, 即有

$$A_k = H_{k-1} \cdots H_1 A_1 H_1 \cdots H_{k-1} \tag{8.3.14}$$

且

$$\boldsymbol{A}_k = \begin{pmatrix} a_{11} & a_{12}^{(2)} & \cdots & a_{1k-1}^{(k-1)} & a_{1k}^{(k)} & a_{1k+1}^{(k)} & \cdots & a_{1n}^{(k)} \\ -\sigma_1 & a_{22}^{(2)} & \cdots & a_{2k-1}^{(k-1)} & a_{2k}^{(k)} & a_{2k+1}^{(k)} & \cdots & a_{2n}^{(k)} \\ & \ddots & & \vdots & \vdots & \vdots & & \vdots \\ & & -\sigma_{k-2} & a_{k-1k-1}^{(k-1)} & a_{k-1k}^{(k)} & a_{k-1k+1}^{(k)} & \cdots & a_{k-1n}^{(k)} \\ & & & -\sigma_{k-1} & a_{kk}^{(k)} & a_{kk+1}^{(k)} & \cdots & a_{kn}^{(k)} \\ & & & & a_{k+1k}^{(k)} & a_{k+1k+1}^{(k)} & \cdots & a_{k+1n}^{(k)} \\ & & & & \vdots & \vdots & & \vdots \\ & & & & a_{nk}^{(k)} & a_{nk+1}^{(k)} & \cdots & a_{nn}^{(k)} \end{pmatrix}$$

$$\equiv \begin{pmatrix} \boldsymbol{A}_{11}^{(k)} & \boldsymbol{A}_{12}^{(k)} \\ \boldsymbol{0} \quad \boldsymbol{c}_k & \boldsymbol{A}_{22}^{(k)} \end{pmatrix}$$

$$(8.3.15)$$

式中,$\boldsymbol{c}_k = (a_{k+1k}^{(k)}, a_{k+2k}^{(k)}, \cdots, a_{nk}^{(k)})^{\mathrm{T}} \in \boldsymbol{R}^{n-k}$,$\boldsymbol{A}_{11}^{(k)}$ 为 k 阶上 Hessenberg 矩阵,$\boldsymbol{A}_{22}^{(k)} \in \boldsymbol{R}^{(n-k) \times (n-k)}$。

设 $\boldsymbol{c}_k \neq \boldsymbol{0}$(否则这一步不需要约化),选择初等反射矩阵 $\widetilde{\boldsymbol{H}}_k = \boldsymbol{I} - \beta_k^{-1} \boldsymbol{u}_k \boldsymbol{u}_k^{\mathrm{T}}$ 使得

$$\widetilde{\boldsymbol{H}}_k \boldsymbol{c}_k = -\sigma_k \boldsymbol{e}_k \tag{8.3.16}$$

式中,$\begin{cases} \sigma_k = \mathrm{sgn}(a_{k+1k}^{(k)}) \| \boldsymbol{c}_k \|_2 \\ \boldsymbol{u}_k = \boldsymbol{c}_k + \sigma_k \boldsymbol{e}_k \\ \beta_k = \sigma_k (\sigma_k + a_{k+1k}^{(k)}) \end{cases}$。令 $\boldsymbol{H}_k = \begin{pmatrix} \boldsymbol{I} & \boldsymbol{0} \\ \boldsymbol{0} & \widetilde{\boldsymbol{H}}_k \end{pmatrix}$,则可得

$$\boldsymbol{A}_{k+1} = \boldsymbol{H}_k \boldsymbol{A}_k \boldsymbol{H}_k = \begin{pmatrix} \boldsymbol{A}_{11}^{(k+1)} & \boldsymbol{A}_{12}^{(k+1)} \\ \boldsymbol{0} \quad \boldsymbol{c}_{k+1} & \boldsymbol{A}_{22}^{(k+1)} \end{pmatrix} \tag{8.3.17}$$

式中,$\boldsymbol{c}_{k+1} = (a_{k+2k+1}^{(k+1)}, a_{k+3k+1}^{(k+1)}, \cdots, a_{nk+1}^{(k+1)})^{\mathrm{T}} \in \boldsymbol{R}^{n-k-1}$。$\boldsymbol{A}_{11}^{(k+1)}$ 为 $k+1$ 阶上 Hessenberg 矩阵,$\boldsymbol{A}_{22}^{(k+1)} \in \boldsymbol{R}^{(n-k-1)(n-k-1)}$。

③ 计算上 Hessenberg 矩阵:

重复上述过程,则得上 Hessenberg 矩阵 $\boldsymbol{A}_{n-1}$,即

$$\boldsymbol{H}_{n-2} \cdots \boldsymbol{H}_1 \boldsymbol{A}_1 \boldsymbol{H}_1 \cdots \boldsymbol{H}_{n-2} = \boldsymbol{A}_{n-1} \tag{8.3.18}$$

④ 三对角矩阵的约化:

如果 $\boldsymbol{A} = (a_{ij})_{n \times n}$ 为对称矩阵,经过上 Hessenberg 矩阵约化后,得到 $\boldsymbol{A}$ 约

化后的对称三对角矩阵,即存在初等反射矩阵$H_1,H_2,\cdots,H_{n-2}$ 使

$$H_{n-2}\cdots H_1 A_1 H_1 \cdots H_{n-2} = \begin{pmatrix} a_{11}^{(1)} & -\sigma_1 & & & \\ -\sigma_1 & a_{22}^{(2)} & -\sigma_2 & & \\ & \ddots & \ddots & \ddots & \\ & & -\sigma_{n-2} & a_{n-1n-1}^{(n-1)} & -\sigma_{n-1} \\ & & & -\sigma_{n-1} & a_{nn}^{(n)} \end{pmatrix} 。$$

$$(8.3.19)$$

⑤ 基于 Householder 变换的 QR 分解:

通过 Householder 变换,对 n 阶矩阵 A,经过 $n-1$ 步计算,逐次求得 Householder 矩阵$H_1,H_2,\cdots,H_{n-1}$,使得

$$R \equiv H_{n-1} H_{n-2} \cdots H_2 H_1 A 。 \qquad (8.3.20)$$

为上三角阵,令

$$\widetilde{Q} = H_{n-1} H_{n-2} \cdots H_2 H_1 。 \qquad (8.3.21)$$

由于正交矩阵的乘积仍是正交矩阵,所以 $\widetilde{Q}$ 为正交矩阵,记 $Q = \widetilde{Q}^{-1}$,由式(8.3.18)可得 $A = QR$。这样,利用 $n-1$ 个 Householder 矩阵实现了 A 的 QR 分解。

8.3.3.3 Householder 变换的编程

```
%A 为 n*n 阶一般矩阵,输入为一般矩阵;输出为上 Hessenberg 矩阵
function [A]=Householder(A)
    [m,n]=size(A);
    if m~=n
        disp('dimension error!');
        return;
    end
    E=1e-5;
    for k=1:n-1
        c=A(k+1:n,k);
        sigma=norm(c);
        if round(A(k+1,k)/E)*E<0
            sigma=-sigma;
        end
        u=c+sigma*eye(size(c));
        beta=sigma*(sigma+A(k+1,k));
        R=eye(n-k)-beta^(-1)*u*u';
```

```
        U=zeros(m,n);
        U(1:k,1:k)=eye(k);
        U(k+1:n,k+1:n)=R;
        A=U*A*U;
    end
end
```

例 8.3.2 已知矩阵 $\boldsymbol{A} = \begin{bmatrix} 5 & -3 & 2 \\ 6 & -4 & 4 \\ 4 & -4 & 5 \end{bmatrix}$，将 $\boldsymbol{A}$ 转换为上 Hessenberg 矩阵。

解

≫[A]＝Householder(A)

A＝

5.000 0	1.386 8	−3.328 2
−7.211 1	−1.230 8	8.153 8
0.000 0	0.153 8	2.230 8

8.3.4 基于 Givens(吉文斯)变换的 QR 分解方法

8.3.4.1 相关定理

下面不加证明地给出应用 Givens 变换的 2 个基本定理。

定理 8.3.6(约化定理) 设 $\boldsymbol{x} = (x_1, \cdots, x_i, \cdots, x_j, \cdots, x_n)^{\mathrm{T}}$，其中 x_i, x_j 不全为零,则可选择平面旋转阵 $\boldsymbol{P}(i, j, \theta)$,使

$$\boldsymbol{Px} = (x_1, \cdots, x_i{}^1, \cdots, 0, \cdots, x_n)^{\mathrm{T}} \tag{8.3.22}$$

式中, $x_i{}^1 = \sqrt{x_i{}^2 + x_j{}^2}$, $\theta = \arctan\left(\dfrac{x_j}{x_i}\right)$ 。

定理 8.3.7(用 Givens 变换计算矩阵的 QR 分解) 设 $\boldsymbol{A} \in \boldsymbol{R}^{n \times n}$ 为非奇异阵,则

(1) 存在正交矩阵 $\boldsymbol{P}_1, \boldsymbol{P}_2, \cdots, \boldsymbol{P}_{n-1}$ 使

$$\boldsymbol{P}_{n-1}\cdots\boldsymbol{P}_2\boldsymbol{P}_1\boldsymbol{A} = \begin{bmatrix} r_{11} & r_{12} & \cdots & r_{1n} \\ & r_{21} & \cdots & r_{2n} \\ & & \ddots & \vdots \\ & & & r_{nn} \end{bmatrix} \equiv \boldsymbol{R} 。 \tag{8.3.23}$$

(2) 若有 QR 分解: $\boldsymbol{A} = \boldsymbol{QR}$,其中 $\boldsymbol{Q}$ 为正交阵, $\boldsymbol{R}$ 为非奇异上三角阵,且当

R 对角元素都为正时,分解是唯一的。

8.3.4.2 Givens 变换方法

对于上 Hessenberg 矩阵 H,采用 $n-1$ 个旋转变换(又称 Givens 变换)可以将其化成上三角矩阵,从而得到 H 的 QR 分解式。具体步骤如下:

设 $h_{21} \neq 0$(否则进行下一步),取旋转矩阵

$$
V_{21} = \begin{bmatrix}
\cos\theta & \sin\theta & 0 & \cdots & 0 \\
-\sin\theta & \cos\theta & 0 & \cdots & 0 \\
0 & 0 & 1 & \cdots & 0 \\
\vdots & \vdots & \vdots & & \vdots \\
0 & 0 & 0 & \cdots & 1
\end{bmatrix} \tag{8.3.24}
$$

式中,$\cos\theta_1 = \dfrac{h_{11}}{r_1}$,$\sin\theta_1 = \dfrac{h_{21}}{r_1}$,$r_1 = \sqrt{h_{11}{}^2 + h_{21}{}^2}$,则必有

$$
V_{21}H = \begin{bmatrix}
r_1 & h_{12}{}^{(2)} & h_{13}{}^{(2)} & \cdots & h_{1,n-1}{}^{(2)} & h_{1n}{}^{(2)} \\
0 & h_{22}{}^{(2)} & h_{23}{}^{(2)} & \cdots & h_{2,n-1}{}^{(2)} & h_{2n}{}^{(2)} \\
0 & h_{32}{}^{(2)} & h_{33}{}^{(2)} & \cdots & h_{3,n-1}{}^{(2)} & h_{3n}{}^{(2)} \\
\vdots & \vdots & \vdots & & \vdots & \vdots \\
0 & 0 & 0 & \cdots & h_{n-1,n-1}{}^{(2)} & h_{n-1,n}{}^{(2)} \\
0 & 0 & 0 & \cdots & h_{n,n-1}{}^{(2)} & h_{mn}{}^{(2)}
\end{bmatrix} = H^{(2)} \tag{8.3.25}
$$

设 $h_{32}{}^{(2)} \neq 0$(否则进行下一步),再取

$$
V_{32} = \begin{bmatrix}
1 & 0 & 0 & 0 & \cdots & 0 \\
0 & \cos\theta & \sin\theta & 0 & \cdots & 0 \\
0 & -\sin\theta & \cos\theta & 0 & \cdots & 0 \\
0 & 0 & 0 & 1 & \cdots & 0 \\
\vdots & \vdots & \vdots & \vdots & & \vdots \\
0 & 0 & 0 & 0 & \cdots & 1
\end{bmatrix} \tag{8.3.26}
$$

式中,$\cos\theta_2 = \dfrac{h_{22}{}^{(2)}}{r_2}$,$\sin\theta_2 = \dfrac{h_{32}{}^{(2)}}{r_2}$,$r_2 = \sqrt{(h_{22}{}^{(2)})^2 + (h_{32}{}^{(2)})^2}$,则必有

$$\boldsymbol{V}_{32}\boldsymbol{H}^{(2)}=\begin{bmatrix} r_1 & h_{12}{}^{(3)} & h_{13}{}^{(3)} & \cdots & h_{1,n-1}{}^{(3)} & h_{1n}{}^{(3)} \\ 0 & r_2 & h_{23}{}^{(3)} & \cdots & h_{2,n-1}{}^{(3)} & h_{2n}{}^{(3)} \\ 0 & 0 & h_{33}{}^{(3)} & \cdots & h_{3,n-1}{}^{(3)} & h_{3n}{}^{(3)} \\ 0 & 0 & h_{43}{}^{(3)} & \cdots & h_{4,n-1}{}^{(3)} & h_{4n}{}^{(3)} \\ \vdots & \vdots & \vdots & & \vdots & \vdots \\ 0 & 0 & 0 & \cdots & h_{n,n-1}{}^{(3)} & h_{nn}{}^{(3)} \end{bmatrix}=\boldsymbol{H}^{(3)}$$

$$(8.3.27)$$

假设上述过程已经进行了 $k-1$ 步,有

$$\boldsymbol{H}^{(k)}=\boldsymbol{V}_{kk-1}\boldsymbol{H}^{(k-1)}$$

$$=\begin{bmatrix} r_1 & \cdots & h_{1,k-1}{}^{(k)} & h_{1k}{}^{(k)} & \cdots & h_{1,n-1}{}^{(k)} & h_{1n}{}^{(k)} \\ \vdots & & \vdots & \vdots & & \vdots & \vdots \\ 0 & \cdots & r_{k-1} & h_{k-1,k}{}^{(k)} & \cdots & h_{k-1,n-1}{}^{(k)} & h_{k-1,n}{}^{(k)} \\ 0 & \cdots & 0 & h_{kk}{}^{(k)} & \cdots & h_{k,n-1}{}^{(k)} & h_{kn}{}^{(k)} \\ 0 & \cdots & 0 & h_{k+1,k}{}^{(k)} & \cdots & h_{k+1,n-1}{}^{(k)} & h_{k+1,n}{}^{(k)} \\ \vdots & & \vdots & \vdots & & \vdots & \vdots \\ 0 & \cdots & 0 & 0 & \cdots & h_{n,n-1}{}^{(k)} & h_{nn}{}^{(k)} \end{bmatrix}$$

$$(8.3.28)$$

设 $h_{k+1,k}{}^{(k)}\neq 0$,取

$$\boldsymbol{V}_{k+1,k}=\begin{bmatrix} 1 & \cdots & 0 & 0 & 0 & 0 & \cdots & 0 \\ \vdots & & \vdots & \vdots & \vdots & \vdots & & \vdots \\ 0 & \cdots & 1 & 0 & 0 & 0 & \cdots & 0 \\ 0 & \cdots & 0 & \cos\theta & \sin\theta & 0 & \cdots & 0 \\ 0 & \cdots & 0 & -\sin\theta & \cos\theta & 0 & \cdots & 0 \\ 0 & \cdots & 0 & 0 & 0 & 1 & \cdots & 0 \\ \vdots & & \vdots & \vdots & \vdots & \vdots & & 0 \\ 0 & \cdots & 0 & 0 & 0 & 0 & \cdots & 1 \end{bmatrix}\begin{matrix} \\ \\ \\ k \\ k+1 \\ \\ \\ \\ \end{matrix} \quad (8.3.29)$$

式中, $\cos\theta_k=\dfrac{h_{kk}{}^{(k)}}{r_k}$, $\sin\theta_k=\dfrac{h_{k+1,k}{}^{(k)}}{r_k}$, $r_k=\sqrt{(h_{kk}{}^{(k)})^k+(h_{k+1,k}{}^{(k)})^2}$,则

$$H^{(k+1)} = V_{k+1,k} H^{(k)}$$

$$= \begin{bmatrix} r_1 & \cdots & h_{1k}^{(k+1)} & h_{1,k+1}^{(k+1)} & \cdots & h_{1,n-1}^{(k+1)} & h_{1n}^{(k+1)} \\ \vdots & & \vdots & \vdots & & \vdots & \vdots \\ 0 & \cdots & r_k & h_{k,k+1}^{(k+1)} & \cdots & h_{k,n-1}^{(k+1)} & h_{kn}^{(k+1)} \\ 0 & \cdots & 0 & h_{k+1,k+1}^{(k+1)} & \cdots & h_{k+1,n-1}^{(k+1)} & h_{k+1,n}^{(k+1)} \\ 0 & \cdots & 0 & h_{k+2,k+1}^{(k+1)} & \cdots & h_{k+2,n-1}^{(k+1)} & h_{k+2,n}^{(k+1)} \\ 0 & & \vdots & \vdots & & \vdots & \vdots \\ 0 & \cdots & 0 & 0 & \cdots & h_{n,n-1}^{(k+1)} & h_{nn}^{(k+1)} \end{bmatrix}$$

$$(8.3.30)$$

因此,最多作 $n-1$ 次旋转变换,可得

$$H^{(n)} = V_{n,n-1} V_{n-1,n-2} \cdots V_{21} H$$

$$= \begin{bmatrix} r_1 & h_{12}^{(n)} & h_{13}^{(n)} & \cdots & h_{1n}^{(n)} \\ 0 & r_2 & h_{23}^{(n)} & \cdots & h_{2n}^{(n)} \\ 0 & 0 & r_3 & \cdots & h_{3n}^{(n)} \\ \vdots & \vdots & \vdots & & \vdots \\ 0 & 0 & 0 & \cdots & r_n \end{bmatrix} = R$$

$$(8.3.31)$$

因为 $V_{i,i-1}(i=2,3,\cdots,n)$ 均为正交矩阵,故

$$H = V_{21}^T V_{32}^T \cdots V_{n,n-1}^T R = QR$$

式中,$Q = V_{21}^T V_{32}^T \cdots V_{n,n-1}^T$ 仍为正交矩阵。容易算出完成这一过程的运算量约为 $4n^2$,比一般矩阵的 QR 分解的运算量 $O(n^3)$ 少了一个数量级。

不难证明,$\tilde{H} = RQ$ 仍是上 Hessenberg 矩阵。按上述步骤进行迭代,其运算量比基本 QR 方法大为减少。需要说明的是,通常使用 QR 方法计算特征值,然后用反幂法求其对应的特征向量。

8.3.5 QR 算法编程

下面介绍 2 种具体的 QR 算法。

8.3.5.1 基本 QR 方法

本章介绍的基本 QR 方法是由图 8.3.1 中的流程(1)→(3)→(7)→(8)→(9)→(15)→(16)→(17)完成的。基于矩阵的 QR 分解,进行如下迭代计算:

$$\begin{cases} \boldsymbol{A}_k = \boldsymbol{Q}_k \boldsymbol{R}_k \\ \boldsymbol{A}_{k+1} = \boldsymbol{R}_k \boldsymbol{Q}_k \end{cases} \quad (k=1,2,\cdots) \qquad (8.3.32)$$

将 $\boldsymbol{A} = \boldsymbol{A}_1$ 化成相似的上三角矩阵（或分块上三角矩阵），从而求出矩阵 $\boldsymbol{A}$ 的全部特征值。

8.3.5.2 带原点平移的 QR 方法

本章介绍的带原点平移的 QR 方法是由图 8.3.1 中的流程(1)→(3)→(5) →(6)→(9)→(15)→(16)→(17)完成的。

基本 QR 算法中 $\lim\limits_{k \to \infty} a_{nn}^{(k)} = \lambda_n$ 的速度依赖于比值 $r_n = \left| \dfrac{\lambda_n}{\lambda_{n-1}} \right|$，如果 s 为 λ_n 的一个估计，则对 $\boldsymbol{A} - s\boldsymbol{I}$ 运用基本 QR 算法，$a_{nn-1}^{(k)}$ 将以收敛因子 $\left| \dfrac{\lambda_n - s}{\lambda_{n-1} - s} \right|$ 线性收敛于零，$a_{nn}^{(k)}$ 将比基本 QR 算法中收敛更快，从而构造带原点平移的 QR 算法，具体算法格式如下：设 $\boldsymbol{A} = \boldsymbol{A}_1 \in \boldsymbol{R}^{n \times n}$。

（1）选择 s_k 对 $\boldsymbol{A} - s_k\boldsymbol{I}$ 进行分解：

$$\boldsymbol{A}_k - s_k \boldsymbol{I} = \boldsymbol{Q}_k \boldsymbol{R}_k \quad (k=1,2,\cdots) \qquad (8.3.33)$$

（2）形成新矩阵

$$\boldsymbol{A}_{k+1} = \boldsymbol{R}_k \boldsymbol{Q}_k + s_k \boldsymbol{I} = \boldsymbol{Q}_k^{\mathrm{T}} \boldsymbol{A}_k \boldsymbol{Q}_k \qquad (8.3.34)$$

（3）若 $\boldsymbol{A}_{k+1}$ 中的第 n 行第 $n-1$ 列已近似于零，算法停止，得到 λ_n 的近似值 $a_{nn}^{(k+1)}$；否则回到步骤(1)。

8.3.5.3 QR 方法编程

```
%特征值—QR 分解
%A 为 n*n 阶一般矩阵；Q 为正交阵；T 为上三角阵
function [Q,R]=funQR(A)
    [m,n]=size(A);
    if m~=n
        disp('dimension error!');
        return;
    end
    E=1e-5;
    Q=1;
    R=A;
    for k=1:n-1
        a=R(k:n,k);
```

```matlab
        sigma=norm(a);
        if round(a(1)/E)*E<0
            sigma=-sigma;
        end
        u=a+sigma*eye(size(a));
        beta=sigma*(sigma+a(1));
        h=eye(n-k+1)-beta^(-1)*u*u';
        H=zeros(m,n);
        H(1:k,1:k)=eye(k);
        H(k:n,k:n)=h;
        R=H*R;
        Q=Q*H;
    end
end
%特征值—带位移的 QR 方法解特征值
%A 为 n*n 阶一般矩阵 输入为一般矩阵；输出为对角元素是特征值的矩阵；choice 为选
择：1 为基本 QR 方法（默认），2 为原点平移 QR 方法；T 为迭代计数
function [A,T]=QRdiag(A,choice)
    [m,n]=size(A);
    if m~=n
        disp('dimension error!');
        return;
    end
    if nargin<2
        choice=1;
    end
    T=0;
    E=1e-5;
    while any(sum(abs(tril(A,-1)))>1e-5)
        if choice==2
            s=A(n,n);
            [Q,R]=funQR(A-s*eye(n));
            A=Q'*A*Q;
        else
            [Q,R]=funQR(A);
            A=R*Q;
        end
        T=T+1;
    end
    T=T
end
```

例 8.3.3　已知矩阵 $A=\begin{bmatrix} 1 & 1 & 1 \\ 2 & -1 & -1 \\ 2 & -4 & 5 \end{bmatrix}$,用基本 QR 法、带位移的 QR 法

求 A 的特征值。

解　(1)基本 QR 法

≫[A,T]=QRdiag(A,1)

$A=$

$\quad\quad$ 5.748 6 $\quad\quad$ 3.208 1 $\quad\quad$ −0.672 4

$\quad$ −0.000 0 $\quad$ −2.573 6 $\quad$ −0.506 2

$\quad\quad\;$ 0.000 0 $\quad\quad$ 0.000 0 $\quad\quad\;$ 1.825 0

$T=$

$\quad\quad$ 42

(2)带位移的 QR 法

≫[A,T]=QRdiag(A,2)

$A=$

$\quad$ −2.573 6 $\quad$ −0.874 0 $\quad$ −3.095 3

$\quad\quad\;$ 0.000 0 $\quad\quad$ 1.825 0 $\quad\quad$ 0.809 5

$\quad\quad\;$ 0.000 0 $\quad\quad$ 0.000 0 $\quad\quad$ 5.748 6

$T=$

$\quad\quad$ 18

本题的精确解(精确到小数点后 4 位)为:$\lambda_1 \approx 5.748\ 6$,$\lambda_2 \approx -2.573\ 6$,$\lambda_3$ ≈1.825 0。采用基本 QR 法、带位移的 QR 法分别需要迭代 42 次和 18 次。计算的特征值与精确值比较可知,结果精度较高。

8.4　工程案例——串联多自由度系统结构动力特性求解

串联多自由度系统是对某些特殊形式的工程结构根据分析计算的目的所进行的一种简化,主要用于模拟整体形状简单、质量均匀分布或相对集中于若干个较小区域的一些结构,如高层民用建筑、海洋工程结构中的锚链和深水立管等。多自由度系统的动力特性包括系统的固有频率和振型,与单自由度系统不同的是,多自由度系统的固有频率和振型不是唯一的,其与系统的自由度数

相同,即有 n 个自由度的系统有 n 阶模态。

固有频率是多自由度系统的动力特性,其取决于系统的质量和刚度特性,而与系统阻尼及荷载无关。无阻尼系统的自由振动方程为

$$\boldsymbol{M}\ddot{\boldsymbol{x}} + \boldsymbol{K}\boldsymbol{x} = \{0\} \tag{8.4.1}$$

式中,$\boldsymbol{x} = [x_1, x_2, \cdots, x_n]^T$。

假设式(8.4.1)的解为

$$\boldsymbol{x} = \boldsymbol{\varphi}\sin\omega t \tag{8.4.2}$$

式中,ω 为系统的固有频率,rad/s;$\boldsymbol{\varphi}$ 为系统的振型向量,$\{\boldsymbol{\varphi}\} = [\varphi_1, \varphi_2, \cdots \varphi_n]^T$。

将式(8.4.2)代入式(8.4.1)可得

$$(-\omega^2\boldsymbol{M} + \boldsymbol{K})\boldsymbol{\varphi} = \{0\} \tag{8.4.3}$$

式(8.4.3)称为系统的特征方程。为求解系统的固有频率,可将式(8.4.3)转化为

$$\boldsymbol{T}\boldsymbol{\varphi} = \lambda\boldsymbol{\varphi} \tag{8.4.4}$$

式中,$\lambda = \omega^2$,$\boldsymbol{T} = \boldsymbol{M}^{-1}\boldsymbol{K}$。

采用幂法等数值计算方法求解式(8.4.4)可得到系统的特征值 $\lambda_i (i = 1, 2, \cdots, n)$,由此可得系统的 n 阶固有频率 $\omega_i = \sqrt{\lambda_i} (i = 1, 2, \cdots, n)$。

将求得的系统的固有频率 ω_i 代入式(8.4.3)可求出系统的 n 个特征向量 $\{\varphi\}_i$。特征值和特征向量统称为系统的特征对。

已知某一海洋工程中的 4 层结构简化如图 8.4.1 所示,结构的整体变形以弯曲变形为主,弹性单元的参数基于杆件的弯曲变形来计算,$k_i = \dfrac{3E_iI_i}{l_i^3}$,材料的基本参数为 $l_0 = 1.2$ m,$I_0 = 2\,500$ cm^4,$EI = \infty$,$m = 2\,000$ kg。求解该结构的固有频率与振型向量。

解 框架梁不发生变形,且框架柱的质量全部集中于框架梁。因此,框架柱的变形为弯曲变形,由此可得 4 层框架的质量系数和刚度系数:

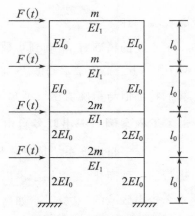

图 8.4.1 结构计算简图

$$m_1 = 2m, m_2 = 2m, m_3 = 3m, m_4 = m = 2\,000 \text{ kg}$$

$$k_1 = 2\frac{3(2EI_0)}{l_0^3}, k_2 = 2\frac{3(2EI_0)}{l_0^3}, k_3 = 2\frac{3(2EI_0)}{l_0^3}, k_4 = 2\frac{3(2EI_0)}{l_0^3}$$

该系统忽略阻尼的自由振动方程为

$$m\begin{bmatrix} 2 & 0 & 0 & 0 \\ 0 & 2 & 0 & 0 \\ 0 & 0 & 1 & 0 \\ 0 & 0 & 0 & 1 \end{bmatrix}\begin{Bmatrix} \ddot{x}_1 \\ \ddot{x}_2 \\ \ddot{x}_3 \\ \ddot{x}_4 \end{Bmatrix} + \frac{6EI_0}{l_0^3}\begin{bmatrix} 4 & -2 & 0 & 0 \\ -2 & 3 & -1 & 0 \\ 0 & -1 & 2 & -1 \\ 0 & 0 & -1 & 1 \end{bmatrix}\begin{Bmatrix} x_1 \\ x_2 \\ x_3 \\ x_4 \end{Bmatrix} = \begin{Bmatrix} 0 \\ 0 \\ 0 \\ 0 \end{Bmatrix}$$

为求解固有频率,由式(8.4.3)可得

$$\boldsymbol{T\varphi} = \lambda\boldsymbol{\varphi}$$

$$\boldsymbol{T} = \boldsymbol{M}^{-1}\boldsymbol{K} = \frac{6EI_0}{ml_0^3}\begin{bmatrix} 2 & -1 & 0 & 0 \\ -1 & 1.5 & -0.5 & 0 \\ 0 & -1 & 2 & -1 \\ 0 & 0 & -1 & 1 \end{bmatrix}$$

(1)采用幂法求其最大特征值及其相应的特征向量

取初始迭代向量 $\boldsymbol{x}_0 = (1,1,1,1)^{\mathrm{T}}$,计算结果如表 8.4.1 所列。

表 8.4.1　幂法迭代计算表

k	y_k				m_k	x_k			
	$y_k(1)$	$y_k(2)$	$y_k(3)$	$y_k(4)$		$x_k(1)$	$x_k(2)$	$x_k(3)$	$x_k(4)$
1	911.5	0.000 0	0.000 0	0.000 0	911.5	1.000 0	0.000 0	0.000 0	0.000 0
2	1 823.0	−911.5	0.000 0	0.000 0	1 823.0	1.000 0	−0.500 0	0.000 0	0.000 0
3	2 278.8	−1 595.1	455.7	0.000 0	2 278.8	1.000 0	−0.700 0	0.200 0	0.000 0
4	2 461.1	−1 959.7	1 002.7	−182.3	2 461.1	1.000 0	−0.796 3	0.407 4	−0.074 1
5	2 548.8	−2 185.9	1 536.0	−438.9	2 548.8	1.000 0	−0.857 6	0.602 6	−0.172 2
⋮									
39	1 676.0	−1 900.1	2 856.5	−1 338.7	2 856.5	0.586 7	−0.665 2	1.000 0	−0.468 6
40	1 675.9	−1 900.1	2 856.5	−1 338.7	2 856.5	0.586 7	−0.665 2	1.000 0	−0.468 6
41	1 675.9	−1 900.0	2 856.5	−1 338.7	2 856.5	0.586 7	−0.665 2	1.000 0	−0.468 6

该矩阵的最大特征值为 2 856.5,由此可知该工程结构的最大固有频率为 53.45rad/s,对应的振型向量为$(0.586\ 7,-0.665\ 2,1.000\ 0,-0.468\ 6)^{\mathrm{T}}$。

(2) 采用反幂法求其最小特征值及对应的特征向量

令 $\boldsymbol{B}=\boldsymbol{A}-\lambda'\boldsymbol{I}$,取 $\lambda'=145$,初始迭代向量 $\boldsymbol{x}_0=(1,1,1,1)^{\mathrm{T}}$,计算结果如表 8.4.2 所列。

表 8.4.2 反幂法迭代计算表

k	y_k				m_k	x_k			
	$y_k(1)$	$y_k(2)$	$y_k(3)$	$y_k(4)$		$x_k(1)$	$x_k(2)$	$x_k(3)$	$x_k(4)$
1	0.063 5	0.115 7	0.181 3	0.216 8	0.216 8	0.292 7	0.533 7	0.835 9	1.000 0
2	0.044 0	0.080 7	0.127 2	0.152 5	0.152 5	0.288 4	0.528 8	0.833 7	1.000 0
3	0.043 8	0.080 3	0.126 7	0.152 0	0.152 0	0.288 4	0.528 8	0.833 7	1.000 0
4	0.043 8	0.080 3	0.126 7	0.151 9	0.151 9	0.288 4	0.528 8	0.833 7	1.000 0
5	0.043 8	0.080 3	0.126 7	0.151 9	0.151 9	0.288 4	0.528 8	0.833 7	1.000 0

由结果可知,$\boldsymbol{B}^{-1}$ 的最大特征值为 $\lambda=m_6=0.151\ 9$,则原矩阵的最小特征值为

$$\frac{1}{\lambda}+\lambda'=\frac{1}{0.151\ 9}+145=151.58$$

该工程结构的最小固有频率为 12.31rad/s,对应的振型向量为$(0.288\ 4,0.528\ 8,0.833\ 7,1.000\ 0)^{\mathrm{T}}$。

第 9 章　非线性方程求根

海洋工程中经常遇到求解非线性方程的问题。一般地，若 $f(x)$ 为非线性函数，则称求方程

$$f(x)=0 \tag{9.0.1}$$

的根为非线性方程求解问题。由于非线性方程的根很少能用解析式表示出来，因此，需要借助于数值方法寻求近似解。本章介绍的非线性方程的数值求解方法包括二分法、迭代法、Newton 法、弦截法和抛物线法。

采用迭代法求解非线性方程时，需要确定解所在的区间。设函数 $f(x)$ 在 $[a,b]$ 上连续，且 $f(a)f(b)<0$，根据连续函数性质知方程 $f(x)=0$ 在区间 $[a,b]$ 上一定有实根，$[a,b]$ 称为有根区间。

不妨设 $f(a)<0,f(b)>0$，从有根区间 $[a,b]$ 左端点 $x_0=a$ 出发，按某个预定的步长 h（如取 $h=\dfrac{b-a}{N}$），一步步向右跨，每跨一步进行一次根的"搜索"。若与 a 点函数值异号，即 $f(x_k)>0$，则可确定一个缩小的有根区间，宽度为预定的步长。

9.1 二分法

9.1.1 二分法原理

二分法的计算步骤如下：

（1）准备。计算 $f(x)$ 在有根区间 $[a,b]$ 端点处的值 $f(a),f(b)$。

（2）二分。计算 $f(x)$ 在区间中点 $\dfrac{a+b}{2}$ 处的值 $f\left(\dfrac{a+b}{2}\right)$。若 $f\left(\dfrac{a+b}{2}\right)=0$，则 $\dfrac{a+b}{2}$ 即是根，计算结束；否则继续步骤（3）。

（3）判断。若 $f(a)\cdot f\left(\dfrac{a+b}{2}\right)<0$，则根位于区间 $\left[a,\dfrac{a+b}{2}\right]$ 内，以 $\dfrac{a+b}{2}$ 代

替 b;若 $f(a) \cdot f\left(\dfrac{a+b}{2}\right) > 0$,则根位于区间 $\left[\dfrac{a+b}{2}, b\right]$ 内,以 $\dfrac{a+b}{2}$ 代替 a。

反复执行步骤(2)和(3),直至区间 $[a,b]$ 长度缩小到允许误差范围内,此时区间中点 $\dfrac{a+b}{2}$ 即可作为所求的根。

二分法的优点在于计算时简单,算法收敛。

例 9.1.1 用二分法求方程 $\cos(x) - x = 0$ 在区间 $[0,1]$ 内的根。

解 令 $f(x) = \cos(x) - x$,$a = 0$,$b = 1$,则 $f(0) = 1 > 0$,$f(1) = -0.459\ 7 < 0$。

用二分法在 $[0,1]$ 内的计算结果如表 9.1.1 所列。

表 9.1.1　例 9.1.1 二分法计算结果表

k	a_k	b_k	x_k
0	0	1	0.5
1	0.5	1	0.75
2	0.5	0.75	0.625
3	0.625	0.75	0.687 5
4	0.687 5	0.75	0.718 75
5	0.718 75	0.75	0.734 38
6	0.734 38	0.75	0.742 19
7	0.734 38	0.742 19	0.738 28
8	0.738 28	0.742 19	0.740 23
9	0.738 28	0.740 23	0.739 26
10	0.738 28	0.739 26	0.738 77
11	0.738 77	0.739 26	0.739 01
12	0.739 01	0.739 26	0.739 14
13	0.739 01	0.739 14	0.739 07
14	0.739 07	0.739 14	0.739 11

故 $x \approx x_{14} = 0.739\ 11$。

9.1.2 二分法编程

二分法计算流程如图 9.1.1 所示。

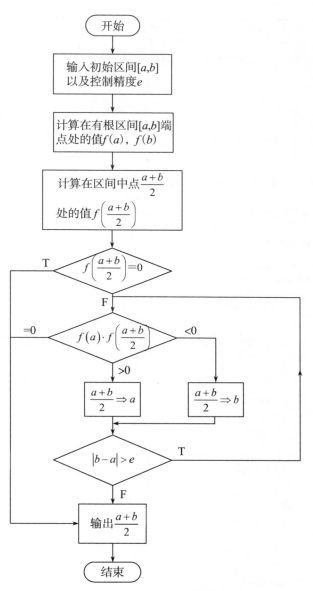

图 9.1.1　二分法计算流程

```matlab
%e 为精度，用于控制循环条件，即前、后两次迭代值之差的绝对值小于该值
%则认为找到方程的根；a 为初始范围下限；b 为初始范围上限
function [output,Results]=NESOLU_Bisection(e,a,b)
    x=[a b];
    F=f(x);                              %F=[f(x1) f(x2)],此处求 f(a),f(b)
    switch sign(prod(F))                 %prod(F)等同于 f(x1)*f(x2)
                                         %sign(prod(F))=1    f(x1)*f(x2)>0
                                         %            = -1 f(x1)*f(x2)<0
                                         %            =0    f(x1)*f(x2)=0
        case 1                           %当 f(x1)*f(x2)>0
            error('方程的解不在区间范围内!');
        case 0                           %当 f(x1)*f(x2)=0
            output=x(find(F==0));        %输出 f_(x)=0 的根 x
        case -1                          %当 f(x1)*f(x2)<0
            x=[a mean(x) b];             %x=[x1 (x1+x2)/2 x2]

            F=f(x);
            Results=x;
            while abs(x(3)-x(1))>e
                switch sum(sign(F(3).*F))  %设 f(mid)=f((x1+x2)/2)
                                           % F(3).*F=[f(x1)*f(x2) f(mid)*f(x2) f(x2)*f(x2)]
                                           %sign(...)=[-1 f(mid)*f(x2)的正负号  1]
                                           %sum(...)=0    f(mid)*f(x2)=0
                                           %        = 1  f(mid)*f(x2)>0
                                           %        = -1 f(mid)*f(x2)<0

                    case 0
                        output=x(2);
                        break
                    case 1
                        x(3)=x(2);
                    case -1;
                        x(1)=x(2);
                end
                x(2)=mean([x(1) x(3)]);
                F=f(x);
                Results=vpa([Results;x],6);
            end
            output=vpa(x(2),6);
    end
end

function output=f(x)
    %存放非线性方程形式
    output=cos(x)-x ;
end
```

9.2 迭代法

9.2.1 迭代法原理

非线性方程 $x=\varphi(x)$ 迭代求解的过程实质上是一个逐步显式化的过程，其公式如下：

$$x_{k+1}=\varphi(x_k) \quad (k=0,1,2,\cdots) \tag{9.2.1}$$

其解为

$$x^*=\lim_{k\to\infty}x_k \tag{9.2.2}$$

定理 9.2.1 假定函数 $\varphi(x)$ 满足下列 2 项条件：

(1) 对任意 $x\in[a,b]$，有 $a\leqslant\varphi(x)\leqslant b$；

(2) 存在正数 $L<1$，使对任意 $x\in[a,b]$ 有 $|\varphi'(x)|\leqslant L<1$。

则迭代过程 $x_{k+1}=\varphi(x_k)$ 对任意初值 $x_0\in[a,b]$ 均收敛于方程 $x=\varphi(x)$ 的根 x^*，且有误差估计

$$|x_k-x^*|\leqslant\frac{L^k}{1-L}|x_1-x_0| \tag{9.2.3}$$

定理 9.2.2 设 x^* 为方程 $x_{k+1}=\varphi(x_k)$ 的根，$\varphi'(x)$ 在 x^* 的邻域连续，且 $|\varphi'(x^*)|<1$，则迭代过程 $x_{k+1}=\varphi(x_k)$ 在 x^* 的邻域具有局部收敛性。

例 9.2.1 用迭代法求方程 $x^3-2x-1=0$ 在 $x_0=1.5$ 附近的根。

解 取 $x_0=1.5$ 的邻域 $[1,2]$ 来计算。

(1) 变换未知方程得 $x=\dfrac{x^3-1}{2}$，令 $\varphi(x)=\dfrac{x^3-1}{2}$，则 $\varphi'(x)=\dfrac{3x^2}{2}$。在区间 $[1,2]$ 上，显然 $\varphi'(x)>1$，故构造的迭代公式 $x_{k+1}=\dfrac{x_k^3-1}{2}$ 是发散的。

(2) 变换未知方程得 $x=\sqrt[3]{2x+1}$，令 $\varphi(x)=\sqrt[3]{2x+1}$，则 $\varphi'(x)=\dfrac{2}{3}(2x+1)^{-\frac{2}{3}}$。在 $x_0=1.5$ 处，有

$$|\varphi'(x)|=\left|\frac{2}{3}(2x+1)^{-\frac{2}{3}}\right|=\frac{2}{3}(2x+1)^{-\frac{2}{3}}=0.264\ 6<1$$

故构造的迭代公式 $x_{k+1}=\sqrt[3]{2x_k+1}$ 是收敛的，其数值求解结果如表 9.2.1

所列。

表 9.2.1　例 9.2.1 迭代计算表

k	0	1	2	3	4	5	6	7
x_k	1.5	1.587 40	1.610 20	1.616 04	1.617 52	1.617 90	1.618 00	1.618 03

故 $x \approx x_7 = 1.618\ 03$。

9.2.2 迭代法编程

迭代法计算流程如图 9.2.1 所示。

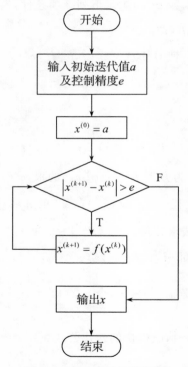

图 9.2.1　迭代法计算流程

```
%e 为精度，用于控制循环条件，即前、后两次迭代值之差的绝对值小于该值
%则认为找到方程的根；a 为迭代的初始值
function [output,Results]=NESOLU_Iteration(e,a)
    x=a;
    fv=0;
    Results=x;
      while abs(x-fv)>e
          fv=x;                   %fv 记录每次迭代的值,用于下次循环条件的比较
          x=f(x);
          Results=vpa([Results;x],6);
      end
      output=vpa(x,6);
end

function output=f(x)
    %存放迭代公式形式
    output=(2*x+1)^(1/3);
end
```

9.2.3 迭代公式的加工

设 x_0 是 x^* 的某个预测值,用迭代公式校正一次得

$$x_1 = \varphi(x_0) \tag{9.2.4}$$

由微分中值定理,有 $x_1 - x^* = \varphi'(\xi)(x_0 - x^*)$,其中,$\xi$ 介于 x_0 和 x^* 之间。假定 $\varphi'(x)$ 改变不大,近似取 $\varphi'(x) = L$,则

$$x_1 - x^* \approx L(x_0 - x^*) \tag{9.2.5}$$

得

$$x^* = \frac{1}{1-L}x_1 - \frac{L}{1-L}x_0 \tag{9.2.6}$$

按上面等式右端求得的

$$x_2 = \frac{1}{1-L}x_1 - \frac{L}{1-L}x_0 = x_1 + \frac{L}{1-L}(x_1 - x_0) \tag{9.2.7}$$

是比 x_1 更好的近似值。

令 $\bar{x}_k$ 和 x_k 分别表示第 k 步的校正值和改进值,则加速迭代公式为

$$\begin{cases} \bar{x}_{k+1} = \varphi(x_k) \\ x_{k+1} = \bar{x}_{k+1} + \dfrac{L}{1-L}(\bar{x}_{k+1} - x_k) \end{cases} \tag{9.2.8}$$

例 9.2.2　求方程 $x^3 - 2x - 1 = 0$ 在 $x_0 = 1.5$ 附近的根。

解　令 $\varphi(x)=\dfrac{x^3-1}{2}$，在 $x_0=1.5$ 附近，$L=\varphi'(x_0)=\dfrac{3{x_0}^2}{2}=3.375$，故迭代公式为

$$
\begin{cases}
\bar{x}_{k+1}=\dfrac{x_k^3-1}{2} \\[2mm]
x_{k+1}=\bar{x}_{k+1}-\dfrac{27}{19}(\bar{x}_{k+1}-x_k)
\end{cases}
$$

计算结果如表 9.2.2 所列。

表 9.2.2　例 9.2.2. 迭代计算表

k	0	1	2	3	4	5	6	7	8
$\bar{x}_k$	—	1.187 5	1.671 67	1.604 96	1.621 04	1.617 33	1.618 20	1.618 00	1.618 04
x_k	1.5	1.631 58	1.614 70	1.618 80	1.617 86	1.618 08	1.618 02	1.618 04	1.618 03

故 $x\approx x_8=1.618\ 03$。

9.2.4 Aitken(艾特肯)法

设已知 x^* 的某个猜测值 x_0，将校正值 $x_1=\varphi(x_0)$ 再校正一次，得

$$x_2=\varphi(x_1)$$

$$x_2-x^*\approx L(x_1-x^*) \tag{9.2.9}$$

与 $x_1-x^*\approx L(x_0-x^*)$ 联立，消去 L，有

$$\frac{x_1-x^*}{x_2-x^*}\approx\frac{x_0-x^*}{x_1-x^*} \tag{9.2.10}$$

则

$$x^*\approx\frac{x_0x_2-x_1^2}{x_0-2x_1+x_2}=x_2-\frac{(x_2-x_1)^2}{x_0-2x_1+x_2} \tag{9.2.11}$$

因而迭代计算公式变为

$$
\begin{cases}
\widetilde{x}_{k+1}=\varphi(x_k) \\
\bar{x}_{k+1}=\varphi(\widetilde{x}_{k+1}) \\
x_{k+1}=\bar{x}_{k+1}-(\bar{x}_{k+1}-\widetilde{x}_{k+1})^2/(\bar{x}_{k+1}-2\widetilde{x}_{k+1}+x_k)
\end{cases} \tag{9.2.12}
$$

例 9.2.4　求方程 $x^3-2x-1=0$ 在 $x_0=1.5$ 附近的根。

解　令 $x_{k+1}=\sqrt[3]{2x_k+1}$，计算结果如表 9.2.3 所列。

表 9.2.3　例 9.2.3 迭代计算表

k	0	1	2	3
$\tilde{x}_k$	—	1.587 40	1.618 09	1.618 03
$\bar{x}_k$	—	1.610 20	1.618 05	1.618 03
x_k	1.5	1.618 24	1.618 03	1.618 03

故 $x \approx x_3 = 1.618\ 03$。

9.3 Newton 法

9.3.1 Newton 法计算公式

对方程 $f(x)=0$，为应用迭代法，将其改写为 $x=\varphi(x)$。可令 $\varphi(x)=x+f(x)$，相应的迭代公式为

$$x_{k+1}=x_k+f(x_k) \tag{9.3.1}$$

加速迭代公式为

$$\begin{cases} \bar{x}_{k+1}=x_k+f(x_k) \\ x_{k+1}=\bar{x}_{k+1}+\dfrac{L}{1-L}(\bar{x}_{k+1}-x_k) \end{cases} \tag{9.3.2}$$

记 $M=L-1$，则式(9.3.2)中的两式合并为

$$x_{k+1}=x_k-\frac{f(x_k)}{M} \tag{9.3.3}$$

式(9.3.3)称为简单的 Newton 公式。相应的迭代函数是 $\varphi(x)=x-\dfrac{f(x)}{M}$，需要注意的是，由于 L 是 $\varphi'(x)$ 的估计值，而 $\varphi(x)=x+f(x)$，$M=L-1$ 实际上是 $f'(x)$ 的估计值，若用 $f'(x)$ 代替 M，则得

$$\varphi(x)=x-\frac{f(x)}{f'(x)} \tag{9.3.4}$$

相应的迭代公式为

$$x_{k+1}=x_k-\frac{f(x_k)}{f'(x_k)} \tag{9.3.5}$$

此式即为 Newton 公式。由 Taylor 展开式

$$f(x)\approx f(x_k)+f'(x_k)(x-x_k)$$

令 $f(x)=0$，得

$$x = x_k - \frac{f(x_k)}{f'(x_k)} \tag{9.3.6}$$

定义 9.3.1 设迭代过程 $x_{k+1} = \varphi(x_k)$ 收敛于方程 $x = \varphi(x)$ 的根 x^*，若迭代误差 $e_k = x_k - x^*$，当 $k \to \infty$ 时成立，渐进关系式

$$\frac{e_{k+1}}{e_k^p} \to C \quad (C \text{ 为非零常数})$$

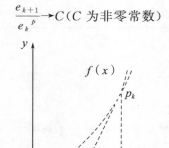

图 9.3.1 Newton 法公式推导示意图

则称该迭代过程是 p 阶收敛的。$p = 1$ 称线性收敛，$p > 1$ 称超线性收敛，$p = 2$ 称平方收敛。

定理 9.3.1 对于迭代过程 $x_{k+1} = \varphi(x_k)$，若 $\varphi^{(p)}(x)$ 在所求根 x^* 附近连续，且 $\varphi'(x^*) = \varphi(x^*) = \varphi^{(p-1)}(x^*) = 0; \varphi^p(x^*) \neq 0$，则该迭代过程在点 x^* 附近是 p 阶收敛的。

对 Newton 公式(9.3.4)两边求导，得

$$\varphi'(x) = \frac{f(x)f''(x)}{[f'(x)]^2} \tag{9.3.7}$$

假定 x^* 是 $f(x)$ 的一个单根，即 $f(x^*) = 0, f'(x^*) \neq 0$，则 $\varphi'(x^*) = 0$。依定理 9.3.1，Newton 法在根 x^* 的附近是 2 阶收敛的。

例 9.3.1 求方程 $x^4 - 4x - 5 = 0$ 在 $x_0 = 1.5$ 附近的根。

解 Newton 法迭代公式为 $x_{k+1} = x_k - \dfrac{x_k^4 - 4x_k - 5}{4x_k^3 - 4}$，计算结果如表 9.3.1 所列。

表 9.3.1 例 9.3.1 迭代计算表

k	0	1	2	3	4	5
x_k	1.5	2.125 0	1.924 6	1.882 9	1.881 2	1.881 2

由于 x_4 和 x_3 之间的误差小于 10^{-4}，故 $x \approx x_5 = 1.881\ 2$。

9.3.2 Newton 法编程

Newton 法计算流程如图 9.3.2 所示。

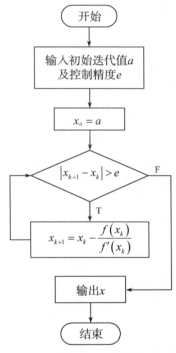

图 9.3.2　Newton 法计算流程

```
%e 为精度，用于控制循环条件，即前、后两次迭代值之差的绝对值小于该值
%则认为找到方程的根；a 为迭代的初始值
function [output,Results]=NESOLU_Newton(e,a)
    x=a;
    fv=0;
    Results=x;
    while abs(x-fv)>e
        fv=x;                        %fv 记录每次迭代的值,用于下次循环条件的比较
        x=x-f(x)./fd(x);             %迭代公式为 f(x); fd(x)为 f(x)的一次导数
        Results=vpa([Results;x],6);
    end
    output=vpa(x,6);
end

function output=f(x)
    %存放非线性方程形式
```

```
    output=x.^4-4*x-5;
  end

function output=fd(x)
    %存放非线性方程一阶导数形式
    output=4*x.^3-4;
  end
```

9.4 弦截法

9.4.1 弦截法原理

如图 9.4.1 所示，设非线性函数方程 $f(x)=0$，其中 $f(x)$ 为 $[a,b]$ 上连续函数，且 $f(a)f(b)<0$，x_0,x_1 为初始近似值，可以通过 $(x_0,f(x_0))$ 和 $(x_1,f(x_1))$ 两点构造线性插值多项式 $p_1(x)$ 来代替 $f(x)$，把 $p(x_1)=0$ 的根记为 x_2，作为 $f(x)=0$ 的根的二次近似值。若按上述方法已算出 $x_2,x_3,\cdots,x_k$，现求 x_{k+1}。

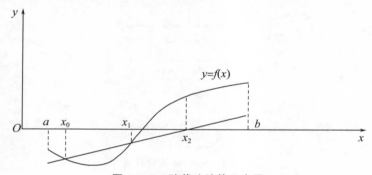

图 9.4.1　弦截法计算示意图

由 x_{k-1},x_k 利用线性插值构造 $p_k(x)$ 来代替 $f(x)$，并求 $p_k(x)=0$ 的零点，记为 x_{k+1}，作为 $f(x)=0$ 的根的第 $k+1$ 次近似值。由 $p_k(x)=f(x_k)+\dfrac{f(x_k)-f(x_{k-1})}{x_k-x_{k-1}}(x-x_k)=0$ 得初始值为 x_0 和 x_1 的弦截法迭代公式：

$$x_{k+1}=x_k-\frac{x_k-x_{k-1}}{f(x_k)-f(x_{k-1})}f(x_k)　(k=1,2,\cdots) \tag{9.4.1}$$

即

$$x_{k+1}=x_k-\frac{f(x_k)}{\dfrac{f(x_k)-f(x_{k-1})}{x_k-x_{k-1}}} \tag{9.4.2}$$

定理 9.4.1　设由方程 $f(x)=0$，若满足条件

（1）设 $f(x),f'(x),f''(x)$ 在根 x^* 某个充分小的邻域 $R=\{x\mid|x-x^*|\leqslant\delta\}$ 内连续；

（2）$f'(x^*)\neq0$。

则有①对任取初值 $x_0,x_1\in R$，由弦截法产生的序列 $\{x_k\}$ 收敛于 x^*；②弦截法具有超线性收敛，且收敛阶 $p=1.618$。

例 9.4.1　求方程 $-x^3+4x^2+8=0$ 在 $[4,5]$ 内的根。

解　取 $x_0=4,x_1=5$，计算结果如表 9.4.1 所列。

表 9.4.1　例 9.4.1 迭代计算表

k	0	1	2	3	4	5	6
x_k	4	5	4.32	4.392 48	4.411 85	4.411 14	4.411 14
$f(x_k)$	8	−17	2.028 03	0.427 65	−0.016 37	0.000 00	−0.000 10

由于 x_5 和 x_6 之间的误差小于 10^{-5}，故 $x\approx x_6=4.411\ 14$。

9.4.2 弦截法编程

弦截法计算流程如图 9.4.2 所示。

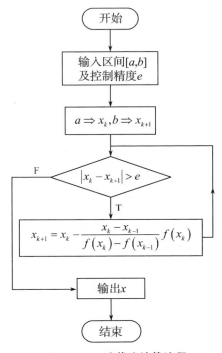

图 9.4.2　弦截法计算流程

```
%e 为精度，用于控制循环条件，即前、后两次迭代值之差的绝对值小于该值
%则认为找到方程的根；a 为初始范围下限；b 为初始范围上限
function [output,Results]=NESOLU_Secant(e,a,b)
    x=[a b];                              %x=[x(k) x(k+1)]
                                          %x(k)表示前一次求的根
    Results=x;                            %x(k+1)表示后一次求的根
    while abs(diff(x))>e
        F=f_(x);
        temp=x(2);
        x(2)=x(2)-F(2)./diff(F).*diff(x);  %迭代公式
                                          %其中 diff(F)=f[x(k+1)]-f[x(k)]
                                          %     diff(x)=x(k+1)-x(k)

        x(1)=temp;
        Results=vpa([Results;x],6);
    end
    output=vpa(x(2),6);
end


function output=f_(x)
    %存放非线性方程形式
    output= -x.^3+4*x.^2+8;
end
```

9.5 抛物线法

9.5.1 抛物线法原理

抛物线法可用于求多项式方程 $p(x)=0$ 的实根和复根,也可求一般函数方程 $f(x)=0$ 的根。它是弦截法的推广。

设方程 $f(x)=0$,首先给出 x^* 的 3 个初始估计值 x_0,x_1,x_2,过 $(x_0, f(x_0)),(x_1,f(x_1)),(x_2,f(x_2))$ 构造二次插值多项式 $p_2(x)$,求 $p_2(x)=0$ 的零点,记为 x_2,作为 x^* 的第三次近似值。

一般地,若已求得方程 3 个根的近似值 x_{k-2},x_{k-1},x_k,过此三点构造二次插值多项式 $p_k(x)$,求 $p_k(x)=0$ 的零点,记为 x_{k+1},作为 $f(x)=0$ 的根的第 k +1 次近似值。显然有

$$\begin{cases} p_k(x)=f(x_k)+f[x_k,x_{k-1}](x-x_k)+f[x_k,x_{k-1},x_{k-2}](x-x_k)(x-x_{k-1}) \\ f[x_k,x_{k-1}]=\dfrac{f(x_{k-1})-f(x_k)}{x_{k-1}-x_k} \\ f[x_k,x_{k-1},x_{k-2}]=\dfrac{f[x_{k-1},x_{k-2}]-f[x_k,x_{k-1}]}{x_{k-2}-x_k} \end{cases}$$

$$(9.5.1)$$

为求 $p_k(x)=0$，将上式转化为

$$p_k(x)=a_k(x-x_k)^2+b_k(x-x_k)+c_k \tag{9.5.2}$$

式中，$\begin{cases} a_k=f[x_{k-2},x_{k-1},x_k] \\ b_k=f[x_{k-1},x_k]+f[x_{k-2},x_{k-1},x_k](x_k-x_{k-1})。 \\ c_k=f(x_k) \end{cases}$

令 $x_{k+1}=x_k+h$，则

$$a_k h^2+b_k h+c_k=0 \tag{9.5.3}$$

绝对值最小的根为

$$h_k=\frac{-b_k\pm\sqrt{b_k^2-4a_k c_k}}{2a_k} \tag{9.5.4}$$

因此，初值为 x_0,x_1,x_2 的抛物线法计算公式为

$$x_{k+1}=x_k-\frac{2c_k}{b_k\pm\sqrt{b_k^2-4a_k c_k}} \quad (k=2,3,\cdots) \tag{9.5.5}$$

根式前符号应选择使上式分母的绝对值最大，即符号应取与 b_k 同号，即在 $p_2(x)=0$ 的两根中选择接近于 x_k 的作为 $f(x)=0$ 的根的第 $k+1$ 次近似值。

在一定条件下，可以证明抛物线法的收敛阶 $p=1.840$。

例 9.5.1　求方程 $x^3-2x-1=0$ 在 $[1,2]$ 内的根。

解　初值选 $x_0=1.0,x_1=1.4,x_2=2.0$，计算结果如表 9.5.1 所列。

表 9.5.1　例 9.5.1 迭代计算表

k	x_k	$f(x_k)$	$f[x_{k-1},x_k]$	$f[x_{k-2},x_{k-1},x_k]$
0	1.0	$-2.000\ 00$		
1	1.4	$-1.056\ 00$	2.360 00	
2	2.0	3.000 00	6.760 00	4.400 00
3	1.609 46	$-0.049\ 84$	7.809 29	5.009 50
4	1.617 91	$-0.000\ 73$	5.811 83	0.082 50
5	1.618 03	$-0.000\ 023$		

由表中数据可得

(1) $a_2=4.4,b_2=9.4,c_2=3,x_3=1.609\ 46$；

(2) $a_3=5.009\ 5,b_3=5.852\ 88,c_3=-0.049\ 84,x_4=1.617\ 91$；

（3）$a_4 = 0.082\ 50, b_4 = 5.812\ 53, c_4 = -0.000\ 73, x_5 = 1.618\ 03$。

故 $x \approx x_5 = 1.618\ 03$。与前例比较，抛物线法较弦截法收敛更快。

例 9.5.2 求方程 $e^x \sin x - x^3 + 1 = 0$ 在 $[1.5, 2.5]$ 内的根。

解 初值选 $x_0 = -0.5, x_1 = 1.0, x_2 = 2.2$，计算结果如表 9.5.2 所列。

表 9.5.2 例 9.5.2 迭代计算表

k	x_k	$f(x_k)$	$f[x_{k-1}, x_k]$	$f[x_{k-2}, x_{k-1}, x_k]$
0	-0.5	0.834 21		
1	1.0	2.287 36	0.968 77	
2	2.2	$-2.351\ 31$	$-3.865\ 56$	$-1.790\ 49$
3	1.748 29	1.310 84	$-8.107\ 30$	$-5.668\ 58$
4	1.945 05	0.151 31	$-5.893\ 12$	$-8.684\ 76$
5	1.964 52	0.004 09	$-7.561\ 38$	$-7.715\ 21$
6	1.965 05	$-0.000\ 009\ 9$		

由表中数据得

（1）$a_2 = -1.790\ 49, b_2 = -6.014\ 15, c_2 = -2.351\ 31, x_3 = 1.748\ 29$；

（2）$a_3 = -5.668\ 58, b_3 = -5.546\ 75, c_3 = 1.310\ 84, x_4 = 1.945\ 05$；

（3）$a_4 = -8.684\ 76, b_4 = -7.601\ 93, c_4 = 0.151\ 31, x_5 = 1.964\ 52$；

（4）$a_5 = -7.715\ 21, b_5 = -7.711\ 60, c_5 = 0.004\ 09, x_6 = 1.965\ 05$。

故 $x \approx x_6 = 1.965\ 05$。其迭代过程如图 9.5.1(a)～(d) 所示。

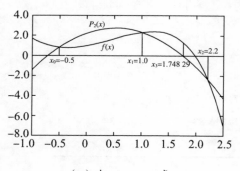

（a）由 x_0，x_1，x_2 求 x_3

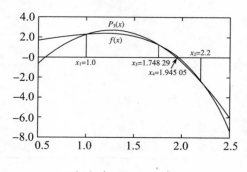

（b）由 x_1，x_2，x_3 求 x_4

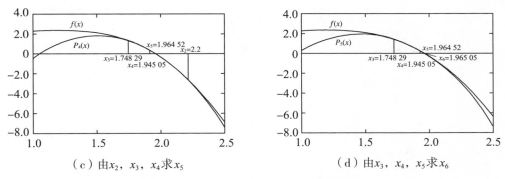

（c）由x_2，x_3，x_4求x_5 （d）由x_3，x_4，x_5求x_6

图 9.5.1 例 9.5.2 抛物线法计算过程图

9.5.2 抛物线法编程

抛物线法计算流程如图 9.5.2 所示。

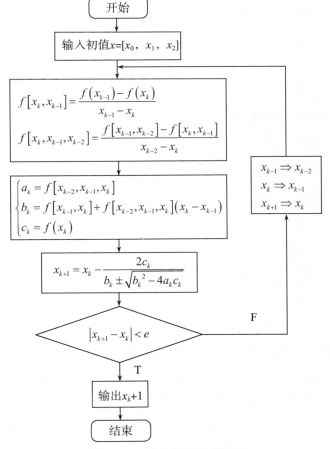

图 9.5.2 抛物线法计算流程

```
%e 精度，用于控制循环条件，即前、后两次迭代值之差的绝对值小于该值
%则认为找到方程的根；X 为初值向量，必需 3 个元素[X0,X1,X2]
function [output,Results]=NESOLU_Parabola(e,X)
    if length(X)~=3      %检查初值个数是否符合条件
        disp('输入初值有误!');
        return;
    end
    x=X;
    Results=x;
    while abs(x(3)-x(2))>e
        ak=fk(x);
        bk=fk(x(2:3))+ak*(x(3)-x(2));
        ck=f(x(3));
        x(1)=[];     % 删除 X 中的第一个元素,即原 X(k-2),则 X(k-1)=>X(k-2),X(k)=>X(k-1)
        x(3)=x(2)-2*ck/(bk+sign(bk)*sqrt(bk^2-4*ak*ck));     %求 X(k+1),且 X(k+1)=>X(k)
        %sign(bk)使 sqrt 的结果与 bk 同号
        Results=vpa([Results;x],6);
    end
    output=vpa(x(3),6);
end

function   output=fk(x)
    if length(x)==2
        output=(f(x(1))-f(x(2)))/(x(1)-x(2));
    else
        if length(x)==3
            output=(fk(x(1:2))-fk(x(2:3)))/(x(1)-x(3));
        else
            disp('输入参数有误!');
        end
    end
end

function output=f(x)
    %存放非线性方程形式
    output=x.^3-2*x-1;
end
```

9.6 工程案例——锚链线长度非线性方程 Newton 法求根

　　船舶或者浮式平台抛锚时,通常设置有足够长的锚链,使海床上有一躺底段,这时锚只受到环境荷载传递来的水平方向的拉力,而不产生上拔力,这是保证锚正常工作的必要条件。然而,工程船舶在海上定位时,不仅要考虑环境荷

载因素还要考虑周围的水域条件,如水深、海底及水中的障碍物,在这些特定的水域中施工作业,要求锚链不能太长,海床上无躺底段,这就会造成锚链的起锚角大于 0°。这种情况下,若起锚角限定值和水深是已知条件,要求出锚链的长度,应该先通过迭代方程求出锚链的水平投影长度,最后利用公式求出锚链在海水中的长度。著名的悬链线方程如下:

$$y = A\left[\frac{1}{\cos\alpha}\left(\cosh\frac{x}{A}-1\right)+\tanh\frac{x}{A}\right] \tag{9.6.1}$$

式中,y 为水深;A 为系数,$A=\dfrac{R}{q}$,R 为挂链点的水平拉力,q 为锚链单位长度湿重;α 为起锚角。图 9.6.1 为悬链线及其受力图。

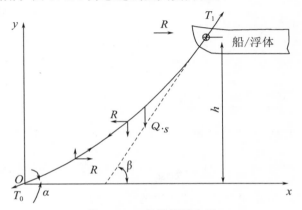

图 9.6.1　悬链线受力图

在给定 α、h、R、A 的条件下,构造非线性方程如下。利用牛顿切线法求出方程的根,即锚链的水平投影长度,该水平投影长度为复合求积公式计算的区间上限

$$f(x) = A\left[\frac{1}{\cos\alpha}\left(\cosh\frac{x}{A}-1\right)+\tanh\frac{x}{A}\right]-h$$

以一组工程数据为例:

$$R=1\,563.95\ \text{kN};q=1.274\ \text{kN/m};h=20.85\ \text{m};\alpha=6.954°$$

解　若已知 $f(x)=0$ 的近似根 x_0,且在 x_0 附近可用一阶泰勒多项式近似表示如下:

$$f(x)\approx f(x_0)+f'(x_0)(x-x_0)$$

当 $f'(x_0)\neq 0$,$f(x)=0$ 用 $f(x_0)+f'(x_0)(x-x_0)=0$ 代替,解出 $x=x_0$

$-\dfrac{f(x_0)}{f'(x_0)}$。取 x 作为新的近似根 x_1，重复以上步骤，得到迭代公式 $x_{k+1}=x_k$

$-\dfrac{f(x_k)}{f'(x_k)}(k=0,1,2,\cdots)$

将工程数据代入 $f(x)=A\left[\dfrac{1}{\cos\alpha}\left(\cosh\dfrac{x}{A}-1\right)+\tanh\dfrac{x}{A}\right]-h$，该式变为

$$f(x)=1\ 227.59\left[\dfrac{1}{0.992\ 64}\left(\cosh\dfrac{x}{1\ 227.59}-1\right)+0.121\ 97\sinh\dfrac{x}{1\ 227.59}\right]-$$

20.85

其导数为 $f(x)=1\ 227.59\left[\dfrac{1}{0.992\ 64}\sinh\dfrac{x}{1\ 227.59}+0.121\ 97\cosh\dfrac{x}{1\ 227.59}\right]$

计算结果如表 9.6.1 所列。

表 9.6.1　迭代计算表

k	0	1	2	3	4
x_k/m	100.000 0	122.168 0	121.250 7	121.249 1	121.249 1

利用牛顿切线法求出锚链的水平投影长度 $x=121.249\ 1$ m,锚链长度公式为：$l=\dfrac{R}{q}\left[\tan\alpha\left(\cosh\dfrac{x}{A}-1\right)+\dfrac{1}{\cos\alpha}\sinh\dfrac{x}{A}\right]$，将已知的工程数据及 $x=121.249\ 1$ m 代入可以得到锚链长度的精确解为 $l=123.047\ 6$ m。

第 10 章　常微分方程初值问题的数值解法

工程中需要求解常微分方程问题,例如

$$\begin{cases} y' = f(x, y) \\ y(x_0) = y_0 \end{cases} \tag{10.0.1}$$

只要函数 $f(x, y)$ 连续光滑,例如,y 满足 Lipschitz(利普希茨)条件

$$|f(x, y) - f(x, \bar{y})| \leqslant L|y - \bar{y}| \tag{10.0.2}$$

理论上可以证明初值的解 $y = y(x)$ 存在且唯一。而数值解法,则是寻求解 $y(x)$ 在一系列离散节点($x_1 < x_2 < \cdots < x_n < x_{n+1} < \cdots$)上的近似值 $y_1, y_2, \cdots, y_n, y_{n+1}, \cdots$。在此,相邻 2 个节点的间距称为步长,即 $h = x_{n+1} - x_n$。本章如不特别说明,总是假定 h 为定值,节点为 $x_n = x_0 + nh(n = 0, 1, 2, \cdots)$。

10.1 Euler(欧拉)公式

10.1.1 Euler 公式的推导

如图 10.1.1 所示,在 xOy 平面上,微分方程的解 $y = y(x)$ 称作积分曲线。从起点 P_0 出发,沿方向线($f(x, y)$),从顶点 p_n 推进到 p_{n+1},由两顶点 p_n,p_{n+1} 的坐标,得以下关系:

$$\frac{y_{n+1} - y_n}{x_{n+1} - x_n} = f(x_n, y_n) \tag{10.1.1}$$

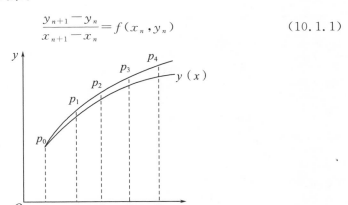

图 10.1.1　Euler 公式推导示意图

变换上式,可得 Euler 公式

$$y_{n+1} = y_n + h f(x_n, y_n) \qquad (10.1.2)$$

计算中常以 Taylor 展开为工具分析计算公式的精度:

$$y(x_{n+1}) = y(x_n) + h y'(x_n) + \frac{h^2}{2!} y''(\xi_n) \quad (n = 0, 1, 2, \cdots)$$

$$(10.1.3)$$

为了简化,有时假定 y_n 为准确,即在 $y_n = y(x_n)$ 的前提下估计误差 $y(x_{n+1}) -$ y_{n+1},此误差称为局部截断。由于

$$f(x_n, y_n) = f(x_n, y(x_n)) = y'(x_n) \qquad (10.1.4)$$

显然,Euler 公式的局部截断误差为

$$y(x_{n+1}) - y_{n+1} = \frac{h^2}{2} y''(\xi) \approx \frac{h^2}{2} y''(x_n) \qquad (10.1.5)$$

例 10.1.1 试求 $\begin{cases} y' = -y + 2x + 1 (0 \leqslant x \leqslant 2) \\ y(0) = 1 \end{cases}$ 的解,并与其精确解 $y = 2x$ $+ 2e^{-x} - 1$ 比较。

解 Euler 公式为 $y_{n+1} = y_n + h(-y_n + 2x_n + 1)$,取计算步长 $h = 0.2$。数值计算结果 y_n 与精确解 $y(x_n)$ 见表 10.1.1。

表 10.1.1 例 10.1.1 计算结果表

x_n	0	0.2	0.4	0.6	0.8	1.0	1.2	1.4	1.6	1.8	2.0
y_n	1.000 0	1.000 0	1.080 0	1.224 0	1.419 2	1.655 4	1.924 3	2.219 4	2.535 5	2.868 4	3.214 7
$y(x_n)$	1.000 0	1.037 5	1.140 6	1.297 6	1.498 7	1.735 8	2.002 4	2.293 2	2.603 8	2.930 6	3.270 7

10.1.2 Euler 公式编程

Euler 法求解常微分方程流程如图 10.1.2 所示。

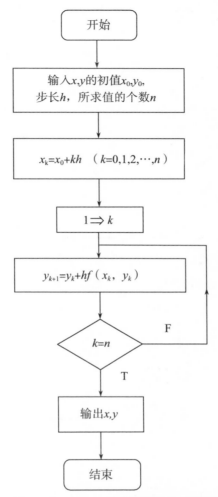

图 10.1.2　Euler 法求解常微分方程流程

```
%常微分方程的数值解法—Euler 公式
%说明: x0，y0   x，y 的初值;
%h 步长; n 所求值的个数;
%当输出一个结果时: 输出的是 y 值;
%当输出二个结果时: output1 输出 x,
% output2 输出 y。
function[output1,output2]=DifEqSolu_Euler(x0,y0,h,n)
    y=zeros(1,n+1);
    y(1)=y0;
    x=x0:h:(x0+n*h);
    for k=1:n
```

```
        y(k+1)=y(k)+h*f(x(k),y(k));
    end
    if nargout==1
        output1=y;
    end
    if nargout==2
        output1=x;
        output2=y;
    end
end

function output=f(a,b)
    %存放常微分方程形式
output=-b+2*a+1;
    end
```

10.2 后退的 Euler 公式

10.2.1 后退 Euler 公式的推导

在点 x_{n+1} 列出常微分方程的导数项

$$y'(x_{n+1}) = f(x_{n+1}, y(x_{n+1})) \tag{10.2.1}$$

用向后差商 $\dfrac{y(x_{n+1}) - y(x_n)}{h}$ 代替导数 $y'(x_{n+1})$，则可得上式的离散化式子

$$\frac{y_{n+1} - y_n}{h} = f(x_{n+1}, y_{n+1}) \tag{10.2.2}$$

则后退的 Euler 公式为

$$y_{n+1} = y_n + h f(x_{n+1}, y_{n+1}) \tag{10.2.3}$$

局部截断误差为

$$y(x_{n+1}) - y_{n+1} \approx -\frac{h^2}{2} y''(x_n) \tag{10.2.4}$$

计算步骤如下：

(1) $y_{n+1}^{(0)} = y_n + h f(x_n, y_n)$；

(2) $y_{n+1}^{(1)} = y_n + h f(x_{n+1}, y_{n+1}^{(0)})$；

(3) $y_{n+1}^{(2)} = y_n + h f(x_{n+1}, y_{n+1}^{(1)})$；

(4) 依次进行，得 $y_{n+1}^{(k+1)} = y_n + h f(x_{n+1}, y_{n+1}^{(k)})(k=0,1,2,\cdots)$。

若迭代过程收敛，则极限值 $y_{n+1} = \lim\limits_{k \to \infty} y_{n+1}^{(k)}$ 满足后退 Euler 公式。

例 10.2.1　试求 $\begin{cases} y' - y + xy^3 = 0(0 \leqslant x \leqslant 2) \\ y(0) = 1 \end{cases}$ 的解。

解　后退 Euler 公式为 $\begin{cases} y_{n+1}^{(0)} = y_n + h(y_n - x_n y_n^3) \\ y_{n+1}^{(k+1)} = y_n + h(y_{n+1}^{(k)} - x_{n+1} y_{n+1}^{(k)3})(k=0,1,2,\cdots) \end{cases}$,

计算步长取 $h = 0.2$,迭代计算结果见表 10.2.1。

表 10.2.1　例 10.2.1 计算结果表

x_n	0	0.2	0.4	0.6	0.8	1.0	1.2	1.4	1.6	1.8	2.0
y_n	1	1.200 0	1.246 1	1.225 1	1.162 9	1.085 9	1.019 9	0.969 2	0.911 2	0.799 4	0.744 0

10.2.2 后退 Euler 公式编程

后退 Euler 法求解常微分方程流程如图 10.2.1 所示。

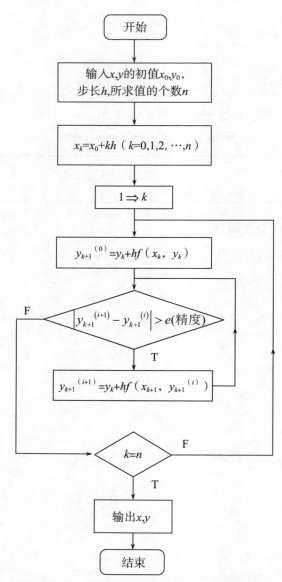

图 10.2.1　后退 Euler 法求解常微分方程流程

```
%常微分方程的数值解法—后退 Euler 公式
%说明:x0, y0  x, y 的初值;
%h 步长; n 所求值的个数;
%当输出一个结果时: 输出的是 y 值;
%当输出二个结果时: output1 输出 x,
% output2 输出 y。
function[output1,output2]=DifEqSolu_Euler_ back(x0,y0,h,n)
    y=zeros(1,n+1);
    y(1)=y0;
    x=x0:h:(x0+n*h);
    yk_1=0;
    for k=1:n
        yk=y(k)+h*f(x(k),y(k));
        while abs(yk_1-yk)>0.000 01
            yk_1=yk;
            yk=y(k)+h*f(x(k+1),yk);
        end
        y(k+1)=yk;
    end
    if nargout==1
        output1=y;
    end
    if nargout==2
        output1=x;
        output2=y;
    end
end

function output=f(a,b)
    %存放常微分方程形式
    output=b-a*b^3;
end
```

10.3 梯形 Euler 公式

10.3.1 梯形 Euler 公式的推导

比较 Euler 公式和后退 Euler 公式,若求二者的算术平均,可消除误差的主要部分 $\pm\dfrac{h^2}{2}y''_n$ 而获得更高的精度,此法称为梯形 Euler 方法。其计算公式为

$$y_{n+1}=y_n+\frac{h}{2}\big[f(x_n,y_n)+f(x_{n+1},y_{n+1})\big] \qquad (10.3.1)$$

迭代公式为

$$\begin{cases} y_{n+1}^{(0)} = y_n + hf(x_n, y_n) \\ y_{n+1}^{(k+1)} = y_n + \dfrac{h}{2} \left[f(x_n, y_n) + f(x_{n+1}, y_{n+1}^{(k)}) \right] \end{cases} (k=0,1,2,\cdots) \quad (10.3.2)$$

例 10.3.1　试求 $\begin{cases} y' = 2y + x - 1(0 \leqslant x \leqslant 2) \\ y(0) = 1 \end{cases}$ 的解。

解　梯形 Euler 公式为

$$\begin{cases} y_{n+1}^{(0)} = y_n + h(2y_n + x_n - 1) \\ y_{n+1}^{(k+1)} = y_n + \dfrac{h}{2} \left[(2y_n + x_n - 1) + (2y_{n+1}^{(k)} + x_{n+1} - 1) \right] \end{cases} (k=0,1,2,\cdots)$$

取计算步长 $h = 0.2$，计算结果见表 10.3.1。

表 10.3.1　例 10.3.1 计算结果表

x_n	0	0.2	0.4	0.6	0.8	1.0	1.2	1.4	1.6	1.8	2.0
y_n	1	1.275 0	1.737 5	2.481 2	3.646 9	5.445 3	8.192 9	12.364 4	18.671 6	28.182 4	42.498 6

10.3.2　梯形 Euler 公式编程

梯形 Euler 法求解常微分方程流程如图 10.3.1 所示。

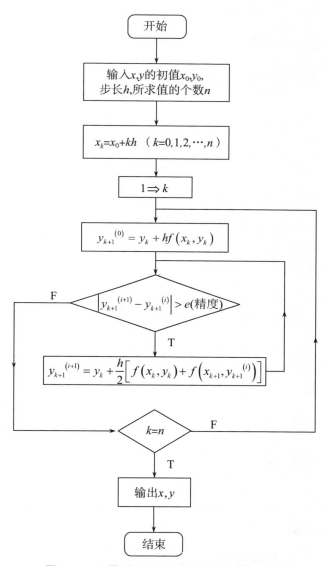

图 10.3.1　梯形 Eulor 法求解常微分方程流程

```
% 常微分方程的数值解法—梯形 Euler 公式
% 说明:x0, y0    x, y 的初值
%h 步长;n   所求值的个数
%当输出一个结果时,输出的是 y 值
%当输出二个结果时:output1 输出 x,
%output2 输出 y。
function[output1,output2]=DifEqSolu_Euler_trapezoidal(x0,y0,h,n)
y=zeros(1,n+1);
y(1)=y0;
x=x0:h:(x0+n*h);
yk_1=0;
for k=1:n
    yk=y(k)+h*f(x(k),y(k));
    while abs(yk_1-yk)>0.00001
        yk_1=yk;

yk=y(k)+h/2*(f(x(k),y(k))+f(x(k+1),yk));
    end
    y(k+1)=yk;
end
if nargout==1
    output1=y;
end
if nargout==2
    output1=x;
    output2=y;
end
end
function output=f(a,b)
%存放常微分方程形式
output=2*b+a-1;
end
```

10.4 改进的 Euler 公式

10.4.1 改进 Euler 公式的推导

梯形 Euler 法虽然提高了精度,但其计算复杂,每次迭代计算都要重新计算函数 f 的值,迭代需要若干次,计算量大。改进的 Euler 公式可以减少部分计算量,公式如下:

预测:$\bar{y}_{n+1} = y_n + hf(x_n, y_n)$

校正:$y_{n+1} = y_n + \dfrac{h}{2}[f(x_n, y_n) + f(x_{n+1}, \bar{y}_{n+1})]$

合并以上二式得

$$y_{n+1} = y_n + \frac{h}{2} \left[f(x_n, y_n) + f(x_n + h, y_n + h f(x_n, y_n)) \right] \quad (10.4.1)$$

上式亦可表达为

$$\begin{cases} y_p = y_n + h f(x_n, y_n) \\ y_c = y_n + h f(x_{n+1}, y_p) \\ y_{n+1} = \dfrac{1}{2}(y_p + y_c) \end{cases} \quad (10.4.2)$$

例 10.4.1　试求 $\begin{cases} y' = \dfrac{3y}{1+x} \ (0 \leqslant x \leqslant 1) \\ y(0) = 1 \end{cases}$ 的解。

解　改进 Euler 公式为 $\begin{cases} y_p = y_n + h \left(\dfrac{3y_n}{1+x_n} \right) \\ y_c = y_n + h \left(\dfrac{3y_p}{1+x_{n+1}} \right) \\ y_{n+1} = \dfrac{1}{2}(y_p + y_c) \end{cases}$ ，取计算步长 $h = 0.1$，计算

结果见表 10.4.1。

表 10.4.1　例 10.4.1 计算结果表

x_n	0	0.1	0.2	0.3	0.4	0.5	0.6	0.7	0.8	0.9	1.0
y_n	1	1.327 2	1.719 4	2.182 3	2.721 9	2.344 1	4.054 7	4.859 7	5.764 9	6.776 3	7.899 8

10.4.2 改进 Euler 公式编程

改进 Euler 法求解常微分方程流程如图 10.4.1 所示。

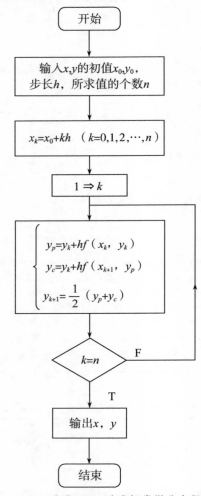

图 10.4.1　改进 Euler 法求解常微分方程流程

```
%常微分方程的数值解法—改进 Euler 公式
%说明: x0, y0 为 x, y 的初值
%  h步长; n 所求值的个数
%  当输出一个结果时, 输出的是 y 值
%  当输出二个结果时: output1 输出 x,
%output2 输出 y
function[output1,output2]=DifEqSolu_Euler_improved(x0,y0,h,n)
    y=zeros(1,n+1);
    y(1)=y0;
    x=x0:h:(x0+n*h);
    for k=1:n
        yp=y(k)+h*f(x(k),y(k));
        yc=y(k)+h*f(x(k+1),yp);
        y(k+1)=1/2*(yp+yc);
    end
    if nargout==1
        output1=y;
    end
    if nargout==2
        output1=x;
        output2=y;
    end
end

function output=f(a,b)
  %存放常微分方程形式
    output=3*b/(a+1);
end
```

10.5 Euler 两步法

10.5.1 Euler 两步法公式的推导

前述方法仅用到前一步信息 y_n,是单步法,若用中心差商 $\dfrac{y(x_{n+1})-y(x_{n-1})}{2h}$ 替代原始方程左端导数项 $y'(x_n)$,则离散化后得到 Euler 两步公式为

$$y_{n+1}=y_{n-1}+2hf(x_n,y_n) \qquad (10.5.1)$$

如果用 Euler 两步公式与梯形公式相互匹配,得

预测: $$\bar{y}_{n+1}=y_{n-1}+2hf(x_n,y_n) \qquad (10.5.2)$$

校正: $$y_{n+1}=y_n+\frac{h}{2}\left[f(x_n,y_n)+f(x_{n+1},\bar{y}_{n+1})\right] \qquad (10.5.3)$$

式(10.5.2)的局部截断误差为 $y(x_{n+1}) - \bar{y}_{n+1} \approx \dfrac{h^3}{3} y'''(x_n)$;式(10.5.3)

的局部截断误差为 $y(x_{n+1}) - y_{n+1} \approx -\dfrac{h^3}{12} y'''(x_n)$。比较可得

$$\frac{y(x_{n+1}) - y_{n+1}}{y(x_{n+1}) - \bar{y}_{n+1}} \approx -\frac{1}{4} \tag{10.5.4}$$

上式变换后可得

$$y(x_{n+1}) - y_{n+1} \approx \frac{1}{5} (\bar{y}_{n+1} - y_{n+1}) \tag{10.5.5}$$

设以 p_n 和 c_n 分别表示第 n 步的预测值和校正值,按式(10.5.5),$p_{n+1} - \dfrac{4}{5}(p_{n+1} - c_{n+1})$ 和 $c_{n+1} + \dfrac{1}{5}(p_{n+1} - c_{n+1})$ 分别可以取作 p_{n+1} 和 c_{n+1} 的改进值。在校正值 c_{n+1} 尚未求出之前,可用上一步的偏差值 $p_n - c_n$ 替代 $(p_{n+1} - c_{n+1})$ 来改进预测值 p_{n+1}。迭代步骤如下:

(1)预测:$p_{n+1} = y_{n-1} + 2h y'_n$;

(2)改进:$m_{n+1} = p_{n+1} - \dfrac{4}{5}(p_n - c_n)$;

(3)计算:$m'_{n+1} = f(x_{n+1}, m_{n+1})$;

(4)校正:$c_{n+1} = y_n + \dfrac{h}{2}(m'_{n+1} + y'_n)$;

(5)改进:$y_{n+1} = c_{n+1} + \dfrac{1}{5}(p_{n+1} - c_{n+1})$;

(6)计算:$y'_{n+1} = f(x_{n+1}, y_{n+1})$。

在迭代之初,y_1 可用改进的 Euler 公式求得,而 $(p_1 - c_1)$ 一般可取为零。

10.5.2 Euler 两步法公式编程

Euler 两步法求解常微分方程流程如图 10.5.1 所示。

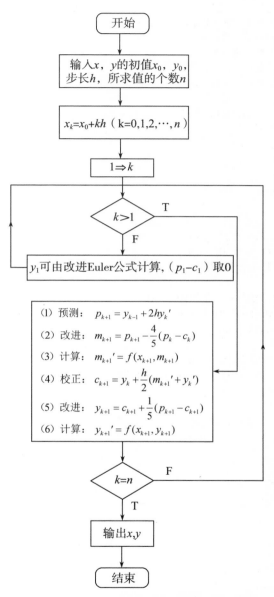

图 10.5.1　Euler 两步法求解常微分方程流程

```
% 常微分方程的数值解法—Euler 两步法
% 说明: x0，y0为x，y 的初值
%   h步长；n 所求值的个数
% 当输出一个结果时：输出的是 y 值
% 当输出二个结果时：output1 输出 x，
% output2 输出 y
function[output1,output2]=DifEqSolu_Euler _twice(x0,y0,h,n)
    y=zeros(1,n+1);
    y(1)=y0;
    x=x0:h:(x0+n*h);
    P=zeros(1,n+1);
    C=zeros(1,n+1);
    for k=1:1:n
        if k==1
            yp=y(k)+h*f(x(k),y(k));
            yc=y(k)+h*f(x(k+1),yp);
            y(k+1)=(yp+yc)/2;
        else
            P(k+1)=y(k-1)+2*h*f(x(k),y(k));
            m=P(k+1)-4/5*(P(k)-C(k));
            M=f(x(k+1),m);

C(k+1)=y(k)+h/2*(f(x(k),y(k))+M);
            y(k+1)=C(k+1)+1/5*(P(k+1)- C(k+1));
        end
    end
    if nargout==1
        output1=y;
    end
    if nargout==2
        output1=x;
        output2=y;
    end
end

function output=f(a,b)
    %存放常微分方程形式
    output=-b+2*a+1;
end
```

10.6 Runge-Kutta(龙格-库塔)方法

10.6.1 二阶 Runge-Kutta 方法

已知常微分方程初值问题如下：

$$\begin{cases} \dfrac{\mathrm{d}y}{\mathrm{d}x} = f(x,y) \\ y(x_0) = y_0 \end{cases} (x \in [a,b]) \tag{10.6.1}$$

若已知 $y(x)$ 以及在点 $x=x_i$ 的各阶导数，作 Taylor 级数展开

$$y_{i+1} = y_i + \frac{h}{1!}y_i' + \frac{h^2}{2!}y_i'' + \cdots + \frac{h^r}{r!}y_i^{(r)} + \cdots \tag{10.6.2}$$

由于导数计算复杂，工作量大，在 $[x_i, x_{i+1}]$ 上用 $f(x,y)$ 在一些点 $(x_i + \lambda_j h, y_i + \mu_j h)$ 的线性组合来代替式(10.6.2)中右端，得

$$y_{i+1} = y_i + h[\alpha_1 f(x_i, y(x_i)) + \alpha_2 f(x_i + \lambda_2 h, y(x_i) + \mu_2 h) + \cdots$$
$$+ \alpha_r f(x_i + \lambda_r h, y(x_i) + \mu_r h)] \tag{10.6.3}$$

把式(10.6.3)右端按 x_i 展开为 Taylor 级数，选取 $\alpha_j, \lambda_j, \mu_j$，使式 (10.6.2)与(10.6.3)右端的 $r+1$ 项全相等，同样可得估计式

$$y(x_{i+1}) - y_{i+1} = o(h^{r+1}) \tag{10.6.4}$$

当 $r=1$，取 $\alpha_1 = 1$，得到 Euler 公式

$$y_{i+1} = y_i + hf(x_i, y_i) \tag{10.6.5}$$

当 $r=2$ 时，取 $\alpha_1 = \alpha_2 = \dfrac{1}{2}, \lambda_2 = 1, \mu_2 = f_i$，得

$$y_{i+1} = y_i + \frac{h}{2}[f(x_i, y_i) + f(x_{i+1}, y_i + hf(x_i, y_i))] \tag{10.6.6}$$

即

$$y_{i+1} = y_i + \frac{h}{2}[k_1 + k_2] \tag{10.6.7}$$

式中，$k_1 = f(x_i, y_i)$；$k_2 = f(x_{i+1}, y_i + hk_1)$。

一般地，我们提出

$$y_{i+1} = y_i + h \sum_{j=1}^{r} a_j k_j \tag{10.6.8}$$

同时，为使上式为显式，取 k_j 为

$$k_j = f\left(x_i + h\lambda_j, y_i + h \sum_{l=1}^{j-1} \mu_{jl} k_l\right) (i = 1, 2, \cdots, r) \tag{10.6.9}$$

问题归结为求参数 $\lambda_j, \mu_{jl}(j=1,2,\cdots,r; l=1,2,\cdots,r)$，当 $r=2$ 时，可得

$$
\begin{cases}
y_{i+1}=y_i+h(\alpha_1 k_1+\alpha_2 k_2) \\
k_1=f(x_i,y_i) \\
k_2=f(x_i+h\lambda_2,y_i+h\mu_2 k_1)
\end{cases}
\tag{10.6.10}
$$

把 k_1,k_2 代入式(10.6.10)，再对 f 在点 (x_i,y_i) 进行 Taylor 级数展开，得

$$
y_{i+1}=y_i+h(\alpha_1+\alpha_2)f+h^2\alpha_2(\lambda_2 f_x+\mu_2 ff_y)+o(h^3) \tag{10.6.11}
$$

与 $y(x_{i+1})$ 在点 x_i 的 Taylor 公式

$$
y(x_{i+1})=y(x_i)+hf_i+\frac{h^2}{2!}(f_x+ff_y)_i+o(h^3) \tag{10.6.12}
$$

选择 $\alpha_1,\alpha_2,\lambda_2,\mu_2$，使得方程具有二阶精度，须满足

$$
\begin{cases}
\alpha_1+\alpha_2=1 \\
\alpha_2\lambda_2=\dfrac{1}{2} \\
\alpha_2\mu_2=\dfrac{1}{2}
\end{cases}
\tag{10.6.13}
$$

此方程有无穷多个解，可得以下两种计算公式：

(1) 若取 $\alpha_1=\alpha_2=\dfrac{1}{2}$，则 $\lambda_2=\mu_2=1$，得到预测-校正方法的计算公式

$$
y_{i+1}=y_i+\frac{h}{2}\left[f(x_i,y_i)+f(x_{i+1},y_i+hf(x_i,y_i))\right] \tag{10.6.14}
$$

(2) 若取 $\alpha_1=0,\alpha_2=1,\lambda_2=\mu_2=\dfrac{1}{2}$，得到中点方法的计算公式

$$
y_{i+1}=y_i+hf\left(x_i+\frac{1}{2}h,y_i+\frac{1}{2}hf(x_i,y_i)\right) \tag{10.6.15}
$$

取 $r=2$ 构成的计算方法，称为二阶 Runge-Kutta 方法。

10.6.2 高阶 Runge-Kutta 方法

在式(10.6.8)中，取 $r=3$，有

$$
\begin{cases}
y_{i+1}=y_i+h[\alpha_1 k_1+\alpha_2 k_2+\alpha_3 k_3] \\
k_1=f(x_i,y_i) \\
k_2=f(x_i+h\lambda_2,y_i+h\mu_2 k_1) \\
k_3=f(x_i+h\lambda_3,y_i+h(\mu_3 k_1+\mu_4 k_2))
\end{cases}
\tag{10.6.16}
$$

将 k_2, k_3 在点 (x_i, y_i) Taylor 级数展开后代入式(10.6.16)，再与 $y(x_{i+1})$ 在点 x_i 的 Taylor 级数比较，下面记号 $(\cdot)_i$ 表示括号内函数在 (x_i, y_i) 点上的取值。

$$k_1 = f(x_i, y_i) \tag{10.6.17}$$

$$\begin{aligned}
k_2 &= f(x_i + h\lambda_2, y_i + h\mu_2 k_1) \\
&= f_i + h[\lambda_2 f_x + \mu_2 f f_y]_i + \frac{h^2}{2}[\lambda_2{}^2 f_{xx} + 2\lambda_2 \mu_2 f f_{xy} \\
&\quad + \mu_2{}^2 f^2 f_{yy}]_i + o(h^3)
\end{aligned} \tag{10.6.18}$$

由上式第 2 项看出，可先取 $\lambda_2 = \mu_2$，得

$$k_2 = f_i + h\lambda_2 D f_i + \frac{h^2}{2}\lambda_2{}^2 D^2 f_i + o(h^3) \tag{10.6.19}$$

$$\begin{aligned}
k_3 &= f(x_i + h\lambda_3, y_i + h(\mu_3 k_1 + \mu_4 k_2)) \\
&= f_i + h\lambda_3(f_x)_i + h(\mu_3 k_1 + \mu_4 k_2)(f_y)_i \\
&\quad + \frac{h^2}{2}[\lambda_3{}^2(f_{xx})_i + 2\lambda_3(\mu_3 k_1 + \mu_4 k_2)(f_{xy})_i \\
&\quad + (\mu_3 k_1 + \mu_4 k_2)^2(f_{yy})_i] + o(h^3)
\end{aligned} \tag{10.6.20}$$

再取 $\lambda_3 = \mu_4, \mu_3 = 0$，得

$$\begin{aligned}
k_3 &= f_i + h\lambda_3 D f_i + h^2 \lambda_2 \lambda_3 (f_y D f)_i + \frac{h^2}{2}\lambda_3{}^2[f_{xx} + 2f_{xy}f + f^2 f_{yy}]_i + o(h^3) \\
&= f_i + h\lambda_3 D f_i + \frac{h^2}{2}[2\lambda_2 \lambda_3 f_y D f + \lambda_3{}^2 D^2 f]_i + o(h^3)
\end{aligned} \tag{10.6.21}$$

略去 k_2, k_3 中的 $o(h^3)$，代入式(10.6.16)，得

$$\begin{aligned}
y_{i+1} &= y_i + h\Big[\alpha_1 f + \alpha_2\Big(f + h\lambda_2 D f + \frac{h^2}{2}\lambda_2{}^2 D^2 f\Big) \\
&\quad + \alpha_3\Big(f + h\lambda_3 D f + \frac{h^2}{2}(2\lambda_2 \lambda_3 f_y D f + \lambda_3{}^2 D^2 f)\Big)\Big]
\end{aligned} \tag{10.6.22}$$

整理得

$$\begin{aligned}
y_{i+1} &= y_i + h(\alpha_1 + \alpha_2 + \alpha_3)f_i + h^2(\alpha_2 \lambda_2 + \alpha_3 \lambda_3)D f_i \\
&\quad + \frac{h^3}{2}[(\alpha_2 \lambda_2{}^2 + \alpha_3 \lambda_3{}^2)D^2 f_i + 2\alpha_3 \lambda_2 \lambda_3 (f_y D f)_i]
\end{aligned} \tag{10.6.23}$$

与 Taylor 展开式

$$y(x_{i+1}) = y(x_i) + hf_i + \frac{h^2}{2}D f_i + \frac{h^3}{6}(D^2 f + f_y D f)_i + o(h^4) \tag{10.6.24}$$

比较得

$$\begin{cases} \alpha_1+\alpha_2+\alpha_3=1 \\[2mm] \alpha_2\lambda_2+\alpha_3\lambda_3=\dfrac{1}{2} \\[2mm] \alpha_2\lambda_2{}^2+\alpha_3\lambda_3{}^2=\dfrac{1}{3} \\[2mm] \alpha_3\lambda_2\lambda_3=\dfrac{1}{6} \end{cases} \tag{10.6.25}$$

满足以上条件的公式即为三阶 Runge-Kutta 公式。下面进行具体计算公式的推求：

（1）若 $\alpha_1=\dfrac{1}{6}$，$\alpha_2=\dfrac{4}{6}$，$\alpha_3=\dfrac{1}{6}$，$\lambda_2=\mu_2=\dfrac{1}{2}$，$\lambda_3=1$，$\mu_3=-1$，$\mu_4=2$，可得常用的三阶 Runge-Kutta 公式

$$\begin{cases} y_{i+1}=y_i+\dfrac{h}{6}(k_1+4k_2+k_3) \\[2mm] k_1=f(x_i,y_i) \\[2mm] k_2=f\left(x_i+\dfrac{1}{2}h,y_i+\dfrac{1}{2}hk_1\right) \\[2mm] k_3=f(x_i+h,y_i-hk_1+2hk_2) \end{cases} \tag{10.6.26}$$

（2）若 $\alpha_1=\dfrac{1}{4}$，$\alpha_2=0$，$\alpha_3=\dfrac{3}{4}$，$\lambda_2=\dfrac{1}{3}$，$\lambda_3=\dfrac{2}{3}$，可得 Heun 三阶 Runge-Kutta 公式

$$\begin{cases} y_{i+1}=y_i+\dfrac{h}{4}(k_1+3k_3) \\[2mm] k_1=f(x_i,y_i) \\[2mm] k_2=f\left(x_i+\dfrac{1}{3}h,y_i+\dfrac{1}{3}hk_1\right) \\[2mm] k_3=f\left(x_i+\dfrac{2}{3}h,y_i+\dfrac{2}{3}hk_2\right) \end{cases} \tag{10.6.27}$$

同理，若取 $r=4$，可推导出四阶 Runge-Kutta 方法的计算公式如下：

$$\begin{cases} y_{i+1}=y_i+\dfrac{h}{6}(k_1+2k_2+2k_3+k_4) \\ k_1=f(x_i,y_i) \\ k_2=f\left(x_i+\dfrac{1}{2}h,y_i+\dfrac{h}{2}k_1\right) \\ k_3=f\left(x_i+\dfrac{1}{2}h,y_i+\dfrac{1}{2}hk_2\right) \\ k_4=f(x_i+h,y_i+hk_3) \end{cases} \tag{10.6.28}$$

例 10.6.1　试求 $\begin{cases} y'=y+x\,(0\leqslant x\leqslant 2) \\ y(0)=1 \end{cases}$ 的解。

解　四阶 Runge-Kutta 迭代公式如下：

$$\begin{cases} y_{n+1}=y_n+\dfrac{h}{6}(K_1+2K_2+2K_3+K_4) \\ K_1=y_n+x_n \\ K_2=y_n+\dfrac{h}{2}K_1+x_n+\dfrac{h}{2} \\ K_3=y_n+\dfrac{h}{2}K_2+x_n+\dfrac{h}{2} \\ K_4=y_n+hK_3+x_{n+1} \end{cases}$$

计算步长取 $h=0.2$，计算结果见表 10.6.1。

表 10.6.1　例 10.6.1 计算结果表

x_n	0	0.2	0.4	0.6	0.8	1.0	1.2	1.4	1.6	1.8	2.0
y_n	1	1.242 8	1.583 6	2.044 2	2.651 0	3.436 5	4.440 1	5.710 3	7.305 9	9.299 0	11.777 8

10.6.3 四阶 Runge-Kutta 方法的编程

四阶 Runge-Kutta 法计算流程如图 10.6.1 所示。

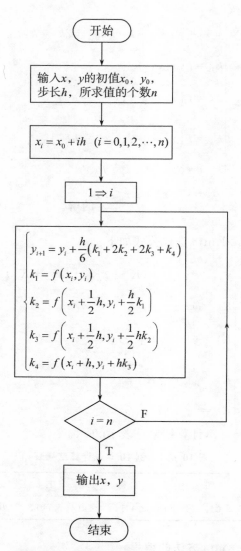

图 10.6.1　四阶 Runge-Kutta 法计算流程

```
% 常微分方程数值解法 Runge-Kutta 法
% 说明: x0, y0 为 x, y 的初值
%  h 步长; n 所求值的个数
% 当输出一个结果时: 输出的是 y 值
% 当输出二个结果时: output1 输出 x,
% output2 输出 y
function[output1,output2]=DifEqSolu_RungeKutta(x0,y0,h,n)
    y=zeros(1,n+1);y(1)=y0;x=x0:h:(x0+n*h);
    for k=1:n
        K1=f(x(k),y(k));
        K2=f(x(k)+h/2,y(k)+h/2*K1);
        K3=f(x(k)+h/2,y(k)+h/2*K2);
        K4=f(x(k)+h,y(k)+h*K3);
    y(k+1)=y(k)+h/6*(K1+2*K2+2*K3+K4);
    end
    if nargout==1
        output1=y;
    end
    if nargout==2
        output1=x;output2=y;
    end
end
function output=f(a,b)
    %存放常微分方程形式
    output=a+b;
end
```

10.7 高阶微分方程或一阶微分方程组求解

前面几节介绍了一阶微分方程初值问题的各种数值解法,这些解法同样适用于高阶微分方程与一阶微分方程组。下面仅以二阶微分方程为例说明求解的计算公式。

例 10.7.1　求解 $\begin{cases} y''=y'-2y+2e^x\sin x & (x\in[0,1]) \\ y(0)=-1 \\ y'(0)=0 \end{cases}$ 。

解　令 $\begin{cases} u_1(x)=y(x) \\ u_2(x)=y'(x) \end{cases}$,则原方程变换为

$$\begin{cases} u_1'(x) = u_2(x) = f_1(x, u_1, u_2) \\ u_2'(x) = 2e^x \sin x - 2u_1(x) + u_2(x) = f_2(x, u_1, u_2) \\ u_1(0) = -1 \\ u_2(0) = 0 \end{cases} \qquad (\text{e } 10.7.1.1)$$

根据 Runge-Kutta 法构造如下数值迭代计算公式：

$$\begin{cases} u_{1,i+1} = u_{1,i} + \dfrac{h}{6} \left[k_{11} + 2k_{12} + 2k_{13} + k_{14} \right] \\ u_{2,i+1} = u_{2,i} + \dfrac{h}{6} \left[k_{21} + 2k_{22} + 2k_{23} + k_{24} \right] \end{cases} \qquad (\text{e } 10.7.1.2)$$

其中，

$$\begin{cases} k_{11} = f_1(x_i, u_{1,i}, u_{2,i}) \\ k_{12} = f_1\left(x_i + \dfrac{h}{2}, u_{1,i} + \dfrac{h}{2}k_{11}, u_{2,i} + \dfrac{h}{2}k_{21}\right) \\ k_{13} = f_1\left(x_i + \dfrac{h}{2}, u_{1,i} + \dfrac{h}{2}k_{12}, u_{2,i} + \dfrac{h}{2}k_{22}\right) \\ k_{14} = f_1(x_i + h, u_{1,i} + hk_{13}, u_{2,i} + hk_{23}) \end{cases} \qquad (\text{e } 10.7.1.3a)$$

$$\begin{cases} k_{21} = f_2(x_i, u_{1,i}, u_{2,i}) \\ k_{22} = f_2\left(x_i + \dfrac{h}{2}, u_{1,i} + \dfrac{h}{2}k_{11}, u_{2,i} + \dfrac{h}{2}k_{21}\right) \\ k_{23} = f_2\left(x_i + \dfrac{h}{2}, u_{1,i} + \dfrac{h}{2}k_{12}, u_{2,i} + \dfrac{h}{2}k_{22}\right) \\ k_{24} = f_2(x_i + h, u_{1,i} + hk_{13}, u_{2,i} + hk_{23}) \end{cases} \qquad (\text{e } 10.7.1.3b)$$

选取 $h = 0.1, u_{ij}\left(i = 1, 2; 0 \leqslant j \leqslant n; n = \dfrac{1}{h}\right)$，由题设条件可知

$$\begin{cases} u_{10} = -1 \\ u_{20} = 0 \end{cases} \qquad (\text{e } 10.7.1.4)$$

当 $i = 0$ 时，$x_0 = 0$，由式（e 10.7.1.3a）可得

$$\begin{cases} k_{11} = f_1(x_0, u_{10}, u_{20}) \\ k_{12} = f_1\left(x_0 + \dfrac{h}{2}, u_{10} + \dfrac{h}{2}k_{11}, u_{20} + \dfrac{h}{2}k_{21}\right) \\ k_{13} = f_1\left(x_i + \dfrac{h}{2}, u_{10} + \dfrac{h}{2}k_{12}, u_{20} + \dfrac{h}{2}k_{22}\right) \\ k_{14} = f_1(x_i + h, u_{10} + hk_{13}, u_{20} + hk_{23}) \end{cases} \quad (\text{e } 10.7.1.5a)$$

$$\begin{cases} k_{11} = u_{20} = 0 \\ k_{12} = u_{20} + \dfrac{h}{2}k_{21} = 0.1 \\ k_{13} = u_{20} + \dfrac{h}{2}k_{22} = 0.110\ 25 \\ k_{14} = u_{20} + hk_{23} = 0.220\ 53 \end{cases} \quad (\text{e } 10.7.1.6a)$$

由式(e 10.7.1.3b)可得

$$\begin{cases} k_{21} = f_2(x_0, u_{10}, u_{20}) \\ k_{22} = f_2\left(x_0 + \dfrac{h}{2}, u_{10} + \dfrac{h}{2}k_{11}, u_{20} + \dfrac{h}{2}k_{21}\right) \\ k_{23} = f_2\left(x_0 + \dfrac{h}{2}, u_{10} + \dfrac{h}{2}k_{12}, u_{20} + \dfrac{h}{2}k_{22}\right) \\ k_{24} = f_2(x_0 + h, u_{10} + hk_{13}, u_{20} + hk_{23}) \end{cases} \quad (\text{e } 10.7.1.5b)$$

$$\begin{cases} k_{21} = 2e^{x_0}\sin x_0 - 2u_{10} + u_{20} = 2 \\ k_{22} = 2e^{x_0 + h/2}\sin(x_0 + h/2) - 2\left(u_{10} + \dfrac{h}{2}k_{11}\right) + \left(u_{20} + \dfrac{h}{2}k_{21}\right) \\ \quad = 2.205\ 08 \\ k_{23} = 2e^{x_0 + h/2}\sin(x_0 + h/2) - 2\left(u_{10} + \dfrac{h}{2}k_{12}\right) + \left(u_{20} + \dfrac{h}{2}k_{22}\right) \\ \quad = 2.205\ 34 \\ k_{24} = 2e^{x_0 + h}\sin(x_0 + h) - 2(u_{10} + hk_{13}) + (u_{20} + hk_{23}) \\ \quad = 2.419\ 15 \end{cases} \quad (\text{e } 10.7.1.6b)$$

故

$$\begin{cases} u_{11} = u_{10} + \dfrac{h}{6}[k_{11} + 2k_{12} + 2k_{13} + k_{14}] = -0.989\,32 \\[2mm] u_{21} = u_{20} + \dfrac{h}{6}[k_{21} + 2k_{22} + 2k_{23} + k_{24}] = 0.220\,67 \end{cases}$$

(e 10.7.1.7)

依次类推,计算 $u_{1,i}, u_{2,i}(i=2,3,\cdots,n)$。为了比较,将精确解 $y(x) = e^x(\sin x - \cos x)$ 的计算结果亦列入表 10.7.1 中。

表 10.7.1　例 10.7.1 计算结果表

i	x_i	$u_{1,i}$	$u_{2,i}$	$y(x_i) = u_1(x_i)$	$\mid y(x_i) - u_{1,i} \mid$
0	0.0	-1	0	-1	0
1	0.1	$-0.989\,315\,96$	$0.220\,666\,51$	$-0.989\,316\,67$	-7.12×10^{-7}
2	0.2	$-0.954\,399\,17$	$0.485\,311\,52$	$-0.954\,400\,75$	-1.58×10^{-6}
3	0.3	$-0.890\,656\,19$	$0.797\,822\,40$	$-0.890\,658\,82$	-2.62×10^{-6}
4	0.4	$-0.793\,113\,84$	$1.161\,889\,23$	$-0.793\,117\,64$	-3.80×10^{-6}
5	0.5	$-0.656\,444\,84$	$1.580\,879\,47$	$-0.656\,449\,95$	-5.12×10^{-6}
6	0.6	$-0.475\,007\,33$	$2.057\,692\,21$	$-0.475\,013\,87$	-6.54×10^{-6}
7	0.7	$-0.242\,899\,88$	$2.594\,590\,28$	$-0.242\,907\,91$	-8.03×10^{-6}
8	0.8	$0.045\,965\,59$	$3.193\,009\,46$	$0.045\,956\,04$	-9.55×10^{-6}
9	0.9	$0.397\,770\,54$	$3.853\,343\,59$	$0.397\,759\,49$	-1.10×10^{-5}
10	1.0	$0.818\,673\,79$	$4.574\,705\,15$	$0.818\,661\,34$	-1.24×10^{-5}

从计算结果的绝对误差可以看出,采用 Runge-Kutta 法计算二阶常微分方程的精度是较高的。

10.8 工程案例——基于射线理论的波浪折射模型

由于人工绘制波浪折射图工作量大,处理复杂地形时存在一定的难度,不能保证波浪折射图的绘制精度,所以多采用数值计算的方法来绘制波浪折射图。本例将介绍规则波折射计算的特征线法,并对某海湾及其附近海域进行波浪折射图的绘制。

波浪折射过程中波向线与波峰线之间的几何关系如图 10.8.1 所示。

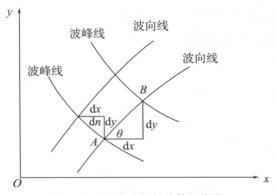

图 10.8.1　波浪折射计算示意图

根据光学中的 Fermat(费马)原理并利用变分原理,导得波向线特征方程为

$$\frac{\mathrm{d}\theta}{\mathrm{d}s} = -\frac{1}{C}\left(-\sin\theta\frac{\partial C}{\partial x} + \cos\theta\frac{\partial C}{\partial y}\right) \tag{10.8.1}$$

由图 10.8.1 得

$$\begin{cases} \dfrac{\mathrm{d}x}{\mathrm{d}n} = -\sin\theta \\[2mm] \dfrac{\mathrm{d}y}{\mathrm{d}n} = -\cos\theta \end{cases} \tag{10.8.2}$$

式中,n 为波峰线弧长变量,由复合函数的微分公式得

$$\frac{\mathrm{d}C}{\mathrm{d}n} = -\sin\theta\frac{\partial C}{\partial x} + \cos\theta\frac{\partial C}{\partial y} \tag{10.8.3}$$

将式(10.8.3)代入式(10.8.1)得

$$\frac{\mathrm{d}\theta}{\mathrm{d}s} = -\frac{1}{C}\frac{\mathrm{d}C}{\mathrm{d}n} \tag{10.8.4}$$

式(10.8.4)反映了波向线上任一点的曲率与该点处波速沿波峰变化之间的关系。设波向线方程为 $x=x(y)$,显然 $\mathrm{d}x/\mathrm{d}y = \cot\theta$,将波向线特征方程改写为

$$\frac{\mathrm{d}\theta}{\mathrm{d}y} = \frac{1}{C}\left(\frac{\partial C}{\partial x} - \cot\theta\frac{\partial C}{\partial y}\right) \tag{10.8.5}$$

将波向线特征方程转化为直角坐标系表示的常微分方程组

$$\begin{cases} \dfrac{\mathrm{d}x}{\mathrm{d}y} = \cot\theta \\[2mm] \dfrac{\mathrm{d}\theta}{\mathrm{d}y} = \dfrac{1}{C}\left(\dfrac{\partial C}{\partial x} - \cot\theta\dfrac{\partial C}{\partial y}\right) \end{cases} \tag{10.8.6}$$

此方程即为波浪折射的数值计算模式,其解可给出波向线 $y=y(x)$ 以及波向线上的波向角 θ。本例利用式(10.8.6)为基本控制方程,对波浪折射进行数值计算。

下面采用 4 阶 Runge-Kutta 法求解式(10.8.6)。先取其第 1 个方程,两边对 y 求导,得

$$\frac{\mathrm{d}^2 x}{\mathrm{d} y^2}=-\csc^2\theta\,\frac{\mathrm{d}\theta}{\mathrm{d} y}=-(1+\cot^2\theta)\frac{\mathrm{d}\theta}{\mathrm{d} y} \tag{10.8.7}$$

将式(10.8.6)中的第 2 个方程代入式(10.8.7),得

$$\frac{\mathrm{d}^2 x}{\mathrm{d} y^2}=-(1+\cot^2\theta)\frac{1}{C}\left(\frac{\partial C}{\partial x}-\cot\theta\,\frac{\partial C}{\partial y}\right)=-\frac{1}{C}\left(1+\left(\frac{\mathrm{d} x}{\mathrm{d} y}\right)^2\right)\left(\frac{\partial C}{\partial x}-\frac{\mathrm{d} x}{\mathrm{d} y}\frac{\partial C}{\partial y}\right) \tag{10.8.8}$$

已知初值 y_0,x_0 和 θ_0 时,原方程组可表示为

$$\begin{cases} \dfrac{\mathrm{d}^2 x}{\mathrm{d} y^2}=-\dfrac{1}{C}\left(1+\left(\dfrac{\mathrm{d} x}{\mathrm{d} y}\right)^2\right)\left(\dfrac{\partial C}{\partial x}-\dfrac{\mathrm{d} x}{\mathrm{d} y}\dfrac{\partial C}{\partial y}\right) \\ x(y_0)=x_0 \\ x'(y_0)=\cot\theta_0 \end{cases} \tag{10.8.9}$$

令 $\mathrm{d} x/\mathrm{d} y=z$,式(10.8.6)转化为

$$\begin{cases} z'=-\dfrac{1}{C}(1+z^2)\left(\dfrac{\partial C}{\partial x}-z\,\dfrac{\partial C}{\partial y}\right)=f(y,x,z) \\ x(y_0)=x_0 \\ x'(y_0)=\cot\theta_0 \end{cases} \tag{10.8.10}$$

对式(10.8.10)中的偏导数项应用中心差分格式,计算图示如图 10.8.2 所示,$\partial C/\partial x$ 和 $\partial C/\partial y$ 在网格结点 (x_i,y_i) 处的取值分别为

$$\left[\frac{\partial C}{\partial x}\right]_i^j=\frac{C_{i+1}^j-C_{i-1}^j}{2\Delta x} \tag{10.8.11}$$

$$\left[\frac{\partial C}{\partial y}\right]_i^j=\frac{C_i^{j+1}-C_i^{j-1}}{2\Delta y} \tag{10.8.12}$$

式中,Δx 和 Δy 分别为 x 方向和 y 方向的步长。

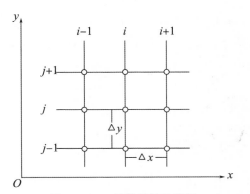

图 10.8.2　计算网格示意图

建立 4 阶 Runge-Kutta 计算公式

$$
\begin{cases}
x_{n+1}=x_n+h \cdot z_n+\dfrac{h^2}{6}(L_1+L_2+L_3) \\[2mm]
z_{n+1}=z_n+\dfrac{h}{6}(L_1+2L_2+2L_3+L_4)
\end{cases}
\qquad (10.8.13)
$$

式中，h 表示计算步长；L_1,L_2,L_3 和 L_4 分别为

$$
\begin{cases}
L_1=f(y_n,x_n,z_n) \\[2mm]
L_2=f\left(y_{n+1/2},x_n+\dfrac{h}{2}z_n,z_n+\dfrac{h}{2}L_1\right) \\[2mm]
L_3=f\left(y_{n+1/2},x_n+\dfrac{h}{2}z_n+\dfrac{h^2}{4}L_1,z_n+\dfrac{h}{2}L_2\right) \\[2mm]
L_4=f\left(y_{n+1},x_n+hz_n+\dfrac{h^2}{2}L_2,z_n+hL_3\right)
\end{cases}
\qquad (10.8.14)
$$

对于某海湾，利用以上计算步骤对波浪折射进行数值计算。具体计算过程如下：

（1）输入起始的 y_0,x_0 和 θ_0 的值以及计算域的水深值，并且由 θ_0 计算 $z_0=\cot\theta_0$；

（2）根据起始的坐标 (x_i,y_i) 对应的网格结点 i,j，提取相应的水深 h_i^j 以及结点 $(i-1,j),(i+1,j),(i,j-1)$ 和 $(i,j+1)$ 处的水深 $h_{i-1}^j,h_{i+1}^j,h_i^{j-1}$ 和 h_i^{j+1}；

（3）根据提取的水深值，由公式 $C=gT \cdot \tanh(kh)/2\pi$ 迭代法计算相应的速度值 $C_i^j,C_{i-1}^j,C_{i+1}^j$ 和 C_i^{j-1},C_i^{j+1}；

（4）根据式（10.8.10）中的第 1 式 $f(y,x,z)=-1/C \cdot (1+z^2)(\partial C/\partial x - z \cdot \partial C/\partial y)$ 计算相应的 L_1,L_2,L_3 和 L_4 的值。对于结点 i,j 处，函数可写为

$$[f(y,x,z)]_i^j = -\frac{1}{C_i^j}[1+(z_i^j)^2]\left(\frac{C_{i+1}^j - C_{i-1}^j}{2\Delta x} - z_i^j \cdot \frac{C_i^{j+1} - C_i^{j-1}}{2\Delta y}\right);$$

（5）根据式（10.8.13）由自变量 y 从 y_0 延伸至 $y_0 + \Delta y$，并且计算此处的 x 和 z 值，由 z 的值计算 θ 的值，$\theta = \arctan z$，步长取 $h = \Delta y/10$；

（6）令新计算出的 y,x 和 θ 值为 y_1,x_1 和 θ_1，输出到指定文件中；

（7）将 y_1 的值赋给 y_0，x_1 的值赋给 x_0，θ_1 的值赋给 θ_0。重复步骤（1）～（7），可得出波向线延伸到岸边的 y,x 和 θ 值。

基于以上计算的 y,x 和 θ 值，可绘制出波浪折射图。对计算中坐标 (x,y) 对应点不是网格结点的情况，此处的水深可由其邻近 4 个结点上的水深通过线性插值求得。

输入 S 向波浪的起始坐标和波向角，将计算的结果绘制成波浪折射图如图 10.8.3 所示。其中实线表示设计高水位条件下的波向线，虚线表示设计低水位下的波向线。从图 10.8.3 可以看出，由于等水深线与波浪传播方向呈一定角度，使得同一波峰线上不同点处的水深不同，波速也会不同。水较深处，波速较大，波浪传播快，水浅处，波速较小，波浪传播慢，致使水较深处的波峰快于水浅处的波峰，使波峰线与等水深线之间的夹角减小，从而使波向线逐渐与等水深线垂直。

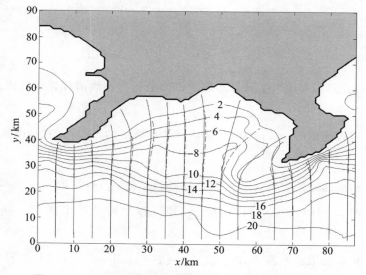

图 10.8.3　某海湾波浪数值计算折射图(等深线单位:m)

第 11 章　常微分方程边值问题的数值解法

微分方程与定解条件一起构成微分方程的定解问题。定解条件通常有两种,一是给出积分曲线在初始时刻的状态,称这类条件为初始条件,相对应的定解问题称为初值问题;二是给出积分曲线在首、末两端的状态,称这类条件为边值条件,相对应的定解问题为边值问题。上一章介绍了微分方程初值问题的解法,本章将着重讨论微分方程边值问题的解法。

以二阶微分方程

$$y'' = f(x, y, y') \quad (a \leqslant x \leqslant b) \tag{11.0.1}$$

为例讨论边值问题,其边值条件分为 3 类:

第 Ⅰ 类边值条件: $y(a) = \alpha$, $y(b) = \beta$。

第 Ⅱ 类边值条件: $y'(a) = \alpha$, $y'(b) = \beta$。

第 Ⅲ 类边值条件: $y'(a) - \alpha_0 y(a) = \alpha$, $y'(b) - \beta_0 y(b) = \beta$,其中 $\alpha_0 \geqslant 0$, $\beta_0 \geqslant 0$, $\alpha_0 + \beta_0 \geqslant 0$。

下面介绍求解微分方程边值问题的试射法和差分方法。

11.1 试射法

11.1.1 试射法原理

对于二阶微分方程的第 Ⅰ 类边值问题

$$\begin{cases} y'' = f(x, y, y') \\ y(a) = \alpha, y(b) = \beta \end{cases} \tag{11.1.1}$$

可以采用试射法把边值问题化为初值问题进行求解。具体做法如下:

调整初始时刻的斜率 $y'(a)$ 的值 m,使得初值问题

$$\begin{cases} y'' = f(x, y, y') \\ y(a) = \alpha, y'(a) = m \end{cases} \tag{11.1.2}$$

的解满足另一个边值条件 $y(b) = \beta$,也就是从初值问题(11.1.2)的经过点 $(a,$

α),而且有不同斜率的积分曲线中,去寻找一条通过点(b,β)的曲线。

首先凭经验或按照实际存在的运动规律选取 m 的两个预测值 m_1,m_2,再分别按照两个斜率求解相应的初值问题(11.1.2),可以得到 $y(b)$ 的两个结果 β_1,β_2。如果 β_1,β_2 都不满足给定的精度,就用线性插值的方法校正 m_1,m_2,得到新的斜率值

$$m_3 = m_1 + \frac{m_2 - m_1}{\beta_2 - \beta_1}(\beta - \beta_1) \tag{11.1.3}$$

然后再按斜率值 m_3 计算初值问题(11.1.2),又得新的结果 $y(b)=\beta_3$。继续这一过程,直到计算结果 $y(b)$ 与 β 相当接近为止。

值得注意的是,用线性插值的依据是不足的。如果插值公式选择得当,则可能使试算的次数有效减少。

例 11.1.1 试求 $\begin{cases} y'' = y' + \dfrac{1}{x}y - 2 \,(1 \leqslant x \leqslant 2) \\ y(1) = 5, y(2) = 23.746\,3 \end{cases}$ 的解。

解 任取 $m_1 = 1, m_2 = 2$,根据式(11.1.2)得到初值问题的方程

$$\begin{cases} y_1'' = y_1' + \dfrac{1}{x}y_1 - 2 \quad (1 \leqslant x \leqslant 2) \\ y_1(1) = 5, y_1'(1) = m_1 = 1 \end{cases}$$

与

$$\begin{cases} y_2'' = y_2' + \dfrac{1}{x}y_2 - 2 \quad (1 \leqslant x \leqslant 2) \\ y_2(1) = 5, y_2'(1) = m_2 = 2 \end{cases}$$

求解以上 2 个微分方程初值问题,得 $\beta_1 = 8.409\,12, \beta_2 = 10.326\,25$。这与 $\beta = 23.746\,3$ 相差较大。由式(11.1.3)可以求得 $m_3 = 9.000\,073\,026$,这样,边值问题转化为初值问题,即

$$\begin{cases} y_3'' = y_3' + \dfrac{1}{x}y_3 - 2 \quad (1 \leqslant x \leqslant 2) \\ y_3(1) = 5, y_3'(1) = m_3 = 9.000\,073\,026 \end{cases}$$

将数值计算结果与原方程精确解 $y = x(4e^{x-1} + 1)$ 列入表 11.1.1。比较可知,试射法所得结果精度较高。

表 11.1.1　例 11.1.1 的数值解和精确解

x_n	y_n	精确解
1.0	5.000 00	5.000 00
1.1	5.962 76	5.962 75
1.2	7.062 74	7.062 73
1.3	8.319 28	8.319 27
1.4	9.754 23	9.754 22
1.5	11.392 35	11.392 33
1.6	13.261 58	13.261 56
1.7	15.393 54	15.393 52
1.8	17.823 92	17.823 89
1.9	20.593 01	20.592 98
2.0	23.746 28	23.746 30

对于线性边值问题

$$\begin{cases} y'' = p(x)y' + q(x)y + r(x) & (a \leqslant x \leqslant b) \\ y(a) = \alpha, y(b) = \beta \end{cases} \tag{11.1.4}$$

若 $p(x), q(x), r(x)$ 在 $[a, b]$ 上连续，则边值问题(11.1.4)有唯一解。其解可以通过求初值问题

$$\begin{cases} y_1'' = p(x)y_1' + q(x)y_1 + r(x) & (a \leqslant x \leqslant b) \\ y_1(a) = \alpha, y_1'(a) = 0 \end{cases} \tag{11.1.5}$$

与

$$\begin{cases} y_2'' = p(x)y_2' + q(x)y_2 & (a \leqslant x \leqslant b) \\ y_2(a) = 0, y_2'(a) = 1 \end{cases} \tag{11.1.6}$$

的解 y_1 和 y_2，再进行线性组合获得。若 $y_2(b) \neq 0$，则边值问题(11.1.4)的解为

$$y(x) = y_1(x) + \frac{\beta - y_1(b)}{y_2(b)} y_2(x) \tag{11.1.7}$$

例 11.1.2　试求 $\begin{cases} y'' = y' + \dfrac{1}{x} y - 2 (1 \leqslant x \leqslant 2) \\ y(1) = 5, y(2) = 23.746\ 3 \end{cases}$ 的解。

239

解 根据式(11.1.4)~(11.1.7),本题可化为求初值问题

$$\begin{cases} y_1'' = y_1' + \dfrac{1}{x} y_1 - 2 & (1 \leqslant x \leqslant 2) \\ y_1(1) = 5, y_1'(1) = 0 \end{cases}$$

与

$$\begin{cases} y_2'' = y_2' + \dfrac{1}{x} y_2 & (1 \leqslant x \leqslant 2) \\ y_2(1) = 0, y_2'(1) = 1 \end{cases}$$

计算时,采用 Runge-Kutta 法求解,取 $h = 0.1$,得 y_1, y_2 的数值解。根据式 (11.1.7)得

$$y = y_1 + \frac{23.746\ 3 - y_1(2)}{y_2(2)} \cdot y_2$$

将计算区间划分为 10 等份,取 $n = 1, 2, \cdots, 11$,则数值解与原方程 $y = x(4e^{x-1} + 1)$ 的精确解相比较,结果如表 11.1.2 所列。

表 11.1.2 例 11.1.2 的数值解与精确解

x_n	y_{1n}	y_{2n}	y_n	精确解
1.0	5.000 00	0.000 00	5.000 00	5.000 00
1.1	5.014 71	0.105 34	5.962 78	5.962 75
1.2	5.057 99	0.222 75	7.062 76	7.062 73
1.3	5.129 23	0.354 45	8.319 31	8.319 27
1.4	5.228 48	0.502 86	9.754 26	9.754 22
1.5	5.356 47	0.670 65	11.392 37	11.392 33
1.6	5.514 49	0.860 78	13.261 57	13.261 56
1.7	5.704 38	1.076 56	15.393 49	15.393 52
1.8	5.928 54	1.321 69	17.823 85	17.823 89
1.9	6.189 89	1.600 33	20.592 98	20.592 98
2.0	6.491 99	1.917 13	23.746 30	23.746 25

11.1.2 试射法编程

试射法求解常微分方程流程如图 11.1.1 所示。

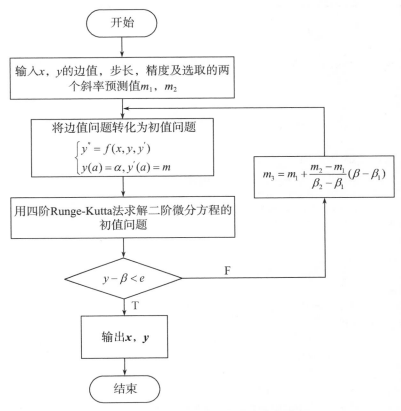

图 11.1.1　试射法求解常微分方程流程

```
%  常微分方程边值问题的数值解法—试射法
%  说明：   a，b 为 x 的取值范围；alpha，beta 为常微分方程的边值；h 为步长；e 为精度
function output=OrDifEqSolu_Testmethod(a,b,alpha,beta,h,e)
h=0.1;a=1;b=2;e=0.00001;alpha=5;beta=23.7463;
n=(b-a)/h;y(1)=alpha;
x=a:h:b;
m1=1;m2=2;%选取两个预测值
z(1)=m1;
for i=1:n
    k1=f(x(i),y(i),z(i));
    k2=f(x(i)+h/2,y(i)+h/2*z(i),z(i)+h/2*k1);
    k3=f(x(i)+h/2,y(i)+h/2*z(i)+(h^2)/4*k1,z(i)+h/2*k2);
    k4=f(x(i)+h,y(i)+h*z(i)+(h^2)/2*k2,z(i)+h*k3);
    y(i+1)=y(i)+h*z(i)+(h^2)/6*(k1+k2+k3);
    z(i+1)=z(i)+h/6*(k1+2*k2+2*k3+k4);
```

```
end
beta_1=y(i);
if abs(y(i)-beta)<e
    sprintf('x=%3.1f,y=%9.7f',x(i),y(i))
else
    z(1)=m2;
    for i=1:n
        k1=f(x(i),y(i),z(i));
        k2=f(x(i)+h/2,y(i)+h/2*z(i),z(i)+h/2*k1);
        k3=f(x(i)+h/2,y(i)+h/2*z(i)+(h^2)/4*k1,z(i)+h/2*k2);
        k4=f(x(i)+h,y(i)+h*z(i)+(h^2)/2*k2,z(i)+h*k3);
        y(i+1)=y(i)+h*z(i)+(h^2)/6*(k1+k2+k3);
        z(i+1)=z(i)+h/6*(k1+2*k2+2*k3+k4);
    end
    beta_2=y(i);
    if abs(y(i)-beta)<e
        sprintf('x=%3.1f,y=%9.7f',x(i),y(i))
    else
        m3=m1+(m2-m1).*(beta-y(m1))/(y(m2)-y(m1));
        z(1)=m3;
        for i=1:n-1
            k1=f(x(i),y(i),z(i));
            k2=f(x(i)+h/2,y(i)+h/2*z(i),z(i)+h/2*k1);
            k3=f(x(i)+h/2,y(i)+h/2*z(i)+(h^2)/4*k1,z(i)+h/2*k2);
            k4=f(x(i)+h,y(i)+h*z(i)+(h^2)/2*k2,z(i)+h*k3);
            y(i+1)=y(i)+h*z(i)+(h^2)/6*(k1+k2+k3);
            z(i+1)=z(i)+h/6*(k1+2*k2+2*k3+k4);
        end
        beta_3=y(i);
        if abs(y(i)-beta)<e
            sprintf('x=%3.1f,y=%9.7f',x(i),y(i))
        else
            while abs(y(i)-beta)>e
                m1=m2;
                m2=m3;
                beta_1=beta_2;
                beta_2=beta_3;
                m3=m1+(m2-m1).*(beta-beta_1)/(beta_2-beta_1);
                z(1)=m3;
                for i=1:n+1
                    k1=f(x(i),y(i),z(i));
                    k2=f(x(i)+h/2,y(i)+h/2*z(i),z(i)+h/2*k1);
```

```
                        k3=f(x(i)+h/2,y(i)+h/2*z(i)+(h^2)/4*k1,z(i)+h/2*k2);
                        k4=f(x(i)+h,y(i)+h*z(i)+(h^2)/2*k2,z(i)+h*k3);
                        y(i+1)=y(i)+h*z(i)+(h^2)/6*(k1+k2+k3);
                        z(i+1)=z(i)+h/6*(k1+2*k2+2*k3+k4);
                    end
                    beta_3=y(i);
                end
            end
        end
    end
end
for i=1:n+1
    x1(i)=x(i);
    y1(i)=y(i);
end
output =[x1;y1];
function output=f(a,b,c)
    output=c+1/a*b-2;
end
end
```

11.2 差分方法

11.2.1 数值微分格式

11.2.1.1 中点方法

按照数学分析的定义,导数是差商在微小区间的极限值。在计算精度要求不高的情况下,可以取差商作为导数的近似值。向前差商、向后差商、中心差商如式(11.2.1)所示。其中,中心差商又称为中点方法。

$$
\begin{cases}
f'(a) \approx \dfrac{f(a+h)-f(a)}{h} \\[3mm]
f'(a) \approx \dfrac{f(a)-f(a-h)}{h} \\[3mm]
f'(a) \approx \dfrac{f(a+h)-f(a-h)}{2h}
\end{cases}
\tag{11.2.1}
$$

11.2.1.2 插值型求导

已知 $y=f(x)$ 在各节点处的函数值 $(x_i,y_i)(i=1,2,\cdots,n)$,可建立多项式 $y_n=p_n(x)$ 作为它的近似。令插值型求导公式为

$$f'(x) \approx p'_n(x) \tag{11.2.2}$$

其估计余项为

$$f'(x) - p'_n(x) = \frac{f^{(n+1)}(\xi)}{(n+1)!} w'_{n+1}(x) + \frac{w_{n+1}(x)}{(n+1)!} \frac{\mathrm{d}}{\mathrm{d}x} f^{(n+1)}(\xi) \tag{11.2.3}$$

式中, $w_{n+1}(x) = \prod\limits_{k=0}^{n}(x - x_k)$。 由于 ξ 是 x 的未知函数, 无法对第 2 项中 $f^{(n+1)}(\xi)$ 的导数作出进一步说明, 而对某个节点 x_k 上的导数值, 第 2 项中的 $w_{n+1}(x_k) = 0$。

(1) 两点公式。

在 x_0, x_1 上函数值 $f(x_0), f(x_1)$, 则

$$p_1(x) = \frac{x - x_1}{x_0 - x_1} f(x_0) + \frac{x - x_0}{x_1 - x_0} f(x_1) \tag{11.2.4}$$

对上式两边求导, 记 $x_1 - x_0 = h$, 则

$$p'_1(x) = \frac{1}{h} [-f(x_0) + f(x_1)] \tag{11.2.5}$$

x_0, x_1 处的导数为

$$\begin{cases} p'_1(x_0) = \dfrac{1}{h} [f(x_1) - f(x_0)] \\[2mm] p'_1(x_1) = \dfrac{1}{h} [f(x_1) - f(x_0)] \end{cases} \tag{11.2.6}$$

利用插值余项公式(11.2.3)得

$$\begin{cases} f'(x_0) = \dfrac{1}{h} [f(x_1) - f(x_0)] - \dfrac{h}{2} f''(\xi) \\[2mm] f'(x_1) = \dfrac{1}{h} [f(x_1) - f(x_0)] + \dfrac{h}{2} f''(\xi) \end{cases} \tag{11.2.7}$$

(2) 三点公式。

设三个节点 $x_0, x_1 = x_0 + h, x_2 = x_0 + 2h$ 上函数值, 作二次插值

$$p_2(x) = \frac{(x-x_1)(x-x_2)}{(x_0-x_1)(x_0-x_2)} f(x_0) + \frac{(x-x_0)(x-x_2)}{(x_1-x_0)(x_1-x_2)} f(x_1) +$$

$$\frac{(x-x_0)(x-x_1)}{(x_2-x_0)(x_2-x_1)} f(x_2) \tag{11.2.8}$$

令 $x = x_0 + th$,则

$$p_2(x_0+th) = \frac{1}{2}(t-1)(t-2)f(x_0) - t(t-2)f(x_1) + \frac{1}{2}t(t-1)f(x_2)$$

$$\tag{11.2.9}$$

对上式两边求导得

$$p_2'(x_0+th) = \frac{1}{2h}\left[(2t-3)f(x_0) - (4t-4)f(x_1) + (2t-1)f(x_2)\right]$$

$$\tag{11.2.10}$$

取 $t = 0,1,2$,得三种三点公式:

$$\begin{cases} p_2'(x_0) = \dfrac{1}{2h}\left[-3f(x_0) + 4f(x_1) - f(x_2)\right] \\[2mm] p_2'(x_1) = \dfrac{1}{2h}\left[-f(x_0) + f(x_2)\right] \\[2mm] p_2'(x_2) = \dfrac{1}{2h}\left[f(x_0) - 4f(x_1) + 3f(x_2)\right] \end{cases} \tag{11.2.11}$$

带余项的三点求导公式分别为

$$\begin{cases} f'(x_0) = \dfrac{1}{2h}\left[-3f(x_0) + 4f(x_1) - f(x_2)\right] - \dfrac{h^2}{3}f'''(\xi) \\[2mm] f'(x_1) = \dfrac{1}{2h}\left[-f(x_0) + f(x_2)\right] - \dfrac{h^2}{6}f'''(\xi) \\[2mm] f'(x_2) = \dfrac{1}{2h}\left[f(x_0) - 4f(x_1) + 3f(x_2)\right] + \dfrac{h^2}{3}f'''(\xi) \end{cases} \tag{11.2.12}$$

式(11.2.12)中的第 2 式又称为中点公式。

（3）实用的五点公式。

设已给出 5 个节点 $x_i = x_0 + ih\,(i = 0,1,2,3,4)$,根据前面二点、三点公式的推导思路可得

$$\begin{cases} p'_4(x_0) = \dfrac{1}{12h} \left[-25f(x_0) + 48f(x_1) - 36f(x_2) + 16f(x_3) - 3f(x_4) \right] \\[3mm] p'_4(x_1) = \dfrac{1}{12h} \left[-3f(x_0) - 10f(x_1) + 18f(x_2) - 6f(x_3) + f(x_4) \right] \\[3mm] p'_4(x_2) = \dfrac{1}{12h} \left[f(x_0) - 8f(x_1) + 8f(x_3) - f(x_4) \right] \\[3mm] p'_4(x_3) = \dfrac{1}{12h} \left[-f(x_0) + 6f(x_1) - 18f(x_2) + 10f(x_3) + 3f(x_4) \right] \\[3mm] p'_4(x_4) = \dfrac{1}{12h} \left[3f(x_0) - 16f(x_1) + 36f(x_2) - 48f(x_3) + 25f(x_4) \right] \end{cases}$$

$$(11.2.13)$$

11.2.2 边值问题的差分算法

二阶线性微分方程的一般形式为

$$y'' + p(x)y' + q(x)y = f(x) \quad (a \leqslant x \leqslant b) \qquad (11.2.14)$$

首先对区间 $[a,b]$ 进行等距划分,分点

$$x_i = a + ih \quad (i = 0, 1, 2, \cdots, n) \qquad (11.2.15)$$

式中,

$$h = \frac{b-a}{n} \qquad (11.2.16)$$

一般地,我们称 $x_0 = a$ 与 $x_n = b$ 为边界点,称 $x_1, x_2, \cdots, x_{n-1}$ 为内部节点。

其次,在各个节点上,将 y'，y'' 用差商近似表示。这里要求有相同阶数的截断误差,以保证精度协调。对于内部节点,二阶导数用二阶中心差商表示,得

$$\frac{y_{i+1} - 2y_i + y_{i-1}}{h^2} = y''(x_i) + O(h^2) \quad (i = 1, 2, \cdots, n-1) \quad (11.2.17)$$

一阶导数用一阶中心差商表示,得

$$\frac{y_{i+1} - y_{i-1}}{2h} = y'(x_i) + O(h^2) \quad (i = 1, 2, \cdots, n-1) \qquad (11.2.18)$$

假设 $y_i = y(x_i)$,则

$$y''(x_i) \approx \frac{y_{i+1} - 2y_i + y_{i-1}}{h^2}$$

$$y'(x_i) \approx \frac{y_{i+1} - y_{i-1}}{2h}$$

于是得方程(11.2.14)的差分方程

$$\frac{y_{i+1} - 2y_i + y_{i-1}}{h^2} + p_i \frac{y_{i+1} - y_{i-1}}{2h} + q_i y_i = f_i \quad (i = 1, 2, \cdots, n-1)$$

$$(11.2.19)$$

式中，$p_i = p(x_i)$，$q_i = q(x_i)$，$f_i = f(x_i)$。

将式(11.2.19)整理，可以写成下列形式：

$$a_i y_{i-1} + b_i y_i + c_i y_{i+1} = d_i \quad (i = 1, 2, \cdots, n-1) \qquad (11.2.20)$$

式中，

$$\begin{cases} a_i = 1 - \dfrac{1}{2} h p_i \\[2mm] b_i = -2 + h^2 q_i \\[2mm] c_i = 1 + \dfrac{1}{2} h p_i \\[2mm] d_i = h^2 f_i \end{cases} \quad (i = 1, 2, \cdots, n-1) \qquad (11.2.21)$$

式(11.2.20)是含有 $n+1$ 个未知数 $y_i (i = 0, 1, 2, \cdots, n)$ 的线性方程组，方程的个数为 $n-1$。要使方程组(11.2.20)有唯一解，还需要有两个边值条件补充两个方程。对于第 I 类边值条件，直接得到两个方程：

$$\begin{cases} y_0 = \alpha \\ y_n = \beta \end{cases} \qquad (11.2.22)$$

于是得到第 I 类边值问题的差分方程组

$$\begin{bmatrix} b_1 & c_1 & & & & \\ a_2 & b_2 & c_2 & & & \\ & \ddots & \ddots & \ddots & & \\ & & a_{n-2} & b_{n-2} & c_{n-2} \\ & & & a_{n-1} & b_{n-1} \end{bmatrix} \begin{bmatrix} y_1 \\ y_2 \\ \vdots \\ y_{n-2} \\ y_{n-1} \end{bmatrix} = \begin{bmatrix} d_1 \\ d_2 \\ \vdots \\ d_{n-2} \\ d_{n-1} \end{bmatrix} \qquad (11.2.23)$$

这个方程组是三对角方程组，可以用追赶法求解。

对于第 Ⅱ 类及第 Ⅲ 类边值条件,由于条件中包含了导数,所以边值条件也必须用差商来近似表示。根据三点差分公式得

$$y'_0 \approx \frac{-3y_0 + 4y_1 - y_2}{2h} \tag{11.2.24}$$

$$y'_n \approx \frac{y_{n-2} - 4y_{n-1} + 3y_n}{2h} \tag{11.2.25}$$

将这两个近似公式代入边值条件中,得到两个方程,再与式(11.2.20)联立,可得对应的差分方程组,用追赶法解出 $y_i(i=0,1,2,\cdots,n)$。

对于边值问题的收敛性,即考虑当 $h \to 0$ 时,差分方程组的解是否收敛于微分方程的准确解。以第 Ⅰ 类边值问题为例,存在如下定理:

定理 11.2.1 若 $a_i > 0, c_i > 0, b_i \geq a_i + c_i (i=1,2,\cdots,n-1)$,则差分方程组(11.2.23)存在唯一解。且当 $h \to 0$ 时,方程组(11.2.23)的解收敛于第 Ⅰ 类边值问题的准确解。

例 11.2.1 用差分法求解边值问题 $\begin{cases} y'' = y' + \dfrac{1}{x}y - 2(1 \leq x \leq 2) \\ y(1) = 5, y(2) = 23.7463 \end{cases}$,计算步长 $h = 0.2$。

解 把 $y''(x_i) \approx \dfrac{y_{i+1} - 2y_i + y_{i-1}}{h^2}$,$y'(x_i) \approx \dfrac{y_{i+1} - y_{i-1}}{2h}$ 带入 $y'' = y' + \dfrac{1}{x}y - 2$,得

$$\frac{y_{n+1} - 2y_n + y_{n-1}}{h^2} = \frac{y_{n+1} - y_{n-1}}{2h} + \frac{1}{x}y_n - 2$$

若 $h = 0.2$,整理可得

$$9y_{n+1} - \left(20 + \frac{0.4}{x}\right)y_n + 11y_{n-1} + 0.8 = 0$$

令

$$\begin{cases} y(x=1.2)=y_1 \\ y(x=1.4)=y_2 \\ y(x=1.6)=y_3 \\ y(x=1.8)=y_4 \end{cases}$$

则边值问题的差分方程可写成下列形式：

$$\begin{cases} -20.333\,33y_1+9y_2=-55.8 \\ 11y_1-20.285\,71y_2+9y_3=-0.8 \\ 11y_2-20.25y_3+9y_4=-0.8 \\ 11y_3-20.222\,22y_4=-214.516\,7 \end{cases}$$

用追赶法解方程组,结果见表 11.2.1。为了比较,将此边值问题的精确解 $y=x(4e^{x-1}+1)$ 的结果亦列入表 11.2.1 中。比较可知,差分法所得结果的计算精度为 0.01,比试射法低。

表 11.2.1　例 11.2.1 的差分解与精确解

x_i	差分解 y_i	准确解 $y(x_i)$
1.0	5.000 00	5.000 00
1.2	7.058 21	7.062 73
1.4	9.746 33	9.754 22
1.6	13.252 32	13.261 56
1.8	17.816 65	17.823 89
2.0	23.746 30	23.746 30

11.2.3 差分方法编程

差分方法求解常微分方程流程如图 11.2.1 所示。

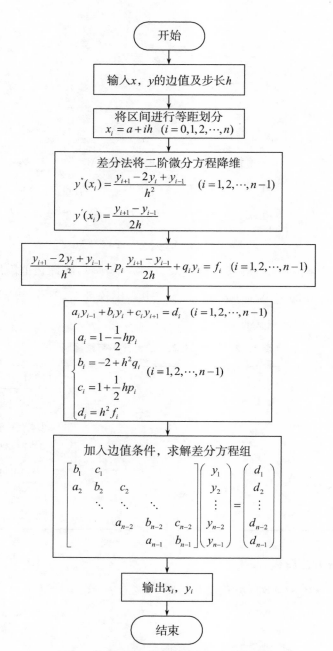

图 11.2.1 差分方法求解常微分方程流程

```
% 常微分方程边值问题的数值解法——差分法
% 说明：d2y 为二阶微分方程形式；a，b 为 x 的取值范围
% b1，b2 为常微分方程的边值；h 为步长
function [output1,output2]=OrDiEqSolu_Differmethod(a,y1,yn,h,n)
%a 为 x 的起始值，h 为步长，n 为区间数字;y1,yn 分别为端点值和终点值的函数值
syms t
p=-1;
q=-1/t;
x=a:h:a+n*h;
for i=1:n-1    %其中 a 取 2：n-1，c 取 1：n-2
  a(i)=double(1-0.5*h*subs(p,t,x(i)));
b(i)=double(-2+h^2*subs(q,t,x(i+1)));
c(i)=double(1+1/2*h*subs(p,t,x(i)));
d(i)=double(h^2*-2);
end
d(1)=d(1)-y1*a(1);
d(n-1)=d(n-1)-yn*c(n-1);
dd=d;
A1=diag(b);
A2=diag(a(2:n-1),-1);
A3=diag(c(1:n-2),1);
A=A1+A2+A3;
y=(LESO_ELIM_ForeBack(A,d))';
y(2:n)=y;y(1)=y1;y(n+1)=yn;
if nargout==1
output1=y;
end
if nargout==2
    output1=x;
    output2=y;
end
end
end
```

11.3 工程案例——常微分方程边值求解河槽浸润线

若位于不透水基底上的孔隙区域内有地下水流动,且水流具有自由表面如图 11.3.1 所示,这种水流称为地下河槽水流。该渗流区则称为地下河槽,地下河槽水流乃是无压的渗流。地下河槽水流的自由表面称为浸润面,其非均匀流动的水面曲线称为浸润曲线。

251

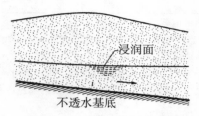

浸润面

不透水基底

图 11.3.1 浸润面示意图

在自然界中,不透水基底很可能是不规则的,在某个工程中的地下水渗流问题中,地下水水位随距离变化 $y(x)$ 满足如下二阶常微分方程:

$$\begin{cases} y'' = -y' - \dfrac{y}{x^2} + 2 & (1 \leqslant x \leqslant 2) \\ y(1) = 4, y(2) = 6 \end{cases}$$

式中,$y(x)$ 是位置 x 处的地下水水位高度,边界条件为:$y(1)=4$,$y(2)=6$,为对应位置 x 处的地下水水位高度,计算步长为 $h=0.2$。使用有限差分法求解该边值问题,并绘制地下水水位高度随位置的变化曲线(浸润线)。

解:把 $y''(x_i) \approx \dfrac{y_{i+1} - 2y_i + y_{i-1}}{h^2}$,$y'(x_i) \approx \dfrac{y_{i+1} - y_{i-1}}{2h}$ 带入 $y'' = -y' - \dfrac{y}{x^2} + 2$,得

$$\frac{y_{n+1} - 2y_n + y_{n-1}}{h^2} = -\frac{y_{n+1} - y_{n-1}}{2h} - \frac{1}{x^2}y_n + 2$$

因步长 $h=0.2$,整理可得

$$11y_{n+1} - \left(20 - \frac{0.4}{x^2}\right)y_n + 9y_{n-1} + 0.8 = 0$$

令

$$\begin{cases} y(x=1.2) = y_1 \\ y(x=1.4) = y_2 \\ y(x=1.6) = y_3 \\ y(x=1.8) = y_4 \end{cases}$$

则边值问题的差分方程可写成下列形式:

$$\begin{cases} -19.72y_1 + 11y_2 = -36.8 \\ 9y_1 - 19.80y_2 + 11y_3 = -0.8 \\ 9y_2 - 19.84y_3 + 11y_4 = -0.8 \\ 9y_3 - 19.88y_4 = -66.8 \end{cases}$$

用追赶法解方程组,结果如表 11.3.1 所列。

表 11.3.1　差分方法结果

x_i	差分解 y_i
1.0	4.000 0
1.2	4.996 1
1.4	5.612 2
1.6	5.939 5
1.8	6.050 1
2.0	6.000 0

绘制的水位高度分布曲线图如图 11.3.2 所示。

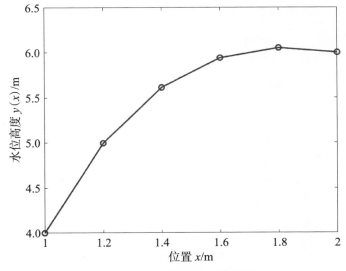

图 11.3.2　浸润线水位高度图

第 12 章　偏微分方程的数值解法基础

如果一个微分方程中出现的未知函数只含一个自变量,这个方程叫作常微分方程,简称微分方程;如果一个微分方程中出现多元函数的偏导数,或者说如果未知函数和几个变量有关,且方程中出现未知函数对几个变量的导数,那么这种微分方程称为偏微分方程。实际工程中的很多问题都可以简化为偏微分方程。本章将简介求解偏微分方程的有限差分方法。

偏微分方程的一般形式可表示为

$$A\Phi_{xx} + B\Phi_{xy} + C\Phi_{yy} = f(x, y, \Phi, \Phi_x, \Phi_y) \tag{12.0.1}$$

若上式中的常数 A, B, C 满足 $B^2 - 4AC < 0$,则式(12.0.1)为椭圆型方程;若 $B^2 - 4AC = 0$,则为抛物型方程;若 $B^2 - 4AC > 0$,则为双曲型方程。下面介绍三种经典的二阶偏微分方程。

(1) 椭圆型二阶偏微分方程。

以势函数 $u(x, y)$ 作为椭圆型方程的一个例子,如图 12.0.1 所示。势函数为稳定的静电势。这种情况可用 Laplace 方程表示为

$$u_{xx}(x, y) + u_{yy}(x, y) = 0 \quad (0 < x < 1, 0 < y < 1) \tag{12.0.2}$$

其边界条件为

$$\begin{cases} u(x, 0) = f_1(x) & (y = 0, 0 \leqslant x \leqslant 1) \text{ 底边界} \\ u(x, 1) = f_2(x) & (y = 1, 0 \leqslant x \leqslant 1) \text{ 顶边界} \\ u(0, y) = f_3(y) & (x = 0, 0 \leqslant y \leqslant 1) \text{ 左边界} \\ u(1, y) = f_4(y) & (x = 1, 0 \leqslant y \leqslant 1) \text{ 右边界} \end{cases} \tag{12.0.3}$$

在计算区域 $R = \{(x, y) : 0 \leqslant x \leqslant 1, 0 \leqslant y \leqslant 1\}$ 内,$u(x, y)$ 的边界函数分别为 $f_1(x) = 0$, $f_2(x) = \sin(\pi x)$, $f_3(y) = 0$ 和 $f_4(y) = 0$。

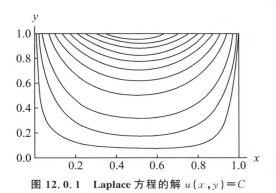

图 12.0.1　Laplace 方程的解 $u(x,y)=C$

（2）抛物型二阶偏微分方程。

以长度为 L 的绝缘棒中的热量传递的一维模型为例，如图 12.0.2 所示。热量 $u(x,t)$ 表示 t 时刻 x 处的温度，其方程可表示为

$$\kappa u_{xx}(x,t)=\sigma\rho u_t(x,t) \quad (0<x<L,0<t<\infty) \tag{12.0.4}$$

式中，常数 κ 为热传导系数，σ 为比热，ρ 为棒的材料的密度。

$t=0$ 时，其温度分布为

$$u(x,0)=f(x) \quad (t=0,0\leqslant x\leqslant L) \tag{12.0.5}$$

棒两端的边界值为

$$\begin{cases} u(0,t)=c_1 & (x=0,0\leqslant t<\infty) \\ u(L,t)=c_2 & (x=L,0\leqslant t<\infty) \end{cases} \tag{12.0.6}$$

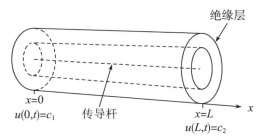

图 12.0.2　绝缘棒中的热传导方程

（3）双曲型二阶偏微分方程。

以弦振动的一维模型为例，如图 12.0.3 所示。其位移 $u(x,t)$ 可用波动方程表示为

$$\rho u_{tt}(x,y)=Tu_{xx}(x,t) \quad (0<x<L,0<t<\infty) \tag{12.0.7}$$

式中，常数 ρ 为单位长度弦的质量，T 为弦的张力。在位置 $(0,0)$ 和 $(L,0)$ 处固

定弦。

其初始位置和速度函数为

$$\begin{cases} u(x,0)=f(x) & (t=0,0{\leqslant}x{\leqslant}L) \\ u_t(x,0)=g(x) & (t=0,0{<}x{<}L) \end{cases} \tag{12.0.8}$$

边界值为

$$\begin{cases} u(0,t)=0 & (x=0,0{\leqslant}t{<}\infty) \\ u(L,t)=0 & (x=L,0{\leqslant}t{<}\infty) \end{cases} \tag{12.0.9}$$

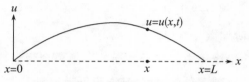

图 12.0.3　弦振动方程建立示意图

12.1 椭圆型微分方程

常见的椭圆型微分方程包括 Laplace 方程、Poisson 方程和 Helmholtz 方程。借助符号 $\nabla^2 u = u_{xx} + u_{yy}$，我们可以把 Laplace 方程、Poisson 方程和 Helmholtz 方程写成以下形式：

$$\text{Laplace 方程}\quad \nabla^2 u = 0 \tag{12.1.1}$$

$$\text{Poisson 方程}\quad \nabla^2 u = g(x,y) \tag{12.1.2}$$

$$\text{Helmholtz 方程}\quad \nabla^2 u + f(x,y)u = g(x,y) \tag{12.1.3}$$

通常情况下，函数 g 和 f 的边界值是平面图上矩形区域 R 的边界点。在这种情况下，方程可以通过有限差分方法求解。

12.1.1 Laplace(拉普拉斯)差分方程

Laplace 算子可用离散形式表示为

$$f''(x) = \frac{f(x+h)-2f(x)+f(x-h)}{h^2} + o(h^2) \tag{12.1.4}$$

将上式应用于 $u(x,y)$，$u_{xx}(x,y)$ 和 $u_{yy}(x,y)$，可得

$$\nabla^2 u = \frac{u(x+h,y)+u(x-h,y)+u(x,y+h)+u(x,y-h)-4u(x,y)}{h^2} + o(h^2)$$

$$\tag{12.1.5}$$

若矩形域 $R=\{(x,y):0{\leqslant}x{\leqslant}a, 0{\leqslant}y{\leqslant}b$，且 $b/a=m/n\}$，将其分成（$n-$

1)×$(m-1)$个边长为 h 的小正方形(例如:$a=nh$ 和 $b=mh$),如图 12.1.1 所示。

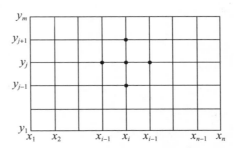

图 12.1.1 Laplace 差分方程的求解网格

为了求解 Laplace 方程,将式(12.1.5)代入式(12.1.1),得

$$\frac{u(x+h,y)+u(x-h,y)+u(x,y+h)+u(x,y-h)-4u(x,y)}{h^2}\approx 0$$

$$(12.1.6)$$

式(12.1.6)在所有的内部格点 $(x,y)=(x_i,y_j)(i=2,\cdots,n-1;j=2,\cdots,m-1)$ 具有 $o(h^2)$ 阶的精确度。这些格点均匀分布在定义域上,即 $x_{i+1}=x_i+h$,$x_{i-1}=x_i-h$,$y_{j+1}=y_j+h$,$y_{j-1}=y_j-h$。用近似值 $u_{i,j}$ 替代 $u(x_i,y_j)$,式(12.1.6)写成如下形式:

$$\nabla^2 u_{i,j}\approx\frac{u_{i+1,j}+u_{i-1,j}+u_{i,j+1}+u_{i,j-1}-4u_{i,j}}{h^2}=0 \qquad (12.1.7)$$

式(12.1.7)即为 Laplace 方程的五点差分公式。此式与函数值 $u_{i,j}$ 及其邻近值 $u_{i+1,j}$,$u_{i-1,j}$,$u_{i,j+1}$,$u_{i,j-1}$ 相关,如图 12.1.2 所示。

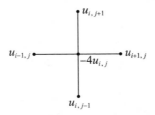

图 12.1.2 Laplace 计算图式

从式(12.1.7)中约去 h^2 项,可得 Laplace 公式

$$u_{i+1,j}+u_{i-1,j}+u_{i,j+1}+u_{i,j-1}-4u_{i,j}=0 \qquad (12.1.8)$$

12.1.2 线性方程组的建立

假设 $u(x,y)$ 在边界点处已知，即

$$\begin{cases} u(x_1,y_j)=u_{1,j} & (2 \leqslant j \leqslant m-1) \quad \text{左边界} \\ u(x_i,y_1)=u_{i,1} & (2 \leqslant i \leqslant n-1) \quad \text{底边界} \\ u(x_n,y_j)=u_{n,j} & (2 \leqslant j \leqslant m-1) \quad \text{右边界} \\ u(x_i,y_m)=u_{i,m} & (2 \leqslant i \leqslant n-1) \quad \text{顶边界} \end{cases} \tag{12.1.9}$$

对区域 R 内部每个点都建立 Laplace 方程(12.1.8)，则可以形成一个含有 $(n-2)$ 个未知量的 $(n-2)$ 维线性方程组，解之可得 $u(x,y)$ 在区域 R 内部点的近似解。

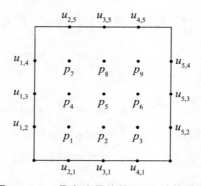

图 12.1.3　具有边界值的 5×5 计算网格

假设区域是正方形，$n=m=5$，未知量 $u(x_i,y_j)$ 在 9 个内部格点分别记为 $p_1,p_2,\cdots,p_9$，如图 12.1.3 所示。对每个内部节点应用 Laplace 方程(12.1.8)，得到线性方程组 $\boldsymbol{AP}=\boldsymbol{B}$ 如下：

$$\begin{cases} -4p_1 & +p_2 & & +p_4 & & & & & & = u_{2,1} & -u_{1,2} \\ p_1 & -4p_2 & & & +p_5 & & & & & = -u_{3,1} \\ & p_2 & -4p_3 & & & +p_6 & & & & = -u_{4,1} & -u_{5,2} \\ p_1 & & & -4p_4 & +p_5 & & +p_7 & & & = -u_{1,3} \\ & p_2 & & +p_4 & -4p_5 & +p_6 & & +p_8 & & = 0 \\ & & p_3 & & +p_5 & -4p_6 & & & +p_9 & = -u_{5,3} \\ & & & p_4 & & & -4p_7 & +p_8 & & = -u_{2,5} & -u_{1,4} \\ & & & & p_5 & & +p_7 & -4p_8 & +p_9 & = -u_{3,5} \\ & & & & & p_6 & & +p_8 & -4p_9 & = -u_{4,5} & -u_{5,4} \end{cases}$$

$$(12.1.10)$$

12.1.3 边界的导数

Neumann(诺伊曼)边界条件指定 $u(x,y)$ 边界法线的方向导数。热量传递局限于计算区域内,边界是隔热的,通过边界的热量为零,则有

$$\frac{\partial}{\partial N}u(x,y)=0 \tag{12.1.11}$$

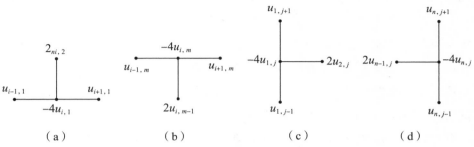

图 12.1.4　Neumann 边界处理图式

下面以右边界 $x=a$ 为例,推导边界条件方程式的构建。如图 12.1.4(d)所示,由于边界处存在

$$\frac{\partial}{\partial x}u(x_n,y_j)=u_x(x_n,y_j)=0 \tag{12.1.12}$$

网格点 (x_n,y_j) 的 Laplace 方程为

$$u_{n+1,j}+u_{n-1,j}+u_{n,j+1}+u_{n,j-1}-4u_{n,j}=0 \tag{12.1.13}$$

其中,$u_{n,j+1}$ 值是未知的,因为它在区域 R 之外。采用数值微分公式

$$\frac{u_{n+1,j}-u_{n-1,j}}{2h}\approx u_x(x_n,y_j)=0 \tag{12.1.14}$$

则有近似值 $u_{n+1,j}\approx u_{n-1,j}$,它具有 $o(h^2)$ 阶的精确度。将此近似值代入式(12.1.13),得到右边界的 Laplace 方程为

$$2u_{n-1,j}+u_{n,j+1}+u_{n,j-1}-4u_{n,j}=0 \tag{12.1.15}$$

式(12.1.15)仅与函数值 $u_{n,j}$ 及其相邻的三个函数值 $u_{n-1,j}$,$u_{n,j+1}$ 和 $u_{n,j-1}$ 有关。

类似地,由图 12.1.4 可得 Neumann 边界条件的方程如下:

$$\begin{cases} 2u_{i,2}+u_{i-1,1}+u_{i+1,1}-4u_{i,1}=0 & \text{底边界} \\ 2u_{i,m-1}+u_{i-1,m}+u_{i+1,m}-4u_{i,m}=0 & \text{顶边界} \\ 2u_{2,j}+u_{1,j-1}+u_{1,j+1}-4u_{1,j}=0 & \text{左边界} \\ 2u_{n-1,j}+u_{n,j-1}+u_{n,j+1}-4u_{n,j}=0 & \text{右边界} \end{cases} \tag{12.1.16}$$

假设导出条件 $\partial u(x,y)/\partial N=0$ 是应用在计算域 R 的部分边界,其他部分的边界值 $u(x,y)$ 已知,则得到一个混合问题:在边界点为了确定 $u(x_i,y_j)$ 的近似值的方程式可以包括式(12.1.16)的 Neumann 边界条件,而用 Laplace 计算公式(12.1.8)确定 $u(x_i,y_j)$ 在区域 R 的内部点的近似值。

12.1.4 求解 Laplace 差分方程的迭代法

如果采用线性方程组的直接方法求解 Laplace 差分方程,运算时需要占据较大的存储空间。由于较好的数值逼近往往要求较细的网格,而每个网格点都要建立一个方程,因此,随着线性方程组维数的增加,直接法在求解时,即使对系数矩阵是稀疏的,在运算中也很难保持稀疏性。例如,对于 Dirichlet(狄利克雷)边界条件的 Laplace 方程的解要求一个 $(n-2)(m-2)$ 的等式建立线性方程组。如果区域 R 分成适当数量的正方形,如 10×10,这是包含 91 个未知量的 91 个等式。采用迭代法,可以较好地解决这个问题。

假设 Laplace 差分方程

$$u_{i+1,j}+u_{i-1,j}+u_{i,j+1}+u_{i,j-1}-4u_{i,j}=0 \qquad (12.1.17)$$

并且边界值 $u(x,y)$ 是已知的,即

$$\begin{cases} u(x_1,y_j)=u_{1,j} & (2 \leqslant j \leqslant m-1) \text{ 左边界} \\ u(x_i,y_1)=u_{i,1} & (2 \leqslant i \leqslant n-1) \text{ 底边界} \\ u(x_n,y_j)=u_{n,j} & (2 \leqslant j \leqslant m-1) \text{ 右边界} \\ u(x_i,y_m)=u_{i,m} & (2 \leqslant i \leqslant n-1) \text{ 顶边界} \end{cases} \qquad (12.1.18)$$

为了迭代计算,差分方程(12.1.17)可以写成如下适合迭代形式:

$$u_{i,j}=u_{i,j}+r_{i,j} \qquad (12.1.19)$$

式中

$$r_{i,j}=\frac{u_{i+1,j}+u_{i-1,j}+u_{i,j+1}+u_{i,j-1}-4u_{i,j}}{4}(2 \leqslant i \leqslant n-1,2 \leqslant j \leqslant m-1)$$

$$(12.1.20)$$

求解式(12.1.19)时,必须设定所有内部节点的初始值,实际计算时,可采用式(12.1.18)给出的 $(2n+2m-4)$ 个边界值的平均值常数 K 作为迭代初始值。借助 Laplace 迭代算子(12.1.19),连续迭代以消除内部格点,直到方程(12.1.19)等号右边的残差项 $r_{i,j}$ 是"趋近于 0"(如 $|r_{i,j}|<\varepsilon$ $(2 \leqslant i \leqslant n-1,2 \leqslant j \leqslant m-1)$)。在此,采用能使残差项 $r_{i,j}$ 趋于零的收敛速度是增加的 SOR 方

法,迭代公式为

$$u_{i,j}=u_{i,j}+\omega\left(\frac{u_{i+1,j}+u_{i-1,j}+u_{i,j+1}+u_{i,j-1}-4u_{i,j}}{4}\right)=u_{i,j}+\omega r_{i,j}$$

$$(12.1.21)$$

式中,$1\leqslant\omega<2$。在 SOR 法中,迭代计算直到 $|r_{i,j}|<\varepsilon$。ω 的最佳值根据线性方程组中迭代矩阵的特征值的取值,由下式估计:

$$\omega=\frac{4}{2+\sqrt{4-\left(\cos\left(\dfrac{\pi}{n-1}\right)+\cos\left(\dfrac{\pi}{m-1}\right)\right)^2}}\qquad(12.1.22)$$

如果 Neumann 边界条件在部分边界是指定的,由式(12.1.16)可得

$$\begin{cases}u_{i,1}=u_{i,1}+\omega\left(\dfrac{2u_{i,2}+u_{i-1,1}+u_{i+1,1}-4u_{i,1}}{4}\right)&\text{底边界}\\[3mm]u_{i,m}=u_{i,m}+\omega\left(\dfrac{2u_{i,m-1}+u_{i-1,m}+u_{i+1,m}-4u_{i,m}}{4}\right)&\text{顶边界}\\[3mm]u_{i,j}=u_{i,j}+\omega\left(\dfrac{2u_{2,j}+u_{1,j-1}+u_{1,j+1}-4u_{1,j}}{4}\right)&\text{左边界}\\[3mm]u_{n,j}=u_{n,j}+\omega\left(\dfrac{2u_{n-1,j}+u_{n,j-1}+u_{n,j+1}-4u_{n,j}}{4}\right)&\text{右边界}\end{cases}\qquad(12.1.23)$$

例 12.1.1　确定函数 $u(x,y)$ 在区间 $R=\{(x,y):0\leqslant x\leqslant 2.0,0\leqslant y\leqslant 2.0\}$ 的近似解,且 $h=0.2$,边界值如下:

$$\begin{cases}u(x,0)=1.2x^4&(0<x<2.0)\\u(x,2.0)=x^4-15x^2+10&(0<x<2.0)\\u(0,y)=1.2y^4&(0<y<2.0)\\u(2.0,y)=y^4-15y^2+10&(0<y<2.0)\end{cases}$$

将求解区域分成边为 $\Delta x=h=0.2$ 和 $\Delta y=h=0.2$ 的 100 个正方形。结果如表 12.1.1 和图 12.1.5 所示。

表 12.1.1　例 12.1.1 的数值计算结果

	x_1	x_2	x_3	x_4	x_5	x_6
y_1	10.999 0	9.401 6	7.625 6	4.729 6	0.809 6	−4.000 0
y_2	12.597 1	8.470 4	5.798 4	3.010 5	−0.300 2	−4.183 8
y_3	7.864 3	6.084 6	4.086 9	1.814 0	−0.837 1	−3.876 0

	x_1	x_2	x_3	x_4	x_5	x_6
y_4	4.609 9	3.917 0	2.650 7	0.996 0	$-0.986\ 2$	$-3.243\ 1$
y_5	2.488 3	2.322 4	1.602 6	0.505 6	$-0.860\ 5$	$-2.409\ 8$
y_6	1.200 0	1.281 1	0.931 3	0.284 1	$-0.551\ 8$	$-1.480\ 8$
y_7	0.491 5	0.669 8	0.557 1	0.251 1	$-0.150\ 3$	$-0.551\ 8$
y_8	0.155 5	0.348 2	0.375 7	0.313 5	0.251 1	0.284 1
y_9	0.030 7	0.189 9	0.282 9	0.375 7	0.557 1	0.931 3
y_{10}	0.001 9	0.095 8	0.189 9	0.348 2	0.669 8	1.281 1
y_{11}	0.001 9	0.001 9	0.030 7	0.155 5	0.491 5	1.200 0

	x_7	x_8	x_9	x_{10}	x_{11}
y_1	$-9.526\ 4$	$-15.558\ 4$	$-21.846\ 4$	$-28.102\ 4$	$-28.102\ 4$
y_2	$-8.558\ 8$	$-13.285\ 1$	$-18.198\ 4$	$-23.150\ 4$	$-28.102\ 4$
y_3	$-7.239\ 9$	$-10.824\ 8$	$-14.511\ 6$	$-18.198\ 4$	$-21.846\ 0$
y_4	$-5.700\ 1$	$-8.262\ 5$	$-10.824\ 8$	$-13.285\ 1$	$-15.558\ 4$
y_5	$-4.055\ 0$	$-5.700\ 1$	$-7.239\ 9$	$-8.558\ 8$	$-9.526\ 4$
y_6	$-2.409\ 8$	$-3.243\ 1$	$-3.876\ 0$	$-4.183\ 8$	$-4.000\ 0$
y_7	$-0.860\ 5$	$-0.986\ 2$	$-0.837\ 1$	$-0.300\ 2$	0.809 6
y_8	0.505 6	0.996 0	1.814 0	3.010 5	4.729 6
y_9	1.602 6	2.650 7	4.086 9	5.798 4	7.625 6
y_{10}	2.322 4	3.917 0	6.084 6	8.470 4	9.401 6
y_{11}	2.488 3	4.609 9	7.864 3	12.597 1	10.999 4

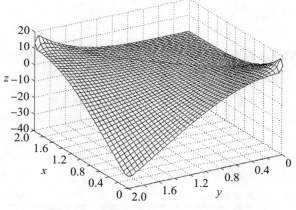

图 12.1.5　例 12.1.1 数值解的立体图

12.1.5 Laplace 差分方程迭代法编程

Laplace 差分方程迭代法计算流程如图 12.1.6 所示。

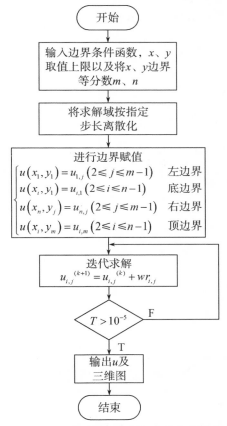

图 12.1.6　Laplace 差分方程迭代法计算流程

```
function [Z x y]=PDE_ELLI_Laplace(m,n,ux0,ux2,u0y,u2y,xmax,ymax)
    x=linspace(0,xmax,m);                          %%变量 x，y 步长化
    y=linspace(0,ymax,n);
    [x,y]=meshgrid(x,y);
    Z=zeros(n,m);
    Z(1,2:m-1)=ux0(x(1,2:m-1));                     %%定义左边界
    Z(n,2:m-1)=ux2(x(n,2:m-1));                     %%定义右边界
    Z(2:n-1,1)=u0y(y(2:n-1,1));                     %%定义底边界
    Z(2:n-1,m)=u2y(y(2:n-1,m));                     %%定义顶边界
    K=sum(sum(Z))/(2*m+2*n-4);
    Z([2:n-1],[2:m-1])=K;
    Z(1,1)=(Z(1,2)+Z(2,1))/2;
```

```
    Z(n,1)=(Z(n-1,1)+Z(n,2))/2;
    Z(1,m)=(Z(1,m-1)+Z(2,m))/2;
    Z(n,m)=(Z(n,m-1)+Z(n-1,m))/2;
    w=4/(2+sqrt(4-(cos(pi/(m-1))+cos(pi/(n-1)))^2));
    r=zeros(n,m);
    R=r;
    T=1;
    %%迭代求解
    while T>1e-5
        for i=2:n-1
            for j=2:m-1
                r(i,j)=(Z(i-1,j)+Z(i+1,j)+Z(i,j-1)+Z(i,j+1)-4*Z(i,j))/4;
                Z(i,j)=Z(i,j)+w*r(i,j);
                R(i,j)=r(i,j)^2;
            end
        end
        T=sum(sum(R));
    end
    %%作图
    mesh(x,y,Z);
    xlabel('X');
    ylabel('Y');
    zlabel('Z');
end
```

12.1.6 Poisson(泊松)方程和 Helmholtz(亥姆霍兹)方程

对于 Poisson 方程

$$\nabla^2 u = g(x,y) \tag{12.1.23}$$

考虑引入 $g_{i,j} = g(x_i, y_j)$，采用式(12.1.19)通过矩形网格求解，即编程迭代公式为

$$u_{i,j} \Leftarrow u_{i,j} + \frac{u_{i+1,j} + u_{i-1,j} + u_{i,j+1} + u_{i,j-1} - 4u_{i,j} - h^2 g_{i,j}}{4} \tag{12.1.24}$$

对于 Helmholtz 方程

$$\nabla^2 u + f(x,y)u = g(x,y) \tag{12.1.25}$$

考虑引入 $f_{i,j} = f(x_i, y_j)$，采用式(12.1.19)通过矩形网格求解，即编程迭代公式为

$$u_{i,j} \Leftarrow u_{i,j} + \frac{u_{i+1,j} + u_{i-1,j} + u_{i,j+1} + u_{i,j-1} - (4 - h^2 f_{i,j}) u_{i,j} - h^2 g_{i,j}}{4}$$

$$(12.1.26)$$

12.1.7 Helmholtz 方程求解编程

Helmholtz 方程求解的流程如图 12.1.7 所示。

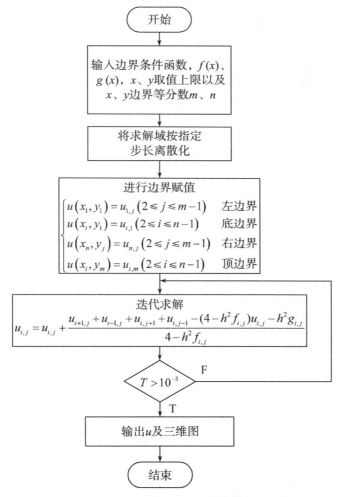

图 12.1.7 Helmholtz 方程计算流程

```
function [Z x y]=PDE_ELLI_Helmholtz(m,n,ux0,ux4,u0y,u4y,f,g,xmax,ymax)
    x=linspace(0,xmax,m);                          %%变量 x，y 步长化
    y=linspace(0,ymax,n);
    h=4/(m-1);
    [x,y]=meshgrid(x,y);
    Z=zeros(n,m);
    Z(1,2:m-1)=ux0(x(1,2:m-1));                     %%定义左边界
    Z(n,2:m-1)=ux4(x(n,2:m-1));                     %%定义右边界
    Z(2:n-1,1)=u0y(y(2:n-1,1));                      %%定义底边界
    Z(2:n-1,m)=u4y(y(2:n-1,m));                      %%定义顶边界
    K=sum(sum(Z))/(2*m+2*n-4);
    Z([2:n-1],[2:m-1])=K;
    Z(1,1)=(Z(1,2)+Z(2,1))/2;
    Z(n,1)=(Z(n-1,1)+Z(2,m))/2;
    Z(1,m)=(Z(1,m-1)+Z(2,m))/2;
    Z(n,m)=(Z(n,m-1)+Z(n-1,m))/2;
    r=zeros(n,m);
    T=1;
    M=1;
    R=r;
    %%迭代求解
    while T>1e-5&&M<41
        for i=2:n-1
            for j=2:m-1
                a=Z(i-1,j);
                b=Z(i+1,j);
                c=Z(i,j-1);
                d=Z(i,j+1);
                e=Z(i,j);
                f1=f(x(i,j),y(i,j));
                g1=g(x(i,j),y(i,j));
                r(i,j)=(a+b+c+d-(4-h^2*f1)*e-h^2*g1)/(4-h^2*f1);
                Z(i,j)=Z(i,j)+r(i,j);
                R(i,j)=r(i,j)^2;
            end
        end
        T=sum(sum(R));
        M=M+1;
    end
    mesh(x,y,Z);
    xlabel('X');
    ylabel('Y');
```

```
zlabel('Z');
end
```

12.1.8 工程案例——二维水池中的流速场计算

考虑一个二维矩形水池，长度为 L，宽度为 W。计算水池中的稳态流速场。水池的四边流速分别为 U_1、U_2、U_3 和 U_4

稳态流速场的方程为

$$\frac{\partial^2 u}{\partial x^2}+\frac{\partial^2 u}{\partial y^2}=0 \tag{12.1.27}$$

式中，$u(x,y)$ 是位置 (x,y) 处的流速。

边界条件为 $\begin{cases} u(x,0)=U_1 \\ u(x,W)=U_2 \\ u(0,y)=U_3 \\ u(L,y)=U_4 \end{cases}$

以一组数据，即

$L=2.0 \text{ m}; W=2.0 \text{ m}; U_1=1 \text{ m} \cdot \text{s}^{-1}; U_2=0 \text{ m} \cdot \text{s}^{-1}; U_3=0.5 \text{ m} \cdot \text{s}^{-1};$
$U_4=0.5 \text{ m} \cdot \text{s}^{-1}$

为例，确定水池中的流速场。

解：将区域 $[0,L]\times[0,W]$ 在 x 和 y 方向分别划分为 11 个网格点（包括边界

点），步长为 0.2 m，在网格四周设置边界条件 $\begin{cases} u(x,0)=U_1 \\ u(x,W)=U_2 \\ u(0,y)=U_3 \\ u(L,y)=U_4 \end{cases}$

使用有限差分法离散化拉普拉斯方程，构建迭代公式：

$$u_{i,j}=\frac{1}{4}(u_{i+1,j}+u_{i-1,j}+u_{i,j+1}+u_{i,j-1})$$

结果如表 12.1.2 所列。

表 12.1.2　拉普拉斯方程计算结果

	x_1	x_2	x_3	x_4	x_5	x_6	x_7	x_8	x_9	x_{10}	x_{11}
y_1	0.5	0.5	0.5	0.5	0.5	0.5	0.5	0.5	0.5	0.5	0.5
y_2	1	0.738 7	0.628 4	0.569 9	0.531 1	0.499 4	0.467 7	0.429 1	0.370 8	0.260 8	0

	x_1	x_2	x_3	x_4	x_5	x_6	x_7	x_8	x_9	x_{10}	x_{11}
y_3	1	0.826 5	0.705 2	0.620 2	0.555 2	0.498 8	0.442 6	0.377 9	0.293 4	0.172 7	0
y_4	1	0.862 3	0.745 7	0.650 7	0.570 8	0.498 4	0.426 1	0.346 7	0.252 4	0.136 7	0
y_5	1	0.877 0	0.764 8	0.666 4	0.579 2	0.498 1	0.417 2	0.330 5	0.232 9	0.121 8	0
y_6	1	0.881 1	0.770 4	0.671 2	0.581 8	0.498 0	0.414 4	0.325 6	0.227 2	0.117 6	0
y_7	1	0.877 0	0.764 8	0.666 4	0.579 2	0.498 1	0.417 2	0.330 5	0.232 9	0.121 8	0
y_8	1	0.862 3	0.745 7	0.650 7	0.570 8	0.498 4	0.426 1	0.346 7	0.252 4	0.136 7	0
y_9	1	0.826 5	0.705 2	0.620 2	0.555 2	0.498 8	0.442 6	0.377 9	0.293 4	0.172 7	0
y_{10}	1	0.738 7	0.628 4	0.569 9	0.531 1	0.499 4	0.467 7	0.429 1	0.370 8	0.260 8	0
y_{11}	0.5	0.5	0.5	0.5	0.5	0.5	0.5	0.5	0.5	0.5	0.5

使用 MATLAB 绘制稳态流速分布图，显示流速在整个区域内的分布，如图 12.1.8 所示。

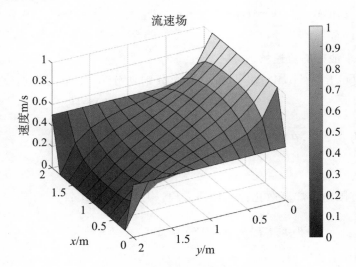

图 12.1.8　流速分布曲线图

12.2 抛物型微分方程

12.2.1 热传导方程

作为抛物型微分方程的一个例子，我们分析一维热传导方程

$$u_t(x,t) = c^2 u_{xx}(x,t) \quad (0 \leqslant x \leqslant a \text{ 且 } 0 < t < b) \tag{12.2.1}$$

初始条件为

$$u(x,0)=f(x)(t=0 \text{ 且 } 0 \leqslant x \leqslant a) \qquad (12.2.2)$$

边界条件为

$$\begin{cases} u(0,t)=g_1(t) \equiv c_1(x=0 \text{ 且 } 0 \leqslant t \leqslant b) \\ u(a,t)=g_2(t) \equiv c_2(x=a \text{ 且 } 0 \leqslant t \leqslant b) \end{cases} \qquad (12.2.3)$$

热传导方程模拟两端恒温为 c_1 和 c_2 的绝缘棒的温度,沿棒的初始温度分布为 $f(x)$。下面构造求解热传导方程的差分方法。

12.2.2 差分方程的推导

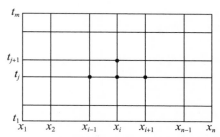

图 12.2.1 求解 $u_t(x,t)=c^2 u_{xx}(x,t)$ 的计算网格

假设矩形 $R=\{(x,t):0 \leqslant x \leqslant a, 0 \leqslant t \leqslant b\}$,将其分布边长 $\Delta x=h$ 和 $\Delta t=k$ 的 $(m-1) \times (n-1)$ 个矩形单元,如图 12.2.1 所示。从最下面的一行 $t=t_1=0$ 处开始,解为 $u(x_i,t_1)=f(x_i)$。将给出计算连续行 $\{u(x_i,t_j):i=1,2,\cdots,n\}(j=2,3,\cdots,m)$ 的网格点处 $u(x,t)$ 近似值的方法,$u_t(x,t)$ 和 $u_{xx}(x,t)$ 的微分公式分别为

$$u_t(x,t)=\frac{u(x,t+k)-u(x,t)}{k}+O(k) \qquad (12.2.4)$$

和

$$u_{xx}(x,t)=\frac{u(x-h,t)-2u(x,t)+u(x+h,t)}{h^2}+O(h^2). \qquad (12.2.5)$$

每行网格的间距是相同的:$x_{i+1}=x_i+h$ 而且 $x_{i-1}=x_i-h$,每列也是相同的:$t_{j+1}=t_j+k$。下面,我们省略 $O(k)$ 和 $O(h^2)$ 项,在方程(12.2.4)和(12.2.5)采用 $u_{i,j}$ 的近似值 $u(x_i,t_j)$,依次代入式(12.2.1),得式(12.2.1)的近似解

$$\frac{u_{i,j+1}-u_{i,j}}{k}=c^2 \frac{u_{i-1,j}-2u_{i,j}+u_{i+1,j}}{h^2}, \qquad (12.2.6)$$

令 $r = c^2 k / h^2$ 代入式 (12.2.6),得到显式差分公式

$$u_{i,j+1} = (1 - 2r) u_{i,j} + r(u_{i-1,j} + u_{i+1,j}). \tag{12.2.7}$$

假定第 j 行的近似值已知,可用式 (12.2.7) 来构造网格中的第 $(j+1)$ 行。图 12.2.2 给出了式 (12.2.7) 的计算图式。

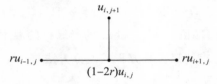

图 12.2.2　向前差分计算图式

虽然式 (12.2.7) 简单,但是,数值计算稳定也是很重要的。如果在计算中某阶段出现的任何误差最终衰减,该方法就是稳定的。当且仅当 $0 \leqslant r \leqslant \dfrac{1}{2}$ 时,显式向前差分公式 (12.2.7) 才是稳定的。这意味着步长 k 必须满足 $k \leqslant h^2 / (2c^2)$。

例 12.2.1　使用向前差分法求解抛物型方程。

$$u_t(x,t) = u_{xx}(x,t) \quad (0 < x < 1 \text{ 且 } 0 \leqslant t \leqslant 0.1)$$

其初始条件为

$$u(x,0) = f(x) = \cos(\pi x) \quad (t = 0 \text{ 且 } 0 \leqslant x \leqslant 1)$$

边界条件为

$$\begin{cases} u(0,t) = c_1 = 0 & (x = 0 \text{ 且 } 0 \leqslant t \leqslant 0.1) \\ u(1,t) = c_2 = 0 & (x = 1 \text{ 且 } 0 \leqslant t \leqslant 0.1) \end{cases}$$

解　取计算步长为 $\Delta x = h = 0.1$ 和 $\Delta t = k = 0.01$,则 $r = 1$。编程计算结果见表 12.2.1 和图 12.2.3。

表 12.2.1　例 12.2.1 的数值计算结果

	$x_2 = 0.1$	$x_3 = 0.2$	$x_4 = 0.3$	$x_5 = 0.4$	$x_6 = 0.5$	$x_7 = 0.6$	$x_8 = 0.7$	$x_9 = 0.8$	$x_{10} = 0.9$
t_1	0.951 06	0.809 02	0.587 79	0.309 02	0	−0.309 02	−0.587 79	−0.809 02	−0.951 06
t_2	0.404 51	0.769 42	0.559 02	0.293 89	0	−0.293 89	−0.559 02	−0.769 42	−0.404 51
t_3	0.384 71	0.481 76	0.531 66	0.279 51		−0.279 51	−0.531 66	−0.481 76	−0.384 71
t_4	0.240 88	0.458 18	0.380 64	0.265 83	0	−0.265 83	−0.380 64	−0.458 18	−0.240 88
t_5	0.229 09	0.310 76	0.362 01	0.190 32	0	−0.190 32	−0.362 01	−0.310 76	−0.229 09

续表

	$x_2=0.1$	$x_3=0.2$	$x_4=0.3$	$x_5=0.4$	$x_6=0.5$	$x_7=0.6$	$x_8=0.7$	$x_9=0.8$	$x_{10}=0.9$
t_6	0.155 38	0.295 55	0.250 54	0.181 00	0	−0.181 00	−0.250 54	−0.295 55	−0.155 38
t_7	0.147 77	0.202 96	0.238 28	0.125 27	0	−0.125 27	−0.238 28	−0.202 96	−0.147 77
t_8	0.101 48	0.193 03	0.164 11	0.119 14	0	−0.119 14	−0.164 11	−0.193 03	−0.101 48
t_9	0.096 513	0.132 80	0.156 08	0.082 057	0	−0.082 057	−0.156 08	−0.132 80	−0.096 513
t_{10}	0.066 398	0.126 30	0.107 43	0.078 041	0	−0.078 041	−0.107 43	−0.126 30	−0.066 398
t_{11}	0.063 149	0.086 913	0.102 17	0.053 713	0	−0.053 713	−0.102 17	−0.086 913	−0.063 149

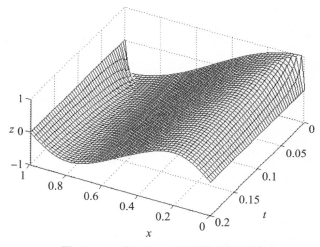

图 12.2.3　例 12.2.1 数值解的立体图

采用微分方程(12.2.7)进行数值计算时,假定网格上的解并不足够精确,需要减少增量 $\Delta x=h_0$ 和 $\Delta t=k_0$。为简便起见,假定新 x 的增量是 $\Delta x=h_1=h_0/2$。如果采用同样的比值 r,k_1 必须满足

$$k_1=\frac{r(h_1)^2}{c^2}=\frac{r(h_0)^2}{4c^2}=\frac{k_0}{4} \tag{12.2.8}$$

这个结果在网格中沿 x 轴和 t 轴的点数分别变为原来的 2 倍和 4 倍时,更加明显。因而,当用这种方式减小网格的步长时,总的计算能力呈 8 倍增加,这促使我们探索一种更有效且稳定的方法,这种方法应是隐式的。

12.2.3 Crank-Nicholson(克兰克-尼克尔森)方法

由 Crank-Nicholson 创造的一个隐式方法,是建立在式(12.2.1)在网格每排之间的点 $(x,t+k/2)$ 的数值近似解的基础上的。尤其是 $u_t(x,t+k/2)$ 的近

似值可由中心差分公式得到的情况：

$$u_t(x,t+\frac{k}{2})=\frac{u(x,t+k)-u(x,t)}{k}+o(k^2) \qquad (12.2.9)$$

$u_{xx}(x,t+k/2)$ 的近似值是 $u_{xx}(x,t)$ 近似值和 $u_{xx}(x,t+k)$ 近似值的平均值，达到 $O(h^2)$ 阶的精确度。

$$u_{xx}(x,t+\frac{k}{2})=\frac{1}{2h^2}(u(x-h,t+k)-2u(x,t+k)+u(x+h,t+k)$$

$$+u(x-h,t)-2u(x,t)+u(x+h,t))+o(h^2)$$

$$(12.2.10)$$

将式(12.2.9)和(12.2.10)代入式(12.2.1)中，忽略误差项。使用符号 $u_{i,j}=u(x_i,t_j)$，可以得到差分方程

$$\frac{u_{i,j+1}-u_{i,j}}{k}=c^2\frac{u_{i-1,j+1}-2u_{i,j+1}+u_{i+1,j+1}+u_{i-1,j}-2u_{i,j}+u_{i+1,j}}{2h^2},$$

$$(12.2.11)$$

考虑 $r=c^2k/h^2$，重新整理式(12.2.11)可得隐式差分公式

$$-ru_{i-1,j+1}+(2+2r)u_{i,j+1}-ru_{i+1,j+1}=(2-2r)u_{i,j}+r(u_{i-1,j}+u_{i+1,j})(i=2,3,\cdots,n-1)$$

$$(12.2.12)$$

式(12.2.12)等号右边的值都是已知的。因此，由式(12.2.12)可以建立一个三对角线性方程组 $\boldsymbol{AX}=\boldsymbol{B}$。图 12.2.4 给出了在 Crank-Nicholson 公式(12.2.12)中用到的 6 个点和已知数值近似解的网格中间点。

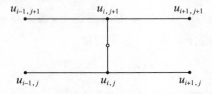

图 12.2.4　Crank-Nicholson 法计算网格

有时在式(12.2.12)中采用比值 $r=1$。因此，沿 t 轴的增量为 $\Delta t=k=h^2/c^2$，且式(12.2.12)简化为

$$-u_{i-1,j+1}+4u_{i,j+1}-u_{i+1,j+1}=u_{i-1,j}+u_{i+1,j} \qquad (12.2.13)$$

第一个和最后一个方程是根据边界条件 $u_{1,j}=u_{1,j+1}=c_1$ 和 $u_{n,j}=u_{n,j+1}=c_2$ 得出的。根据式(12.2.13)可建立三对角线性方程组 $\boldsymbol{AX}=\boldsymbol{B}$，即

$$
\begin{bmatrix}
4 & -1 & & & & & \\
-1 & 4 & -1 & & & & \\
& & \ddots & & & & \\
& & -1 & 4 & -1 & & \\
& & & & \ddots & & \\
& & & & -1 & 4 & -1 \\
& & & & & -1 & 4
\end{bmatrix}
\begin{bmatrix}
u_{2,j+1} \\
u_{3,j+1} \\
\vdots \\
u_{p,j+1} \\
\vdots \\
u_{n-2,j+1} \\
u_{n-1,j+1}
\end{bmatrix}
=
\begin{bmatrix}
2c_1 + u_{3,j} \\
u_{2,j} + u_{4,j} \\
\vdots \\
u_{p-1,j} + u_{p+1,j} \\
\vdots \\
u_{n-3,j} + u_{n-1,j} \\
u_{n-2,j} + 2c_2
\end{bmatrix}
$$

$$(12.2.14)$$

Crank-Nicholson 方法可通过求解线性方程组 $\boldsymbol{AX} = \boldsymbol{B}$，获得网格点处的函数值。

例 12.2.2　使用 Crank-Nicholson 方法解方程

$$u_t(x,t) = u_{xx}(x,t)(0 < x < 1 \text{ 且 } 0 \leqslant t \leqslant 0.1)$$

其初始条件为

$$u(x,0) = f(x) = x^3 (t = 0 \text{ 且 } 0 \leqslant x \leqslant 1)$$

边界条件为

$$
\begin{cases}
u(0,t) = c_1 = 0 \ (x = 0 \text{ 且 } 0 \leqslant t \leqslant 0.1) \\
u(1,t) = c_2 = 0 \ (x = 1 \text{ 且 } 0 \leqslant t \leqslant 0.1)
\end{cases}
$$

解　取计算步长 $\Delta x = h = 0.1$ 和 $\Delta t = k = 0.01$，则 $r = 1$。编程计算所得结果如表 12.2.2，和图 12.2.5 所示。

表 12.2.2　例 12.2.2 的数值计算结果

	$x_2 = 0.1$	$x_3 = 0.2$	$x_4 = 0.3$	$x_5 = 0.4$	$x_6 = 0.5$	$x_7 = 0.6$	$x_8 = 0.7$	$x_9 = 0.8$	$x_{10} = 0.9$
t_1	0.951 06	0.809 02	0.587 79	0.309 02	0	$-0.309\,02$	$-0.587\,79$	$-0.809\,02$	$-0.951\,06$
t_2	0.351 42	0.596 68	0.496 44	0.271 06	0	$-0.271\,06$	$-0.496\,44$	$-0.596\,68$	$-0.351\,42$
t_3	0.239 71	0.362 16	0.361 07	0.214 38	0	$-0.214\,38$	$-0.361\,07$	$-0.362\,16$	$-0.239\,71$
t_4	0.152 92	0.249 51	0.244 35	0.151 35	0	$-0.151\,35$	$-0.244\,35$	$-0.249\,51$	$-0.152\,92$
t_5	0.104 21	0.167 32	0.167 81	0.103 04	0	$-0.103\,04$	$-0.167\,81$	$-0.167\,32$	$-0.104\,21$
t_6	0.070 332	0.114 01	0.113 69	0.070 373	0	$-0.070\,373$	$-0.113\,69$	$-0.114\,01$	$-0.070\,332$
t_7	0.047 827	0.077 302	0.077 361	0.047 762	0	$-0.047\,762$	$-0.077\,361$	$-0.077\,302$	$-0.047\,827$
t_8	0.032 461	0.052 542	0.052 519	0.032 470	0	$-0.032\,470$	$-0.052\,519$	$-0.052\,542$	$-0.032\,461$
t_9	0.022 056	0.035 680	0.035 686	0.022 051	0	$-0.022\,051$	$-0.035\,686$	$-0.035\,680$	$-0.022\,056$

	$x_2=0.1$	$x_3=0.2$	$x_4=0.3$	$x_5=0.4$	$x_6=0.5$	$x_7=0.6$	$x_8=0.7$	$x_9=0.8$	$x_{10}=0.9$
t_{10}	0.014 980	0.024 240	0.024 238	0.014 981	0	$-0.014\ 981$	$-0.024\ 238$	$-0.024\ 240$	$-0.014\ 980$
t_{11}	0.010 176	0.016 465	0.016 465	0.010 176	0	$-0.010\ 176$	$-0.016\ 465$	$-0.016\ 465$	$-0.010\ 176$

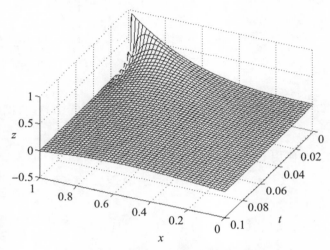

图 12.2.5 例 12.2.2 数值解的立体图

12.2.4 Crank-Nicholson 方法编程

Crank-Nicholson 方法计算流程如图 12.2.6 所示。

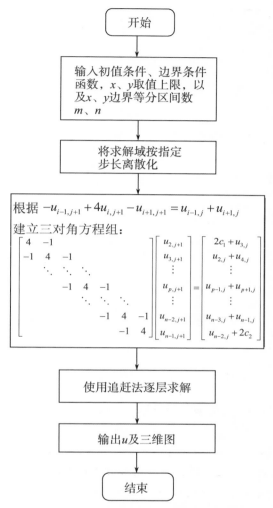

图 12.2.6　Crank-Nicholson 方法计算流程

```
%方程为 u_t-u_xx=0,0<=x<=uX,0<=t<=uT；边值条件为 u(0,t)=psi1(t),u(uX,t)=psi2(t)；初值条
件为 u(x,0)=phi(x)
function [U x t]=PDE_PARA_CN(uX,uT,phi,psi1,psi2,M,N)
    dx=uX/M;
    dt=uT/N;
    x=(0:M)*dx;
    t=(0:N)*dt;
    r=dt/dx/dx;
    Diag=zeros(1,M-1);
```

```
Low=zeros(1,M-2);
Up=zeros(1,M-2);
for i=1:M-2
        Diag(i)=1+2*r;
        Low(i)=-r;
        Up(i)=-r;
end

Diag(M-1)=1+2*r;

U=zeros(M+1,N+1);
for i=1:M+1
        U(i,1)=phi(x(i));
end
for j=1:N+1
  U(1,j)=psi1(t(j));
        U(M+1,j)=psi2(t(j));
end

for j=1:N
        b1=zeros(M-1,1);
        b1(1)=r*U(1,j+1);
        b1(M-1)=r*U(M+1,j+1);
        b=U(2:M,j)+b1;
        U(2:M,j+1)=EqtsForwardAndBackward(Low,Diag,Up,b);
end
U=U';
```

12.2.5 工程案例——平直岸线上突堤建设后泥沙淤积计算

对海岸工程来说,预估建筑物建成后岸滩变化情况是关系工程成败及正确评价工程对海岸环境的影响的重要问题,因而是海岸动力学追求的一个重要目标。解决的办法除了进行动床模型试验,还可应用数学模型。动床模型试验可以比较全面地模拟自然情况,是比较可靠的手段。但是这种方法费用昂贵,花的时间也长,且存在比尺效应问题。数学模型方法简单易行,正得到越来越广泛的应用。本例以岸滩演变的一维模型进行计算演示。

该模型主要是考虑波浪作用下的沿岸泥沙运动及由此产生的岸线变化。它不考虑泥沙的横向运动,认为泥沙的横向运动只是把泥沙在离岸区与近岸区之间来回搬运,不影响岸线的平均位置。根据这个假定提出的数学模型称为一线理论。一线理论要求岸线变形满足两个基本方程式：

（1）岸线上每一点应满足泥沙量的守恒条件，即沿岸泥沙的输入与输出率之差应等于海滩的淤积率。如果海滩上有其他泥沙来源或损失，则也应把这种来源或损失考虑进去。

（2）岸线上每一点应满足沿岸输沙率与近岸波要素之间的关系式。

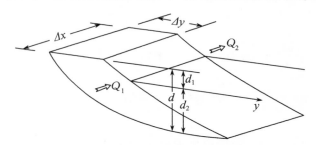

图 12.2.7　岸段内的泥沙平衡关系

泥沙量守恒条件规定了海滩的前进或后退率与沿岸输沙率在沿岸方向的变化之间的关系。图 12.2.7 表示一段岸线，取沿岸为 x 方向，垂直岸为 y 方向，y 方向以向海为正。设该段岸线长为 Δx，Q_1 为进入该段的沿岸输沙率，Q_2 为从该段输出的沿岸输沙率，Q_1 和 Q_2 均是以自然沉积状态计的体积输沙率。在 Δt 的时段内，该段海滩的淤积量 ΔV 为

$$\Delta V = (Q_1 - Q_2)\Delta t \tag{12.2.15}$$

式（12.2.15）中的 ΔV 将决定岸线的前进或后退。当考虑长期变形时，可假定海滩不改变其断面形状。按图中的几何关系有

$$\Delta V = d\Delta x \Delta y \tag{12.2.16}$$

式中，ΔV 表示岸线位置的变化。d 为海滩计算剖面高，或活动剖面高，是海滩剖面上变形影响所及的高度范围。d 由 2 部分组成：一部分是计算水位以上的高度 d_1，在海滩发生侵蚀时，其上界可以达到海滩上任何堆积体的顶部标高；在海滩淤进时，其上界大致可取滩肩顶面标高。另一部分为计算水位以下的高度 d_2，其下界即为海岸变形的下界，这个数值的确定有较大的任意性，一般认为下界应取波浪作用下泥沙全面移动的界限水深。有学者建议用明显平行于岸线的那条最大等深线的所在位置。

在式（12.2.15）中，取 $\Delta Q = Q_2 - Q_1$，代入式（12.2.16）得

$$\Delta y = -\Delta Q \frac{\Delta t}{d\Delta x} \tag{12.2.17}$$

对式(12.2.17)取极限,得泥沙运动的连续方程

$$\frac{\partial y}{\partial t} = -\frac{1}{d}\frac{\partial Q}{\partial x} \tag{12.2.18}$$

式(12.2.18)说明岸线随时间的变化率$\frac{\partial y}{\partial t}$取决于沿岸输沙率沿岸线方向的变化率$\frac{\partial Q}{\partial x}$。若$\frac{\partial Q}{\partial x}$为正,即沿岸输沙率沿 x 方向增大,则$\frac{\partial y}{\partial t}$为负,表示岸线遭到侵蚀而后退;若$\frac{\partial Q}{\partial x}$为负,即沿岸输沙率沿 x 方向减小,则$\frac{\partial y}{\partial t}$为正,表示岸线因淤积而前进;若$\frac{\partial Q}{\partial x}=0$,即沿岸输沙率沿岸方向不变,则$\frac{\partial y}{\partial t}=0$,表示岸线稳定,输沙是平衡的(图 12.2.8)。

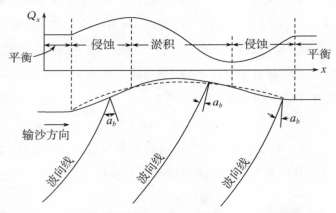

图 12.2.8 岸线变形与沿岸输沙率在沿岸方向的变化之间的关系

沿岸输沙率与近岸波要素的关系可用前面说过的波能流公式

$$Q = K(Ecn)_0 K_r^2 \cos\alpha_b \sin\alpha_b \tag{12.2.19}$$

表示。将式(12.2.19)代入式(12.2.18)求解,即可得到任意时刻的岸线位置。

对于比较复杂的问题就不能求得理论解。例如,不规则的初始岸线、不规则的离岸区地形、非定常的来波、变动的水位、海岸上有其他泥沙来源、建筑物对波浪的绕射作用不能忽略等,只要有上述情况中任何一个,理论解就无法求得,只可采用数值解法。

一线理论的岸线变形问题的数值解可用差分方法。首先将岸线沿 x 方向划分为一系列宽度为 Δx 的单元(格子),并以 x 轴作为基线。Δx 称空间步长。取计算的时间步长为 Δt。记任意时刻 $n\Delta t$($n=0,1,2,\cdots$)时每个单元的岸线位置为 $y_i^{(n)}$($i=1,2,\cdots,m$),其中下标 i 为格子的序号,m 为格子总数;若相邻格子间的结点序号写为 $0,1,2,\cdots,m$,则可把每个结点上的沿岸输沙率记为 $Q_i^{(n)}$(图 12.2.9)。就可把微分方程式(12.2.17)写成下面的差分格式:

$$y_i^{(n+1)} - y_i^{(n)} = (Q_i^{(n)} - Q_{i-1}^{(n)}) \frac{\Delta t}{d\Delta x} \tag{12.2.20}$$

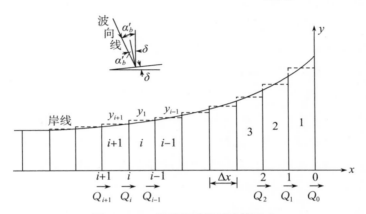

图 12.2.9 岸线变形数值计算图式

沿岸输沙率 $Q_i^{(n)}$ 的计算式可写为

$$Q_i^{(n)} = K(Ecn)_0^{(n)} K_{ri}^{(n)2} \cos\alpha_{bi}^{(n)} \sin\alpha_{bi}^{(n)} \tag{12.2.21}$$

$$\alpha_{bi}^{(n)} = \alpha_{bi}'^{(n)} - \delta_i^{(n)} \tag{12.2.22}$$

式中,$\alpha_{bi}^{(n)}$ 表示破波角;$\alpha_{bi}'^{(n)}$ 表示波浪破碎时的方向角;$\delta_i^{(n)}$ 表示岸线对 x 轴的倾角。

$$\delta_i^{(n)} = \arctan\left(\frac{y_i^{(n)} - y_{i+1}^{(n)}}{\Delta x}\right) \tag{12.2.23}$$

利用式(12.2.20)~(12.2.23)可计算任意时刻 $n\Delta t$ 的岸线位置。计算步骤如下:

(1)确定岸线的初始位置 $y_i^{(0)}$($i=0,1,2,\cdots,m$)。

(2)根据波浪资料,确定深水区的波要素(波高、周期、波向角),计算深水区的波能流 $(Ecn)_0^{(0)}$。

（3）作出波折射图，确定达到每一结点的破波波向角 $\alpha_{bi}{}'^{(0)}$ 及折射系数 $K_{ri}{}^{(0)}$。

（4）根据式(12.2.22)和(12.2.23)计算破波角 $\alpha_{bi}{}^{(0)}$，然后用式(12.2.21)计算每一结点上的沿岸输沙率 $Q_i{}^{(0)}(i=0,1,2,\cdots,m)$。其中 Q_0 与 Q_m 为边界上沿岸输沙率，应根据边界条件确定。对于泥沙完全受阻的边界，取 $Q=0$；对于自由的边界，可根据波浪条件计算。一般把自由边界取在不受岸线变形影响的地方，若波浪为定常，则这个边界输沙率在整个变形计算期间为常值。

（5）根据所采用的时间步长 Δt 与格子间距 Δx 以及计算剖面高 d，用式(12.2.20)计算新的岸线位置 $y_i{}^{(1)}(i=1,2,\cdots,m)$。

（6）根据新的岸线位置，重复步骤(2)～(5)的计算，算出第二时段末的岸线位置 $y_i{}^{(2)}(i=0,1,2,\cdots,m)$。

（7）反复进行计算，直至岸线趋于稳定或达到课题所要求的目的时为止。

上面的计算方法在计算数学中称为显式方法。显式方法的特点是计算简单，但存在计算稳定性问题。这种计算格式是条件稳定的，要求计算稳定，就要选取较小的时间步长 Δt。Δt 的选取要根据过去的计算经验而定。

在每一时间步长的计算中，必须绘制一次波浪折射图[步骤(3)]，这可应用专门的波折射子程序来完成。但是，这种计算工作量是很大的，一般的计算机甚至难以完成。所以必须寻求简便的方法。事实上，每一个时间步长后，岸线变化是很小的，对折射条件不会有多大改变。因此，在来波条件不变的情况下，可假定许多时间步长 $N\Delta t$ 时间内波浪折射条件不变，即取折射系数 K_{ri} 与波向角 $\alpha_{bi}{}'$ 在这段时间内为常数。待岸线形状有较大变化时，重新进行一次折射计算，这样就可以大大节省计算工作量。

当岸线附近的等深线基本平行时，可以用以下的简化程序。

如图 12.2.10 所示，海滩计算剖面的下界水深为 h_s。由前面的讨论可知，在岸线变形过程中，水深小于 h_s 的等深线均平行于岸线；而水深

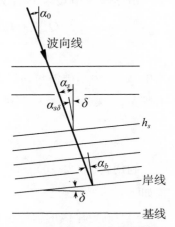

图 12.2.10　波浪受两组平行等深线折射时波向角的变化

大于 h_s 的等深线不受岸线变化影响，均保持原来位置而与初始岸线（即基线）相平行。因而深水波在接近海岸的传播过程中要受两组平行的等深线的折射，到达破波点的折射系数为

$$K_r = \sqrt{\frac{\cos\alpha_0 \cos\alpha_{s\delta}}{\cos\alpha_s \cos\alpha_b}}$$

代入式(12.2.19)得

$$Q = K(Ecn)_0 \cos\alpha_0 \frac{\cos\alpha_{s\delta}}{\cos\alpha_s} \sin\alpha_b \tag{12.2.24}$$

式(12.2.24)中的破波角可用 Le-Mehaute(勒·梅沃特)公式计算。但此式仅在等深线全部平行时适用。这时我们可以假想在 h_s 以外的等深线也平行于岸线，为了在水深 h_s 处得到与原来两组平行等深线条件下相同的波要素，此假想条件的深水波高 $H_{0\delta}$ 及深水波角 $\alpha_{0\delta}$ 应分别为

$$\begin{cases} \alpha_{0\delta} = \arcsin\left(\dfrac{c_0}{c_s}\sin\alpha_{s\delta}\right) \\ H_{0\delta} = \sqrt{\dfrac{\cos\alpha_0 \cos\alpha_{s\delta}}{\cos\alpha_{0\delta} \cos\alpha_s}} H_0 \end{cases} \tag{12.2.25}$$

这样就可用 Le-Mehaute 公式求得破波角

$$\alpha_b = \alpha_{0\delta}(0.25 + 5.5H_{0\delta}/L_0) \tag{12.2.26}$$

由于折射系数与破波角可用式(12.2.23)和(12.2.26)计算，因而使计算程序极大简化。

图 12.2.11 与图 12.2.12 分别是一个突堤后长期变形在相同计算条件下的理论解和数值解，可以看到两种结果极为接近。

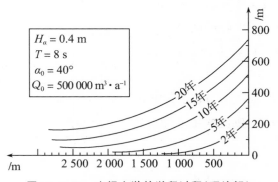

图 12.2.11　突堤上游的淤积过程(理论解)

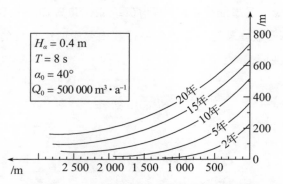

图 12.2.12　突堤上游的淤积过程（数值解）

12.3 双曲型微分方程

12.3.1 波动方程

作为双曲型微分方程的一个例子,我们讨论波动方程

$$u_{tt}(x,t)=c^2 u_{xx}(x,t) \quad (0<x<a,0<t<b) \tag{12.3.1}$$

其边界条件为

$$\begin{cases} u(0,t)=0 & (0\leqslant t\leqslant b) \\ u(a,t)=0 & (0\leqslant t\leqslant b) \\ u(x,0)=f(x) & (0\leqslant t\leqslant b) \\ u_t(x,0)=g(x) & (0<x<a) \end{cases}, \tag{12.3.2}$$

下面介绍双曲型微分方程的差分方法。

12.3.2 微分方程的导出

把矩形区域 $R=\{(x,t):0\leqslant x\leqslant a,0\leqslant t\leqslant b\}$ 划分为 $(n-1)\times(m-1)$ 个小矩形,两边分别为 $\Delta x=h,\Delta t=k$,如图 12.3.1 所示。从 $t=t_1=0$ 开始,解为 $u(x_i,t_1)=f(x_i)$。我们用微分方程计算近似值 $\{u_{i,j}:i=1,2,\cdots,n\}(j=2,3,\cdots,m)$。

网格点的值用 $u(x_i,t_j)$ 表示。求 $u_{tt}(x,t)$ 和 $u_{xx}(x,t)$ 近似值的中心微分方程分别为

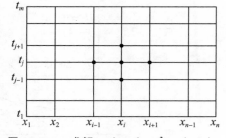

图 12.3.1　求解 $u_{tt}(x,t)=c^2 u_{xx}(x,t)$ 的计算网格

$$u_{tt}(x,t) = \frac{u(x,t+k) - 2u(x,t) + u(x,t-k)}{k^2} + O(k^2) \quad (12.3.3)$$

$$u_{xx}(x,t) = \frac{u(x+h,t) - 2u(x,t) + u(x-h,t)}{h^2} + O(h^2) \quad (12.3.4)$$

令每行网格的间距相同：$x_{i+1} = x_i + h$，$x_{i-1} = x_i - h$；每列网格的间隔也相同：$t_{j+1} = t_j + k$，$t_{j-1} = t_j - k$。在式(12.3.3)与(12.3.4)中用 $u_{i,j}$ 代替 $u(x_i, t_j)$，结果代入式(12.3.1)，进而导出微分方程

$$\frac{u_{i,j+1} - 2u_{i,j} + u_{i,j-1}}{k^2} = c^2 \frac{u_{i+1,j} - 2u_{i,j} + u_{i-1,j}}{h^2} \quad (12.3.5)$$

由此方程可得方程(12.3.1)的近似解。令 $r = ck/h$，式(12.3.5)可简写为

$$u_{i,j+1} - 2u_{i,j} + u_{i,j-1} = r^2(u_{i+1,j} - 2u_{i,j} + u_{i-1,j}) \quad (12.3.6)$$

假设第 j, $j-1$ 行的近似值已知，可用方程(12.3.6)计算第 $j+1$ 行的值：

$$u_{i,j+1} = (2 - 2r^2)u_{i,j} + r^2(u_{i+1,j} + u_{i-1,j}) - u_{i,j-1} \quad (i = 2, 3, \cdots, n-1)$$

$$(12.3.7)$$

式(12.3.7)等号右边 4 个值已知，可用来计算 $u_{i,j+1}$ 的近似值，如图 12.3.2 所示。为确保式(12.3.7)的计算稳定，必须满足 $r = ck/h \leqslant 1$。

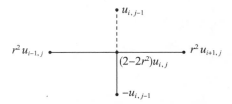

图 12.3.2　波动方程的边界处理图式

12.3.3 计算初值的确定

应用式(12.3.7)计算第 3 行时，相应于 $j = 1$ 和 $j = 2$ 两行的初值必须给出。若第 2 行的值未知，可利用边界函数 $g(x)$ 给出其初始近似值。固定条件 $x = x_i$，将 $u(x,t)$ 在 $(x_i, 0)$ 处作 Taylor 级数展开，并取一阶项。$u(x_i, k)$ 满足

$$u(x_i, k) = u(x_i, 0) + u_t(x_i, 0)k + O(k^2) \quad (12.3.8)$$

记

$$\begin{cases} u(x_i, 0) = f(x_i) = f_i \\ u_t(x_i, 0) = g(x_i) = g_i \end{cases} \quad (12.3.9)$$

将式(12.3.9)代入式(12.3.8)，得到计算第 2 行数值近似值的公式

$$u_{i,2} = f_i + kg_i \quad (i=2,3,\cdots,n-1) \tag{12.3.10}$$

一般地，由于 $u(x_i,t_2) \neq u_{i,2}$，式(12.3.10)引起的误差会通过网格传递。因此，步长 k 的选择要适当，以便式(12.3.10)给出的 $u_{i,2}$ 值不会出现大的误差。

通常，边界函数 $f(x)$ 存在二阶导数 $f''(x)$。记 $u_{xx}(x,0) = f''(x)$，波动方程可化为

$$u_{tt}(x_i,0) = c^2 u_{xx}(x_i,0) = c^2 f''(x_i) = c^2 \frac{f_{i+1}-2f_i+f_{i-1}}{h^2} + O(h^2) \tag{12.3.11}$$

式(12.3.8)对 $u(x,k)$ 作 Taylor 级数展开，取前二阶项，得

$$u(x,k) = u(x,0) + u_t(x,0)k + \frac{u_{tt}(x,0)k^2}{2} + O(k^3) \tag{12.3.12}$$

在 $x=x_i$ 处应用式(12.3.12)，将式(12.3.9)和(12.3.11)代入可得

$$u(x_i,k) = f_i + kg_i + \frac{c^2 k^2}{2h^2}(f_{i+1}-2f_i+f_{i-1}) + O(h^2)O(k^2) + O(k^3) \tag{12.3.13}$$

若 $r = ck/h$，式(12.3.13)简化为

$$u_{i,2} = (1-r^2)f_i + kg_i + \frac{r^2}{2}(f_{i+1}+f_{i-1}) \quad (i=2,3,\cdots,n-1) \tag{12.3.14}$$

12.3.4 D'Alembert(达朗贝尔)算法

法国数学家 D'Alembert 发现

$$u(x,t) = F(x+ct) + G(x-ct) \tag{12.3.15}$$

是在区间 $0 \leqslant x \leqslant a$ 求解波动方程(12.3.1)的一种解法。假设 F'，F''，G' 和 G'' 都存在，而且 F 和 G 的周期为 $2a$，并且对所有 z 均满足 $F(-z) = -F(z)$，$F(z+2a) = F(z)$，$G(-z) = -G(z)$，$G(z+2a) = G(z)$。则式(12.3.15)求解的二阶偏导数为

$$u_{tt}(x,t) = c^2 F''(x+ct) + c^2 G''(x-ct) \tag{12.3.16}$$

$$u_{xx}(x,t) = F''(x+ct) + G''(x-ct) \tag{12.3.17}$$

将式(12.3.17)代入式(12.3.16)可得式(12.3.1)。边界值 $u(x,0) =$

$f(x)$ 和 $u_t(x,0)=0$ 的特解要求 $F(x)=G(x)=f(x)/2r$。

式(12.3.7)中数值计算精度取决于将偏微分方程转化为差分方程的误差。虽然网格中第 2 行的精确值是未知的,但是,用沿 t 轴的增量 $k=ch$ 可以得到整个网格上其他所有点的精确解。

定理 12.3.1　假设式(12.3.7)的两行值 $u_{i,1}=u(x_i,0)$ 与 $u_{i,2}=u(x_i,k)$ $(i=1,2,\cdots,n)$ 为波动方程(12.3.1)的精确解,如果沿 t 轴选取步长 $k=h/c$,则 $r=1$,式(12.3.7)变为

$$u_{i,j+1}=u_{i+1,j}+u_{i-1,j}-u_{i,j-1} \tag{12.3.18}$$

进而由式(12.3.18)在定义域中计算的差分解是微分方程的准确值。

证明　用 D'Alembert 解法和关系式 $ck=h$ 计算:

$$x_i-ct_j=(i-1)h-c(j-1)k=(i-1)h-(j-1)h=(i-j)h$$

将 $x_i+ct_j=(i+j-2)h$ 代入式(12.3.15),得到 $u_{i,j}$ 的确定形式

$$u_{i,j}=F((i-j)h)+G((i+j-2)h) \quad (i=1,2,\cdots,n;j=1,2,\cdots,m) \tag{12.3.19}$$

同理可得 $u_{i+1,j}$,$u_{i-1,j}$ 和 $u_{i,j-1}$ 的表达式,将它们代入式(12.3.18)等号右边,即

$$
\begin{aligned}
&u_{i+1,j}+u_{i-1,j}-u_{i,j-1}\\
&=F((i+1-j)h)+F((i-1-j)h)-F((i-(j-1))h)\\
&\quad+G((i+1+j-2)h)+G((i-1+j-2)h)-G((i+j-1-2)h)\\
&=F((i-(j+1))h)+G((i+j+1-2)h)\\
&=u_{i,j+1} \quad (i=1,2,\cdots,n;j=1,2,\cdots,m)
\end{aligned}
\tag{12.3.20}
$$

基于式(12.3.10)和(12.3.14),构造第 2 行近似值 $u_{i,2}$ 时,定理 12.3.1 不能保证其数值解为精确解。当然,如果 $u_{i,2}\neq u(x_i,k)(1\leqslant i\leqslant n)$,会产生截断误差。因此,可在式(12.3.14)中采用二阶 Taylor 近似值以便尽可能获得第 2 行的更好估计值。

例 12.3.1　用有限差分的方法求解波动方程

$$u_{tt}(x,t)=4u_{xx}(x,t) \quad (0\leqslant x\leqslant 1,0\leqslant t\leqslant 0.5)$$

$$该方程的边界条件为\begin{cases} u(0,t)=0 & (0\leqslant t\leqslant 0.5) \\ u(1,t)=0 & (0\leqslant t\leqslant 0.5) \\ u(x,0)=f(x)=x\sin(\pi x) & (0\leqslant x\leqslant 1) \\ u_t(x,0)=g(x)=0 & (0<x<1) \end{cases}$$

解 为了计算方便,选择 $h=0.1, k=0.05$。因为 $c=2$,区域内 $r=1$。重复式(12.3.14)和(12.3.20),产生的行可以算出 $0<x_i<1, 0\leqslant t_j\leqslant 0.50$ 内的 $u(x,t)$ 的近似值,结果如表 12.3.1 所列。

表 12.3.1 例 12.3.1 的数值计算结果

t_j	x_2	x_3	x_4	x_5	x_6	x_7	x_8	x_9	x_{10}
0.00	0.030 902	0.117 557	0.242 705	0.380 423	0.500 000	0.570 634	0.566 312	0.470 228	0.278 116
0.05	0.058 779	0.136 803	0.248 990	0.371 353	0.475 528	0.533 156	0.520 431	0.422 214	0.235 114
0.10	0.105 902	0.190 211	0.265 451	0.344 095	0.404 508	0.425 325	0.389 058	0.285 317	0.144 098
0.15	0.131 433	0.234 549	0.285 317	0.298 607	0.293 893	0.260 410	0.190 211	0.110 942	0.050 203
0.20	0.128 647	0.226 538	0.267 705	0.235 114	0.154 508	0.058 779	$-0.017\ 051$	$-0.044\ 903$	$-0.033\ 156$
0.25	0.095 106	0.161 803	0.176 336	0.123 607	0.000 000	$-0.123\ 607$	$-0.176\ 336$	$-0.161\ 804$	$-0.095\ 106$
0.30	0.033 156	0.044 903	0.017 705	$-0.058\ 779$	$-0.154\ 508$	$-0.235\ 114$	$-0.267\ 705$	$-0.226\ 538$	$-0.128\ 647$
0.35	$-0.050\ 203$	$-0.110\ 942$	$-0.190\ 211$	$-0.260\ 410$	$-0.293\ 893$	$-0.298\ 607$	$-0.285\ 317$	$-0.234\ 549$	$-0.131\ 433$
0.40	$-0.144\ 098$	$-0.285\ 317$	$-0.389\ 058$	$-0.425\ 325$	$-0.404\ 508$	$-0.344\ 095$	$-0.265\ 451$	$-0.190\ 211$	$-0.105\ 902$
0.45	$-0.235\ 114$	$-0.422\ 214$	$-0.520\ 431$	$-0.533\ 156$	$-0.475\ 528$	$-0.371\ 353$	$-0.248\ 990$	$-0.136\ 803$	$-0.058\ 779$
0.50	$-0.278\ 115$	$-0.470\ 228$	$-0.566\ 312$	$-0.570\ 634$	$-0.500\ 000$	$-0.380\ 423$	$-0.242\ 705$	$-0.117\ 557$	$-0.030\ 902$

表中数据的三维表示如图 12.3.3 所示。

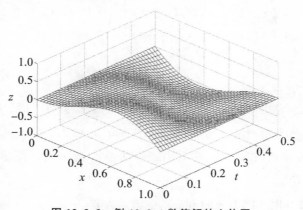

图 12.3.3 例 12.3.1 数值解的立体图

12.3.5 D'Alembert 算法编程

D'Alembert 算法计算流程如图 12.3.4 所示。

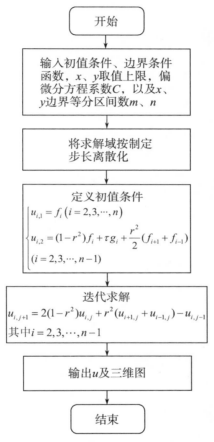

开始

输入初值条件、边界条件函数，x、y取值上限，偏微分方程系数C，以及x、y边界等分区间数m、n

将求解域按制定步长离散化

定义初值条件
$$\begin{cases} u_{i,1} = f_i \; (i = 2,3,\cdots,n) \\ u_{i,2} = (1-r^2)f_i + \tau g_i + \dfrac{r^2}{2}(f_{i+1} + f_{i-1}) \\ (i = 2,3,\cdots,n-1) \end{cases}$$

迭代求解
$$u_{i,j+1} = 2(1-r^2)u_{i,j} + r^2(u_{i+1,j} + u_{i-1,j}) - u_{i,j-1}$$
其中$i = 2,3,\cdots,n-1$

输出u及三维图

结束

图 12.3.4 D'Alembert 算法计算流程

```
%  求解偏微分方程—二阶双曲型
%  说明：方程：u_tt+C*u_xx=0,0<=t<=uT,0<=x<=uX
%边值条件:u(0,t)=psi1(t),u(uX,t)=psi2(t)；初值条件:u(x,0)=phi1(x),u_t(x,0)=phi2(x)
function [U x t]=PDE_HYPE(uX,uT,M,N,C,phi1,phi2,psi1,psi2)
    h=uX/M;                              %%变量 x 的步长
    k=uT/N;                              %%变量 t 的步长
    r=sqrt(abs(C))*k/h;                  %%步长比
    x=(0:M)*h;
    t=(0:N)*k;
    U=zeros(M+1,N+1);
    %初值条件
```

```
    for i=1:M+1
        U(i,1)=phi1(x(i));
    end
    for i=2:M
        U(i,2)=(1-r^2)*phi1(x(i))+k*phi2(x(i))+r^2/2*(phi1(x(i+1))+phi1(x(i-1)));
    end
    %%%边值条件

    for j=1:N+1
        U(1,j)=psi1(t(j));
        U(M+1,j)=psi2(t(j));
    end
    if abs(C*r)>1
        disp('|C*r|>1，Lax-Friedrichs 差分格式不稳定！')
    end
    %%%逐层求解
    for j=2:M
        for i=2:N
            U(i,j+1)=(2-2*r^2)*U(i,j)+r^2*(U(i+1,j)+U(i-1,j))-U(i,j-1);
        end
    end
    U=U';
    %%%作出图形
    mesh(x,t,U);
    title(['  格式求解二阶双曲型方程的解的图像']);
    xlabel('空间变量  x');
    ylabel('时间变量  t');
    zlabel('一阶双曲型方程的解  U');
    return;
end
```

12.3.6 工程案例——桥梁振动的波动方程计算

考虑一座长度为 10 米的桥梁,在风的作用下产生振动,可以用一维波动方程来描述桥梁的振动情况。波动方程的形式为

$$\frac{\partial^2 u}{\partial t^2} = c^2 \frac{\partial^2 u}{\partial x^2} \tag{12.3.21}$$

式中,$u(x,t)$ 是位置 x 处在时间 t 的位移,单位是 cm,c 是波速。

桥梁的初始位移为一个正弦波,最大振幅为 5 cm,表达式为 $u(x,0)=5\sin\left(\frac{\pi x}{L}\right)$,初始速度为零,$\frac{\partial u}{\partial t}(x,0)=0$,固定边界条件为桥梁两段固定,即

$u(0,t)=u(10,t)=0$,使用有限差分法求解偏微分方程。

解:对于波动方程,使用以下差分格式:

$$\frac{u_i^{n+1}-2u_i^n+u_i^{n-1}}{\Delta t^2}=c^2\frac{u_{i+1}^n-2u_i^n+u_{i-1}^n}{\Delta x^2}$$

式中,u_i^n 表示位置为 $x=i\Delta x$ 处,在时间 $t=n\Delta t$ 的位移。选取 $\Delta x=1$ m,$\Delta t=0.5$ s,结果如表 12.3.2 所列:

表 12.3.2　波动方程数值计算结果

位置 x/m	$t=0.0$ s	$t=0.5$ s	$t=1.0$ s	$t=1.5$ s	$t=2.0$ s	$t=2.5$ s	$t=3.0$ s	$t=3.5$ s	$t=4.0$ s	$t=4.5$ s	$t=5.0$ s
0	0	0	0	0	0	0	0	0	0	0	0
1	1.545 0	1.545 0	1.507 2	1.432 5	1.322 8	1.180 6	1.009 6	0.813 9	0.598 3	0.368 0	0.128 7
2	2.938 9	2.938 9	2.867 0	2.724 9	2.516 1	2.245 8	1.920 5	1.548 2	1.138 0	0.700 0	0.244 8
3	4.045 0	4.045 0	3.946 0	3.750 5	3.463 1	3.091 1	2.643 3	2.130 9	1.566 3	0.963 4	0.336 9
4	4.755 2	4.755 2	4.638 9	4.409 0	4.071 2	3.633 8	3.107 4	2.505 0	1.841 3	1.132 6	0.396 1
5	5.000 0	5.000 0	4.877 6	4.635 9	4.280 7	3.820 8	3.267 3	2.633 9	1.936 1	1.190 9	0.416 5
6	4.755 2	4.755 2	4.638 9	4.409 0	4.071 2	3.633 8	3.107 4	2.505 0	1.841 3	1.132 6	0.396 1
7	4.045 0	4.045 0	3.946 0	3.750 5	3.463 2	3.091 1	2.643 3	2.130 9	1.566 3	0.963 4	0.336 9
8	2.938 9	2.938 9	2.867 0	2.724 9	2.516 2	2.245 8	1.920 5	1.548 2	1.138 0	0.700 0	0.244 8
9	1.545 0	1.545 0	1.507 2	1.432 5	1.322 8	1.180 6	1.009 6	0.813 9	0.598 3	0.368 0	0.128 7
10	0	0	0	0	0	0	0	0	0	0	0

使用 MATLAB 绘制不同时间点的桥梁位移,如图 12.3.5 所示。

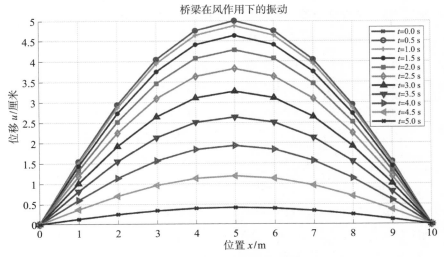

图 12.3.5　桥梁振动位移图

习　题

1. 有效数字与误差

1.1 按照四舍五入的原则,求下列数字具有 5 位有效数字的近似值。

$19.786\ 543\ 2$,$0.000\ 073\ 829\ 22$,$3.678\ 622\ 92$,$1\ 582.264\ 781\ 215$,$15.001\ 05$, $0.059\ 631\ 220$。

1.2 求 $\sqrt[3]{65}$ 的近似值,使其相对误差不超过 0.01%。

1.3 长方形的长为 45 m,宽为 30 m,若要保证长方形面积误差不超过 $1\ cm^2$,问测量时长或宽的误差应多大(假设长与宽测量误差相同)?

2. 用直接法解线性方程组

2.1 试用 Gauss 消去法、Gauss 主元素消去法、Gauss-Jordan 消去法和三角分解法求解(精确到小数点后 4 位),并比较解的收敛速度。

$$(1)\begin{cases} 4x_1+2x_2+x_3+5x_4=31 \\ 6x_1+2x_2+7x_3+x_4=35 \\ 5x_1+x_2+2x_3+x_4=17 \\ 8x_1+2x_2+6x_3+2x_4=38 \end{cases};(2)\begin{cases} 5x_1+3x_2+3x_3+5x_4=44 \\ 2x_1+x_2+2x_3+x_4=14 \\ 3x_1+2x_2+2x_3+6x_4=39 \\ 4x_1+x_2+4x_3+3x_4=30 \end{cases};$$

$$(3)\begin{cases} 2x_1+5x_2-6x_3=10 \\ 4x_1+13x_2-19x_3=19 \\ -6x_1-3x_2-6x_3=-30 \end{cases};(4)\begin{cases} x_1+x_2+x_3=6 \\ -3x_1+4x_2-x_3=5 \\ 2x_1-2x_2+x_3=1 \end{cases};$$

$$(5)\begin{cases} 2x_1+5x_2-6x_3=10 \\ 4x_1+13x_2-19x_3=19 \\ 2x_1+x_2+2x_3=10 \end{cases};(6)\begin{cases} x_1-x_2+x_3=-4 \\ 5x_1-4x_2+3x_3=-12 \\ 2x_1+x_2+x_3=11 \end{cases}。$$

3. 用迭代法解线性方程组

3.1 试 用 Jacobi 迭 代 法、Gauss-Seidel 迭 代 法、超 松 弛 迭 代 法 求 解

$$\begin{cases} 4x_1+8x_2+x_3=36 \\ 3x_1+6x_2+2x_3=32 \\ 4x_1+3x_2+5x_3=37 \end{cases}$$，并比较不同迭代法的收敛速度（保留 5 位有效数字）。

3.2 试用 Jacobi 迭代法、Gauss-Seidel 迭代法求解 $\begin{cases} x_1+2x_2+x_3=19 \\ 3x_1+x_2+7x_3=62 \\ 5x_1+x_2+3x_3=58 \end{cases}$，比

较二者的迭代速度。

3.3 用超松弛迭代法求解 $\begin{cases} 6x_1-3x_2+x_3=11 \\ 2x_1+x_2-8x_3=-15 \\ x_1-7x_2+x_3=10 \end{cases}$，比较不同超松弛因子下

的收敛速度。

3.4 已知线性方程组的系数阵 $\boldsymbol{A}=\begin{pmatrix} 1 & a & a \\ a & 1 & a \\ a & a & 1 \end{pmatrix}$，其中 $a=0.5$，判断矩阵是

否收敛？

3.5 若 $\boldsymbol{A}=\begin{pmatrix} 6 & 2 & 1 \\ 2 & 6 & 3 \\ 1 & 3 & 6 \end{pmatrix}$，$\boldsymbol{b}=\begin{pmatrix} 40 \\ 56 \\ 55 \end{pmatrix}$，写出采用 SOR 迭代法求解 $\boldsymbol{Ax}=\boldsymbol{b}$ 的迭

代公式，并求方程组的解（取 $\boldsymbol{x}_0=\boldsymbol{0}$，$\omega=1.3$）。

4. 插值

4.1 已知 u 与 $F(u)$ 的对应关系见题 4.1 表，试分别用 Lagrange 插值法、Newton 插值法，求 u 分别为 0.15，0.35，0.55，0.75 及 0.95 时的 $F(u)$。

题 4.1 表　u 与 $F(u)$ 关系表

u	0	0.10	0.20	0.30	0.40	0.50	0.60	0.70	0.80	0.90	1.00
$F(u)$	1	0.853	0.634	0.557	0.462	0.324	0.255	0.232	0.182	0.141	0.075

4.2 在风力发电中，不同的风速下对应不同的涡轮机输出功率，某风机在

四个风速下测得的涡轮机输出功率数据见题 4.2 表,试用 Lagrange 插值法、Newton 插值法来估计在 5 m·s^{-1} 风速下的输出功率。

题 4.2 表　不同风速的输出功率表

风速 x_i/(m·s^{-1})	3	5	7	9
输出功率 y_i/kW	20	50	85	120

4.3 已知 x 与 y 的对应关系见题 4.3 表:

题 4.3 表　x 与 y 关系表

x_i	0.25	0.30	0.39	0.45	0.53
y_i	0.500 0	0.547 7	0.624 5	0.670 8	0.728 0

利用三次样条插值,求:① $S'(0.25)=1.000\,0$,$S'(0.53)=0.686\,8$;② $S''(0.25)=S''(0.53)=0$,$x=0.41$ 时的 y 值。

5. 函数逼近

5.1 设 $f(x)=\sin(\pi x)$,求 $f(x)$ 在区间 $[0,1]$ 上的二次最佳平方逼近多项式。

5.2 设 $f(t)=e^t$,求 $f(t)$ 在区间 $[-1,1]$ 上的三次最佳平方逼近多项式。

5.3 已知某海洋平台模型在不同甲板质量时测得的平台自振周期见题 5.3 表。

题 5.3 表　不同甲板质量的平台自振周期表

甲板质量/kg	7.1	8.1	9.1	10.1	11.1	12.1	14.1	16.1
自振周期/s	0.468	0.482	0.512	0.528	0.544	0.568	0.611	0.652
甲板质量/kg	18.1	20.1	22.1	24.1	26.1	28.1	30.1	—
自振周期/s	0.714	0.736	0.778	0.801	0.833	0.866	0.898	

试求:平台振动周期与甲板质量的关系(可假设 $T=a_0+a_1m+a_2m^2$,其中 T 为平台自振周期,m 为甲板质量)。

6. 数值积分

6.1 抛物线形断面明渠恒定渐变流水面线积分方程:

某灌区输水干渠选用 $y=0.6x^2$ 的抛物线形断面渠道,底坡 $i=1/2\,000$,粗糙系数 $n=0.014$,通过流量 $Q=5.0$ m^3·s^{-1}。求末端为节制闸门,闸前壅水水深为 2.10 m 情形下的渠道水面线的流程。

提示:正常水深 h_0 和临界水深 h_k 分别为 1.677 m 和 1.066 m。因为 $h_0 >$ h_k,所以该渠道为缓坡渠道。在该情形下,水面线为 a 形壅水曲线,$h_1 =$ 2.10 m,$h_2 = 1.03 h_0 = 1.727$ m,$K = 0.60$。

$$L = \int_{h_1}^{h_2} \frac{1 - C_1 (Kh)^{-4}}{i - D_1 (Kh)^{-4}} dh$$

$$C_1 = \frac{27 Q^2 K^5}{32g}; D_1 = 1.628 n^2 Q^2 K^{\frac{16}{3}}。$$

6.2 分别使用 Newton-Cotes 公式和 Romberg 公式计算积分 $\int_0^2 \frac{x \sin x}{e^x + x^2} dx$。

6.3 分别使用复合梯形公式、复合 Simpson 公式及复合 Cotes 公式计算积分 $\int_0^1 \frac{1}{1 + x^2} dx$。

7. 特征值与特征向量

7.1 试用幂法求下列矩阵的模最大的特征值及相应的特征向量。

(1) $A = \begin{pmatrix} 3 & -4 & 3 \\ -4 & 6 & 3 \\ 3 & 3 & 1 \end{pmatrix}$,(2) $A = \begin{pmatrix} 7 & 3 & -2 \\ 3 & 4 & -1 \\ -2 & -1 & 3 \end{pmatrix}$。

7.2 试用 Householder 变换将矩阵 $A = \begin{pmatrix} 6 & -4 & 0 & 3 \\ 5 & -3 & 1 & 3 \\ 0 & 5 & -6 & 1 \\ 4 & 0 & 2 & 7 \end{pmatrix}$ 化为拟上三角阵。

7.3 用 Jacobi 法求对称矩阵 $A = \begin{pmatrix} 7 & -2 & 3 & 1 \\ -2 & 6 & 4 & 0 \\ 3 & 4 & 5 & 1 \\ 1 & 0 & 1 & 9 \end{pmatrix}$ 的特征值及相应的特征向量。

7.4 用 QR 方法求矩阵 $A = \begin{pmatrix} 4 & -1 & 1 \\ -1 & 3 & -2 \\ 1 & -2 & 3 \end{pmatrix}$ 的全部特征值及相应的特征向量。

8. 非线性方程求根

8.1 有限水深条件下的波长计算公式为 $L = \dfrac{gT^2}{2\pi}\tanh\dfrac{2\pi h}{L}$，其中 L,T 与 h 分别表示波长、周期与水深，求 T 与 h 分别取 15.0 s 与 20.0 m 时的波长。

8.2 海洋泥沙粒径 $D = 0.25$ mm，泥沙的密度 $\rho_s = 2\,650$ kg·m^{-3}，水的密度 $\rho = 1\,000$ kg·m^{-3}。问：泥沙在多大的深度开始起动？

提示：泥沙开始起动的深度为

$$h_c = \frac{\tau_c}{\rho g}$$

式中，

$$\tau_c = \frac{\rho_s - \rho}{\rho}gD$$

8.3 在水力学中，沿程阻力系数是求解沿程水头损失的重要参数。在水力光滑区，雷诺数 $Re \in [10^5, 10^6]$ 时，可采用尼库拉兹公式 $\dfrac{1}{\sqrt{\lambda}} = 2\lg(Re\sqrt{\lambda}) - 0.80$ 来计算沿程阻力系数 λ。已知 $Re = 8.72 \times 10^5$，求此时的 λ 值。

9. 常微分方程初值问题的数值求解

9.1 试用 Euler 公式、后退 Euler 公式、梯形 Euler 公式、改进的 Euler 公式与 4 阶 Runge-Kutta 法求解微分方程 $\begin{cases} y' = \dfrac{3y}{2+x} & (0 \leqslant x \leqslant 1) \\ y(0) = 1 \end{cases}$，并比较解的收敛速度。

9.2 用改进的 Euler 公式与 4 阶 Runge-Kutta 法求下列微分方程的解：

$$\begin{cases} y'' = 2y' - 2y + \exp(x)\sin x & (0 \leqslant x \leqslant 1) \\ y(0) = 0, y'(0) = -0.5 \end{cases}$$

9.3 用 4 阶 Runge-Kutta 法求下列微分方程的解：

$$\begin{cases} y'' = 10\cos x - 2y' - 5y & (0 \leqslant x \leqslant 2) \\ y(0) = 2, \ y'(0) = 0 \end{cases}$$

10．常微分方程边值问题的数值求解

10.1 试用试射法和差分法解微分方程 $y'' = x + (1 - \dfrac{x}{4})y, y(1) = 3, y(3) = -1$ 的边值问题。

10.2 解微分方程 $y'' = 2x + xy - 2xy', y(0) = 1, y(1) = 0$ 的边值问题。

10.3 差分法解微分方程 $y'' = \sin x - y, y(0) = 0, y(\pi) = 0$ 的边值问题。

11．偏微分方程的数值求解

11.1 用有限差分的方法求解波动方程：$u_{tt}(x,t) = 3u_{xx}(x,t)$ （$0 < x < 1, 0 < t < 0.5$），其边界条件为

$$\begin{cases} u(0,t) = 0 & (0 \leqslant t \leqslant 0.5) \\ u(1,t) = 0 & (0 \leqslant t \leqslant 0.5) \\ u(x,0) = f(x) = \sin(\pi x) + \sin(2\pi x) & (0 \leqslant x \leqslant 1) \\ u_t(x,0) = g(x) = 0 & (0 \leqslant x \leqslant 1) \end{cases}$$

11.2 用有限差分的方法求解波动方程 $u_{tt}(x,t) = 3u_{xx}(x,t)$ （$0 < x < 1, 0 < t < 0.5$），其边界条件为

$$\begin{cases} u(0,t) = 0 & (0 \leqslant t \leqslant 1) \\ u(1,t) = 0 & (0 \leqslant t \leqslant 1) \\ u(x,0) = f(x) = \begin{cases} x & \left(0 \leqslant x \leqslant \dfrac{3}{5}\right) \\ 1.5 - 1.5x & \left(\dfrac{3}{5} \leqslant x \leqslant 1\right) \end{cases} \\ u_t(x,0) = g(x) = 0 & (0 \leqslant x \leqslant 1) \end{cases}$$

11.3 试用 Crank-Nicholson 方法求解 $u_t(x,t) = u_{xx}(x,t)$（$0 < x < 1$ 且 $0 \leqslant t \leqslant 0.1$），其初始条件为

$$u(x,0) = f(x) = 2\sin(\pi x) \quad (t = 0 \text{ 且 } 0 \leqslant x \leqslant 1)$$

边界条件为

$$\begin{cases} u(0,t) = c_1 = 0 & (x = 0 \text{ 且 } 0 \leqslant t \leqslant 0.1) \\ u(1,t) = c_2 = 0 & (x = 1 \text{ 且 } 0 \leqslant t \leqslant 0.1) \end{cases}$$

11.4 求解 $u_t(x,t) = u_{xx}(x,t)$（$0 < x < 1$ 且 $0 \leqslant t \leqslant 0.1$），其初始条件为

$$u(x,0) = f(x) = 1 - |4x - 1| \quad (t = 0 \text{ 且 } 0 \leqslant x \leqslant 1)$$

边界条件为

$$\begin{cases} u(0,t) = c_1 = 0 & (x=0 \text{ 且 } 0 \leqslant t \leqslant 0.1) \\ u(1,t) = c_2 = 0 & (x=1 \text{ 且 } 0 \leqslant t \leqslant 0.1) \end{cases}$$

11.5 用迭代法确定拉普拉斯方程 $\nabla^2 u = 0$ 在区间 $R = \{(x,y): 0 \leqslant x \leqslant 4.0, 0 \leqslant y \leqslant 4.0\}$ 的近似解,且 $h = 0.5$,边界值如下:

$$\begin{cases} u(x,0) = 20 & (0 < x < 4.0) \\ u(x,4.0) = 120 & (0 < x < 4.0) \\ u(0,y) = 110 & (0 < y < 4.0) \\ u(4.0,y) = 40 & (0 < y < 4.0) \end{cases}$$

参考文献

［1］董胜,孔令双. 海洋工程环境概论［M］. 青岛:中国海洋大学出版社,2005.

［2］董胜,李雪,纪巧玲. 防波堤工程结构设计［M］. 青岛:中国海洋大学出版社,2019.

［3］董胜,陶山山. 港口航道与海岸工程结构可靠度［M］. 北京:人民交通出版社股份有限公司,2019.

［4］董胜,张华昌,宁萌,等. 海岸工程模型试验［M］. 青岛:中国海洋大学出版社,2017.

［5］李庆扬,王能超,易大义. 数值分析［M］. 武汉:华中理工大学出版社,1989.

［6］Clough R W, Penzien J. Dynamics of structures［M］. 3rd ed. Berkeley, USA:Computers & Structures, Inc. ,2003.

［7］Dong S, Chi K, Zhang Q Y, et al. The application of Grey Markov model for forecasting annual maximum water level at hydrological station［J］. Journal of Ocean University of China,2012,11(1):13-17.

［8］Dong S, Gong Y J, Wang Z F, et al. Wind and wave energy resources assessment around the Yangtze River Delta［J］. Ocean Engineering,2019, 182:75-89.

［9］Dong S, Huang W N, Li X, et al. Study on temporal and spatial characteristics of cold waves in Shandong Province of China［J］. Natural Hazards,2017,88(3):191-219.

［10］Dong S, Tao S S, Li X, et al. Trivariate maximum entropy model of significant wave height, wind speed and relative direction［J］. Renewable

Energy,2015,78:538-549.

[11] Dong S,Wang M Y,Tao S S. Transition probability and gale intensity assessments of tropical cyclones based on warning signals[J]. Ocean Engineering,2023,270:113542.

[12] Dong S,Wang N N,Liu W,et al. Bivariate maximum entropy distribution of significant wave height and peak period [J]. Ocean Engineering,2013,59:86-99.

[13] Dong S,Wang N N,Lu H M,et al. Bivariate distribution of group height and group length for ocean waves using the copula method[J]. Coastal Engineering,2015,96:49-61.

[14] Epperson J F. An introduction to numerical methods and analysis [M]. 3rd ed. Hoboken,USA:John Wiley & Sons,Inc. ,2021.

[15] Han X Y,Dong S. Interaction of solitary wave with submerged breakwater by smoothed particle hydrodynamics[J]. Ocean Engineering, 2020,216:108108.

[16] Han X Y,Dong S. Interaction between medium-long period waves and smoothed mound breakwater with crown wall based on experiments and multi-phase simulations[J]. Ocean Engineering,2023,279:114576.

[17] Huang W N,Dong S. Joint distribution of individual wave heights and periods in mixed sea states using finite mixture models[J]. Coastal Engineering,2020,161:103773.

[18] Jiang F Y,Dong S. Development of an integrated deep learning-based remaining strength assessment model for pipelines with random corrosion defects subjected to internal pressures[J]. Marine Structures,2024, 96:103637.

[19] Jiang F Y,Dong S. Probabilistic-based burst failure mechanism analysis and risk assessment of pipelines with random non-uniform corrosion defects,considering the interacting effects[J]. Reliability Engineering & System Safety,2024,242:109783.

[20] Li X,Dong S. A Preliminary Study on the Intensity of Cold Wave

Storm Surge of Laizhou Bay[J]. Journal of Ocean University of China,2016,15(6):987-995.

[21] Lin Y F,Dong S. Wave energy assessment based on trivariate distribution of significant wave height,mean period and direction[J]. Applied Ocean Research,2019,87:47-63.

[22] Pang J H,Dong S. A novel ensemble system for short-term wind speed forecasting based on hybrid decomposition approach and artificial intelligence models optimized by self-attention mechanism[J]. Energy Conversion and Management. 2024,307:118343.

[23] Pang J H,Dong S. A novel multivariable hybrid model to improve short and long-term significant wave height prediction[J]. Applied Energy,2023,351:121813.

[24] Wang D X,Dong S. Generating shallow-and intermediate-water waves using a line-shaped mass source wavemaker[J]. Ocean Engineering,2021,220:108493.

[25] Wang Y H,Dong S. Array of concentric perforated cylindrical systems with torus oscillating bodies integrated on inner cylinders[J]. Applied Energy,2022,327:110087.

[26] Wang Y H,Dong S. Theoretical investigation on a heaving wave energy converter-dual-arc breakwater integration system array[J]. Applied Ocean Research,2024,150:104090.

[27] Wang Y H,Dong S. Theoretical investigation on integrating a torus oscillating body with a concentric perforated cylindrical system[J]. Ocean Engineering,2021,242:110122.

[28] Yang Z H,Dong S. A novel framework for wind energy assessment at multi-time scale based on non-stationary wind speed models:A case study in China[J]. Renewable Energy,2024,226:120406.

[29] Yang Z H,Dong S. A semi-parametric trivariate model of wind speed,wind direction,and air density for directional wind energy potential assessment[J]. Energy Conversion and Management. 2024,314:118735.

［30］ Zhao Y L，Dong S. Comparison of environmental contour and response-based approaches for system reliability analysis of floating structures ［J］. Structural Safety，2022，94：102150.